深圳市田头山自然保护区动植物资源考察及保护规划

凡　强　刘海军　刘蔚秋　等著

孙红斌　曾曙才　廖文波

中国林业出版社

图书在版编目（CIP）数据

深圳市田头山自然保护区动植物资源考察及保护规划 / 凡强等著. —— 北京：中国林业出版社, 2016.12

ISBN 978-7-5038-8903-5

Ⅰ. ①深… Ⅱ. ①凡… Ⅲ. ①自然保护区 – 生物资源保护 – 考察报告 – 深圳 Ⅳ. ①S759.992.65

中国版本图书馆CIP数据核字（2017）第018182号

深圳市田头山自然保护区动植物资源考察及保护规划　　　　　　　　凡强　等著

出版发行：中国林业出版社（中国·北京）

地　　　址：北京市西城区德胜门内大街刘海胡同7号

策划编辑：王　斌

责任编辑：刘开运　李春艳　　　　　　装帧设计：广州百彤文化传播有限公司

印　　刷：北京雅昌艺术印刷有限公司

开　　本：787 mm×1092 mm　1/16

印　　张：15

字　　数：200千字

版　　次：2017年3月第1版　第1次印刷

定　　价：128.00元（USD 25.99）

《深圳市田头山自然保护区动植物资源考察及保护规划》

编写组

主持单位： 深圳市林业局

完成单位： 中山大学生命科学学院

华南农业大学林学与风景园林学院

深圳市野生动植物保护管理处

深圳市野生动物救护中心（深圳市自然保护区管理中心）

主　　编： 凡　强　刘海军　刘蔚秋

孙红斌　曾曙才　廖文波

主要考察和编著人员(按姓氏笔画排序)：

中　山　大　学：	凡　强	王英永	关开朗	刘蔚秋	许可旺	何清华
	余　意	张记军	李　贞	李　薇	李景照	沈如江
	陈素芳	尚思菁	林石狮	罗　连	金建华	赵万义
	郝大庆	常　弘	幕瑞华	廖文波	谭维政	
深　圳　市　林　业　局：	王　芳	王佐霖	王勇军	代晓康	刘利娜	刘顺智
	刘海军	孙延军	孙红斌	庄平弟	张　力	张寿洲
	李　楠	李　瑜	陈　丹	陈　涛	昝启杰	胡　平
	赵　晴	郭　强				
华　南　农　业　大　学：	马焕基	羊海军	崔大方	曾曙才		
华　南　师　范　大　学：	仲铭锦					
仲恺农业工程学院：	郭　微					

前言
Preface

田头山位于深圳市坪山新区，东北邻惠州市，东南接大鹏半岛，包括坪山、坑梓两个办事处共23个社区。田头山也是深圳坪山街道与深圳葵涌街道、惠阳淡水镇分界的大山系，最高峰田心山海拔683 m，其余多数的山体都在海拔500 m以下。区域内水资源丰富，水库密布，是深圳市重要的水源涵养林区之一。

2005年10月17日，深圳市人民政府发布的《深圳市基本生态控制线管理规定》(深圳市人民政府令第145号)。根据这一指示精神，"田头山地区地处深圳市东部，为丘陵山地，属广东南部海岸带海岸山脉，保存有大面积的天然林，野生维管植物有1289种，陆生脊椎动物186种，特别是国家珍稀保护植物苏铁蕨多达4000多株。"毫无疑问，田头山是处于生态控制线内的重点区域，应该尽快列为自然保护区。因而全面开展田头山自然保护区调查和规划建设工作，将对保持深圳市生态系统的完整性和安全性起到很好的推动作用。

在田头山北部地区为城市建设区，人口密度较大，由于种种原因，市政交通主干道从市区沿山地中部穿越，并且在外围形成若干支干道。总体上，该区域经济发达，人员活动较频繁，生态环境受到了一定程度的人为干扰；加之，当地居民为扩大果园面积而存在乱砍滥伐现象。因此，加强对该区域生物多样性、天然林植被以及珍稀濒危动植物的保护，已迫在眉睫。

早在2007年8月，在深圳市城管局的组织下，深圳市野生动植物保护管理处 (原深圳市绿化委员会办公室)、中山大学、华南农业大学等开始对田头山地区进行较全面的动植物资源考察和建设方案规划，并于2008年5月提交了考察报告，考查范围主要包括田头山以及周边的自然山体，总面积为32.84 km²，并编制了"深圳市田头山自然保护区动植物资源考察及保护规划"和"深圳市田头山自然保护区建设方案"。2013年，深圳市人民政府批准建立田头山自然保护区，将保护区面积调整为20 km²。2014—2015年，中山大学继续对田头山自然保护区内的苏铁蕨和黑桫椤等珍稀濒危植物群落进行了考察。虽然田头山自然保护区的范围缩减，但周围山体与田头山仍然是同一个自然综合体，在生态系统、生物地理、生态廊道上它们仍然是一个整体。因此，本书的生物资源部分仍然以最初的32.84 km²为基础，补充关于珍稀濒危种的调查资料，并就自然保护区的建设方案(2017—2032年) 提出了若干建议。

本书共包含八个部分。由于涉及内容广泛，野外工作时间仓促，资料搜集也欠全面，整体上存在一些不足之处，尤以对水文、地质、土壤及社区状况的考察仍欠全面，希望在自然保护区建立后能进一步完善，特别应加强对昆虫资源、药用植物资源、森林生态系统、自然景观等方面的补充调查研究，为进一步加强保护和管理提供依据和措施。

编著者

2016年12月12日

目录
Contents

第一章 田头山自然保护区概况

摘要：田头山自然保护区位于深圳市坪山新区，规划总面积为20.073 km²，其中核心区面积为9.293 km²，缓冲区面积为5.435 km²，实验区面积为5.345 km²。保护区为低山地貌，沟谷众多，水源丰富，有8个中、小型水库，是深圳市重要的水源涵养林区之一。田头山是深圳市东部生物多样性的核心区，山地发育有完好的南亚热带常绿阔叶林，特别是保存有大面积的、生长良好的苏铁蕨群落和黑桫椤群落；拥有野生维管植物1289种，包括各类珍稀濒危植物45种；陆生脊椎动物186种，其中珍稀濒危动物31种。保护区境内或邻近周边分布有多处人文景观，尤以大万世居入选全国最大客家围屋之列，被列为广东省文物保护单位，也是深圳市重点文物保护单位。

1.1 田头山自然保护区地理位置

田头山自然保护区（附图1）位于深圳市坪山新区坪山街道，东北邻惠州市，东南接大鹏半岛，距离深圳市中心32 km。保护区的规划面积为20.073 km²，包括田心村、田头村、石井村、南布村、江岭村、金龟村等的自然山体。地理位置为东经114°18′～114°27′，北纬22°38′～22°43′，海拔0～683 m。

1.2 自然地理概况

1.2.1 地质与土壤

田头山自然保护区地貌类型主要为低山（附图2-1～图2-2），出露的地层主要为下侏罗统金鸡组和桥源组以及上侏罗统高基坪群火山岩。岩性特征分述如下。

金鸡组：主要岩性为灰色含砾砂岩、细粒砂岩、粉砂岩、粉砂质泥岩和泥岩。

桥源组：岩性主要有中粗粒长石石英砂岩、含砾粗砂岩、黄白色细粒砂岩、紫红色粉砂质泥岩等。

高基坪群：出露在本区东部边缘，为上亚群，该期火山岩为一套陆相及内陆湖泊相安山岩—英安岩—流纹岩建造，形成一套巨厚的中性、中酸性、酸性熔岩及相应的火山碎屑岩，夹少量沉积岩。主要岩性有紫红色凝灰质砂岩（附图2-3）、灰白色凝灰质砂岩（附图2-4～2-5）、灰黄色凝灰质砂岩（附图2-6）、安山质凝灰岩、流纹质凝灰岩（附图2-7）、细砂岩、粉砂岩以及粉砂质泥页岩等。近山顶处出露凝灰质中粒砂岩（附图2-8），硬度非常大，不易风化，因此，这些地段的植被较稀疏。该期火山岩广泛出露于粤东区，在粤中等其他地区有零星分布，是广东地质史上最强烈的一次火山活动，由于受燕山期断裂和燕山期以前断裂带的影响，火山喷发盆地在空间上成带分布，沿北东向断裂及其派生的北西向断裂构造带呈串珠状分布，自粤西至粤东，形成连县—郁南、吴川—四会、新丰—连平、河源、莲花山、潮安和南澳7个火山喷发带，田头山位于莲花山喷发带内。

土壤类型以红壤和赤红壤为主，多呈酸性，成土母岩为花岗岩，土壤条件良好，土层深厚，温湿疏松。

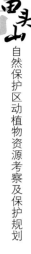

1.2.2 气候与水文

田头山自然保护区地处南亚热带海洋性季风气候，年平均气温为22.4℃，最高气温为36.6℃，最低气温为1.4℃，年平均相对湿度为80%，年平均降雨量为1933 mm，年平均降雨日为140天；无霜期为335天，常年主导风向为东南风，气候温和，春秋相连，夏季较长，森林植被常年均可生长。

田头山自然保护区的水资源丰富，水库密布，是深圳市重要的水源涵养林区之一。地表水主要以溪流、水塘和水库等形式分布。区内溪流众多，汇合或直接注入水库，形成了大山陂水库、赤坳水库、田心水库、石坳水库、杨木坑水库、大门前水库、矿山水库和麻雀坑水库等中小型水库。溪流水量随降雨季节变化明显，4～9月为丰水期，10月至翌年3月为枯水期，雨季地表径流顺坡而下，流量大增；旱季缺乏地表径流补给，流量减少，部分溪流甚至断流。一般认为，森林植被对水源涵养非常重要，针对田头山的调查亦可见，在南亚热带原生林、沟谷林区，溪流丰富，水资源发育良好。因此，加强对森林尤其是对原生植被的保护，是保证各库区水质和森林水源涵养的必要条件。

1.3 自然资源概况

1.3.1 植物资源

田头山自然保护区的植被资源丰富，自然植被有南亚热带沟谷常绿阔叶林、南亚热带山地常绿阔叶林、南亚热带针阔叶混交林、南亚热带次生常绿灌木林等，包括30多个群落（群丛），主要分布在中低海拔的沟谷及山地。

田头山自然保护区有维管植物201科792属1455种，其中野生维管植物191科699属1289种，包括蕨类植物36科68属118种，裸子植物4科4属5种，被子植物151科627属1166种。植物区系中，包括中国特有植物多达302种，广东省特有种达10多种，各类珍稀濒危保护植物45种，其中国家Ⅱ级重点保护野生植物7种，省级保护植物1种，IUCN红色名录极危种1种、濒危种7种、易危种37种。香港油麻藤、华南马鞍树、佳氏苣苔等都是广东南部沿海地区的特有种，分布范围十分狭小，在田头山生长良好。

此外，田头山自然保护区保存有面积较大、生长状况良好、更新正常的特色珍稀植物群落，如黑桫椤群落、苏铁蕨群落、金毛狗群落、佳氏苣苔群落等。丰富的植物与植被条件，为丰富的动物多样性营造了良好的生态环境。

1.3.2 动物资源

田头山有陆生脊椎动物4纲27目67科129属186种。其中两栖动物2目5科16种，爬行动物3目11科38种，鸟类16目38科111种，哺乳动物6目13科21种。主要经济动物有：小灵猫、豹猫、穿山甲、板齿鼠、珠颈斑鸠、鹧鸪、褐翅鸦鹃、鹤和鹭之类的水禽以及蛇类。

陆生野生动物中，国家Ⅰ级保护动物1种，国家Ⅱ级保护动物15种，广东省重点保护动物15种。根据中国动物地理区划，田头山地处东洋界、中印亚界，华南区、闽广沿海亚区，目前所记录到哺乳类、鸟类、爬行类和两栖类多数为东洋界物种，广布种和古北界种类较少。

1.3.3 景观资源

1.3.3.1 自然景观

田头山自然保护区为低山地貌，随着海拔的升高植被随之变化，从山麓至山顶可以观赏到沟谷常绿阔叶林、低地常绿阔叶林、低山常绿阔叶林、山地常绿阔叶林、山顶灌丛草坡等植被垂直分布景观。其中，丰富的植物多样性构建了结构不一、外貌各异的植被景观，蕴藏有各类附生植物、寄生植物等有趣的生态现象，是生态旅游者不可多得的景致。

田头山保护区内保存有各类天然沟谷和水库，水资源丰富，景观价值甚高。各类沟谷水量丰沛，植物物种丰富，沟谷石壁、岩石缝隙中常见有各种兰科和苦苣苔科植物，形成了南亚热带沟谷林植被。保护区内除黑桫椤群落、苏铁蕨群落、金毛狗群落、佳氏苣苔等珍稀濒危植物群落外，尚有大头茶群落、大花枇杷群落、黄樟群落、短花序楠群落以及棱果花层片、粘木层片、穗花杉层片等，极具观赏特色。丰富的植被类型，孕育着保护区内丰富的动物资源，游人亦可观赏到溪流和山林中的两栖动物、爬行动物和鸟类等。

1.3.3.2 人文景观资源

1）大万世居

"大万世居"位于深圳市坪山镇坪山墟西南的客家村，是全国最大客家围屋之一，是广东省文物保护单位、深圳市重点文物保护单位。"大万世居"为曾氏族人所建，整个建筑的平面呈方形，占地1.5万 m^2，分为外、内围龙，整体保留尚好。今由深圳市文物局管理，对外开放供观光旅游者参观。

2）谭仙古庙

谭仙古庙位于火烧天东南坡的山脚下，属田头山保护辖区内，白沙湾岸边，距离海边的海滨公路有15分钟的步程。通往古庙的路全都由红褐色的石头砌成，古色古香，神韵十足。谭仙古庙不大，虽然只有一座小庙宇，但因其为古代客家人从中原南迁，一路颠沛流离，历尽劫难，搬迁到此地所建立，具有一定的历史意义。20世纪80年代，政府和一些当地的客家人共同出资重新修缮了此庙，现在已成为人们旅游的圣地。

此外，邻近地区还有大鹏所城、坝光滨海田园风光等旅游景点。

1.4 社会经济概况

1.4.1 行政区划与人口

田头山自然保护区位于深圳市东北部坪山新区坪山街道办事处，坪山新区于2009年6月30日正式挂牌成立，新区实行高度集约的部门设置，设13局（办）、1委、4中心、1大队，下辖坪山、坑梓两个办事处共23个社区，包括坪环、六联、马峦、金龟、石井、田头、田心、坪山、坑梓等社区。辖区总面积约168 km^2，总人口数约60万，其中户籍人口数约3.6万。

1.4.2 经济发展

2014年，坪山新区规模以上工业增加值280亿元，同比增长11.0%；进出口总额为173.39亿美元，同比增长11.1%；实际利用外资2亿美元，同比增长100%，进出口总额和实际利用外资均已完成市政府下达的任务。全年主动引进电子、央视新影等用地类项目20余个，完成出让11宗产业用地（其中华谊兄弟影视城3宗）。推动了兴源鼎新、德塔、美讯视通等7个项目正式开工，豪恩声学、国宝造币、金威源3个项目竣工投产。生物医药企业加速器成功引进天悦制药等项目8个，出租率超过40%；海科兴战略新兴产业园成功引进9个项目，出租率达50%；留创园（孵化器）至今成功引进包括壹生科（"千人计划"人才驻守项目）在内的18个人才团队及项目。

3

1.5 保护区范围及功能区划

根据田头山自然保护区的自然环境和社会经济状况，确定其性质为：以保护南亚热带常绿阔叶林、珍稀濒危动植物为主，集生态系统保护、水源保护、自然景观保护、科学研究、科普教育及生态旅游等功能于一体的综合型自然保护区。

保护区的规划面积实际为20.073 km²，依据有关自然保护区的法规，将深圳田头山自然保护区划分为核心区、缓冲区及实验区3个功能区。

核心区包括水源保护区及重要林地，面积共9.293 km²，占自然保护区总面积的46.30%。受现状和规划快速路的切割，田头山自然保护区的核心区包括赤坳水库、田头山、寨顶、燕子尾等周边山体。

缓冲区是位于核心区之外且具有一定面积的区域。在缓冲区内只准从事科学研究活动，禁止开展旅游和生产经营活动。缓冲区面积为5.435 km²，占保护区面积的27.08%。

实验区在缓冲区外围，允许进入从事科学试验、教学实习、参观考察、旅游以及驯化、繁殖珍稀濒危野生动、植物等活动。实验区面积为5.345 km²，占保护区总面积的26.62%。

1.6 综合价值概论

1.6.1 自然属性

1.6.1.1 森林生态系统具有代表性和典型性

田头山自然保护区具有华南地区较为典型的南亚热带森林生态系统，其自然植被主要包括：南亚热带针阔叶混交林、南亚热带沟谷常绿阔叶林、南亚热带低地常绿阔叶林、南亚热带山地常绿阔叶林和南亚热带次生常绿灌木林等众多植被类型。

保护区内的代表性植被是南亚热带山地常绿阔叶林、南亚热带沟谷常绿阔叶林，并保存有大面积的黑桫椤群落、苏铁蕨群落。丰富的蕨类植物，大量兰科、苦苣苔科、百合科植物均生长于此。特别是佳氏苣苔，除香港、深圳之外，在其他地区还尚未被发现，该种生长于田头山低海拔的山谷，并延伸至邻近的排牙山一带，数量估计应在5000株以上。

1.6.1.2 具有丰富的生物多样性

田头山自然保护区生物区系成分复杂。维管植物区系有1289种，约占深圳市和广东省总种数的比例分别为60.2%和23.7%，也就是说，田头山地区仅20 km²的面积就拥有深圳市植物总种数的3/5和广东省植物总种数的近1/4。可见具有相当好的植被环境，是植物多样性的高丰度区，且其中不乏古老或在系统进化上具有重要地位的代表类群，如罗汉松科、红豆杉科、木兰科、金缕梅科、木通科、大血藤科及山茶科等。动物区系方面，有陆生脊椎动物186种。丰富的动物多样性，作为食物链中的消费者，也从侧面反映了该保护区良好的植被和保护状况。

1.6.1.3 珍稀濒危种和特有种较丰富

田头山自然保护区有中国特有植物多达302种，广东省特有种也有10余种，还有其他各类国家珍稀濒危重点保护野生植物共45种。从珍稀濒危种群的生存状况来看，与周边地区相比，黑桫椤群落、苏铁蕨群落、金毛狗群落、佳氏苣苔群落等最具特色，优势度很大。香港油麻藤、华南马鞍树、佳氏苣苔等是广东南部沿海地区的特有种，分布范围十分狭小，在田头山地区生长良好。动物方面，各类重点保护陆生脊椎动物26种。

1.6.1.4 生境脆弱性

田头山自然保护区出露地表的砾岩、砂岩及花岗岩较多，这些岩石较为坚硬，不易风化，特别是近山顶和陡坡处有多处裸岩；有些地段土层较浅，乱石成堆，树木只能从石缝中生长，加之由于近海而蒸发量较大，导致植株较为矮小，且一旦遭到破坏就极难恢复。这是田头山生态系统中最为脆弱的一部分。此外，人类活动的干扰和破坏，也在一定程度上增加了田头山生态系统的脆弱性。由于周边山民大肆砍伐原生植被而种植荔枝，导致原生的南亚热带常绿阔叶林已逐渐减少。

1.6.1.5 规划的可持续发展性

保护区面积的大小与能否有效保护常绿阔叶林生态系统密切相关。一般来说，保护区的面积越大，对于植被类型、动物食物链的保护越有利，但保护面积过大，则不便管理。因此，需要根据保护区社区情况、保护对象等实际情况来规划保护区的面积。拟建的田头山自然保护区包括田心村、田头村、石井村、南布村、江岭村、金龟村等地区的自然山体，面积共计20.073 km^2。现有的规划面积明显较小，但目前情况下基本能够满足规划需要。

1.6.2 经济和社会价值

1.6.2.1 深圳市重要的水源涵养林区

田头山自然保护区的沟谷众多，尤以西面较多，沟谷中的水流汇集形成了几个中小型水库，包括大山陂水库、赤坳水库、田心水库、石坳水库、杨木坑水库、大门前水库、矿山水库和麻雀坑水库等，是深圳市水库最为密集的地区之一。这些水库不仅为深圳市民提供赖以生存的水资源，而且库区湿地环境还吸引了众多的鸟类来此觅食，客观上也保证了该地区的动物多样性。

1.6.2.2 景观资源丰富

田头山自然保护区的景观资源丰富，山峦绵延起伏，林海翠绿浩瀚，水体通透清澈，云雾神奇迷人，是生态旅游和休闲避暑的胜地，这是保护区对社区的巨大贡献。

1.6.2.3 对维护深圳市东部地区的海岸生态环境具有重大意义

田头山建立自然保护区，与深圳东部若干山地如七娘山、排牙山、马峦山，及西部的梧桐山、深圳水库等山地形成深圳绿地生态系统的中轴线，也成为生物多样性的重要栖息地、核心区、生态家园，并对维护东部开放旅游产生的生态环境平衡问题起到潜在的、巨大的缓解和库容作用。

第二章　田头山自然保护区的土壤

摘要：田头山自然保护区为低山地貌，土壤类型为壤质土，土壤pH值为强酸性，土壤中有机质和氮素含量水平较高，而磷、钾贫乏。土壤全氮含量变幅为$0.71\sim3.24\,\mathrm{g\cdot kg^{-1}}$之间，属于2级水平；速效磷平均含量为$4.81\,\mathrm{mg\cdot kg^{-1}}$，属5级水平，速效钾含量为$13.79\sim66.03\,\mathrm{mg\cdot kg^{-1}}$，属于5级水平。随着土层加深，土壤容重呈增加趋势，孔隙度呈降低趋势，有机质含量、全氮、碱解氮、全磷、速效磷、全钾、速效钾含量均呈下降趋势。土壤整体物理性状良好，有利于植物生长和通气保水。

田头山自然保护区地貌类型主要为低山，出露的地层主要为下侏罗统金鸡组和桥源组以及上侏罗统高基坪群火山岩。为了解保护区的土壤基本状况，2008年3～6月对保护区内的土壤进行了野外调查，并对土壤理化性质和养分含量进行了分析。

2.1　土壤采样和分析方法

2.1.1　土壤采样方法

采样点设在植被调查样方内。在样方内选择代表性地段，挖掘土壤剖面，深70 cm左右，划分土壤层次，填写土壤剖面调查记录表。然后按0～20 cm、20～40 cm和40～60 cm分层采集土壤样品。本次土壤调查共挖掘土壤剖面3个，采集土壤布袋样品8份，采集环刀样和小铝盒样各24份。布袋样品带回室内后风干除杂，制样过筛备用。环刀和小铝盒样品带回后及时进行各项指标分析。

2.1.2　样品分析方法

室内分析测定的指标主要包括吸湿水含量、自然含水量、容重、毛管持水量、机械组成、pH值、有机质含量、全氮、速效氮、全磷、速效磷、全钾、速效钾等。其中，土壤吸湿水含量采用经典烘干法，土壤自然含水量用酒精燃烧法，土壤容重、孔隙度、毛管持水量用环刀法，土壤机械组成用简易比重计法，质地分类标准采用卡庆斯基制，土壤pH分别用蒸馏水和中性KCl溶液浸提、电位法测定，土壤有机质含量采用重铬酸钾氧化—远红外加热法，全氮和碱解氮采用扩散吸收法，全磷用$HClO_4$—H_2SO_4消化，钼锑抗比色法，土壤速效磷采用$0.03NH_4F$—$0.1NHCL$浸提—钼蓝比色法，全钾用NaOH碱熔，火焰光度法，土壤速效钾用1N乙酸铵溶液浸提—火焰光度法测定（鲁如坤，2000）。

2.2　土壤理化性质和土壤资源综合评价

2.2.1　土壤物理性质

2.2.1.1　土壤水分

本次调查研究中，分析的土壤指标主要包括土壤吸湿水含量、自然含水量、毛管持水量、容重、总孔隙度、毛管孔隙度、非毛管孔隙度和质地等。这些因子对土壤的保水保肥性能有重要影响，是土壤的重要属性。

土壤吸湿水反映土壤吸收大气中水分的能力大小，其值高低主要取决于土壤质地类型、有机质含量、空气相对湿度等。田头山自然保护区土壤吸湿水含量在8.14～37.72 g·kg⁻¹之间，平均为21.21 g·kg⁻¹（表2-1）。不同土壤之间差异较大，变异系数达49.75%。

土壤自然含水量反映采样当时的土壤水分状况，其大小与天气状况和植被覆盖有关。田头山自然保护区土壤自然含水量为195.4～375.39 g·kg⁻¹，平均为243.3 g·kg⁻¹。

毛管持水量是指借助毛管张力贮存在土壤毛管孔隙中的水分，其值大小反映了土壤的保水能力高低。土壤毛管持水量的大小与土壤质地、腐殖质含量、土壤结构及土壤颗粒排列松紧状况有密切关系。有机质含量低的砂质土，大孔隙较多，毛管孔隙少，仅土粒接触处能保持一部分毛管水，所以毛管持水量很少。在结构不良、过于黏重的土壤中，孔隙细小，所吸附的悬着水几乎都是膜状水。土壤砂、黏适当，有机质含量丰富，特别是具有良好团粒结构的土壤，其内部具有发达的毛管孔隙，可吸收大量水分，毛管持水量很大（罗汝英，1990）。田头山自然保护区土壤毛管持水量为268.3～623.28 g·kg⁻¹，平均为389.61 g·kg⁻¹（表2-1），表明土壤保水能力强。该值比深圳许多公园的土壤都要大，如深圳梅林公园土壤毛管持水量为115.46 g·kg⁻¹，深圳莲花山为141.2 g·kg⁻¹，深圳围岭为260.49 g·kg⁻¹（曾曙才等，2002，2003）。

表2-1 深圳田头山自然保护区土壤物理性质

剖面号	土层深度 /cm	吸湿水 /g·kg⁻¹	自然含水量 /g·kg⁻¹	毛管持水量 /g·kg⁻¹	容重 /g/cm³	总孔隙度 /%	毛管孔隙度 /%	非毛管孔隙度 /%	质地
1	0～20	20.26	207.64	314.10	1.33	49.96	41.65	8.31	轻壤土
	20～40	18.87	195.40	363.69	1.18	55.62	42.77	12.85	轻壤土
	40～60	17.28	197.89	318.33	1.35	48.99	43.03	5.96	轻壤土
2	0～20	9.18	216.77	328.80	1.32	49.32	43.33	5.99	砂壤土
	20～40	8.14	200.16	268.30	1.52	41.57	40.76	0.82	砂壤土
3	0～20	37.72	349.35	587.45	0.77	71.53	45.16	26.38	中壤土
	20～40	33.84	375.30	623.28	0.75	72.13	46.90	25.23	中壤土
	40～60	24.39	203.85	312.91	1.39	47.48	43.55	3.93	轻壤土
	min	8.14	195.40	268.30	0.75	41.57	40.76	0.82	
	max	37.72	375.30	623.28	1.52	72.13	46.90	26.38	
	mean	21.21	243.30	389.61	1.20	54.58	43.39	11.18	
	se	3.99	28.00	51.41	0.11	4.28	0.73	3.65	
	cv	49.75	30.45	34.91	23.94	20.73	4.44	86.40	

注：min表示最小值；max表示最大值；mean表示平均值；se表示标准误差；cv表示变异系数。

由于不同土层土壤结构体、孔隙性（孔隙数量及大小孔隙比例）和有机质含量等存在一定差异，不同土层中各种水分含量也不同。本次研究中，0～20 cm和20～40 cm层土壤的自然含水量和毛管持水量虽非常接近，差异很小，但40～60 cm层的自然含水量和毛管持水量均显著低于上层土壤（图2-1）。

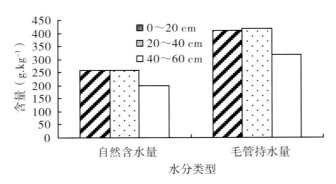

图2-1 深圳田头山自然保护区不同土层土壤含水量

2.2.1.2 土壤容重

土壤容重是土壤重要的物理性质，其值大小反映土壤的松紧状况和孔隙多少，并影响植物根系在土壤中的伸展和通气透水。同时，一定容积土壤的质量、水分和养分储量以及土壤改良石灰、石膏等改良剂用量等均需通过容重求算（孙向阳，2005）。田头山自然保护区土壤容重值为0.75～1.52 g·cm^{-3}，变异系数较小，为23.94%，容重平均值为1.20 g·cm^{-3}（表2-1），低于深圳城市绿地土壤平均容重（1.55 g·cm^{-3}）（卢瑛等，2005），主要因为保护区内人为活动相对较少，机械压实作用不明显，而深圳城市绿地土壤则强烈受到人类活动的干扰，表层土壤长期受到人为踩踏、机械压实作用，土体紧实，故容重大于郊野公园土壤。

不同土层土壤容重存在显著差异。以往许多研究结果表明，随着土层加深，土壤容重逐渐增大（曾曙才等，2002，2003，2005），本次研究的结果与以往研究基本相似。表层土壤0～20 cm和20～40 cm层土壤容重值分别为1.14和1.15 g·cm^{-3}，40～60 cm层土壤容重为1.37 g·cm^{-3}，表层与20～40 cm无显著差异，但40～60 cm显著高于上层。林地表土层的容重较小，主要因为地表有枯落物层，枯落物分解转化过程中形成的腐殖质使表层土壤形成良好团粒结构，使其疏松多孔。

2.2.1.3 土壤孔隙状况

土体是由固体土壤颗粒和粒间孔隙组成，孔隙是容纳水分和空气的重要场所。土壤中的孔隙容积愈多，水分和空气的容量就愈大。通常用土壤（总）孔隙度来衡量孔隙的数量，用毛管孔隙度、非毛管孔隙度和通气孔隙度等来衡量不同大小孔隙的比例。土壤孔隙度的大小，与土壤结构、质地、有机质含量及土壤排列松紧状况有关。质地越细，孔隙数量越多，孔隙度越大，以小孔隙为主；质地越粗，孔隙度越小，且以大孔隙为主（孙向阳，2005；曾曙才等，2007）。一般来说，总孔隙度在50%左右或稍大而其中非毛管孔隙度占1/5～2/5时，对绝大多数植物生长有利（罗汝英，1990）。深圳田头山自然保护区土壤总孔隙度为41.57%～72.13%，平均为54.58%，这表明土壤孔隙数量比较理想，有利于植物生长发育。土壤毛管孔隙度为40.76%～46.90%，平均为43.39%；非毛管孔隙度为0.82%～26.38%，平均11.18%，变异系数高达86.40%（表2-1）。以上数据表明，田头山自然保护区土壤总孔隙度较大，毛管孔隙与非毛管孔隙比例比较合理，土壤通气、保水能力总体上比较协调，蓄水和通气性能好，有利于降水的入渗和在土壤中的再分布，有利于土壤水分贮存。深圳城市绿地土壤的总孔隙度为39.7%（卢瑛等，2005），比深圳田头山自然保护区土壤低许多，主要因为城市绿地土壤受人类活动频繁影响所致。

2.2.1.4 土壤质地

土壤质地是土壤最重要的物理性质之一，受成土母质、气候、地形、地表植被及人类活动等因素影响。质地对土壤的水、肥、气、热等肥力性质和土壤耕性有重要影响。本次研究表明，田头山自然保护区土壤质地为壤土，且以轻壤土为主，此外还有中壤土和砂壤土（表2-1）。

2.2.2 土壤酸碱性

土壤酸碱性是土壤重要的化学性质，直接影响到土壤中养分元素的存在形态和植物有效性，也影响土壤中微生物的数量、组成和活性，从而影响到土壤中物质的转化。田头山自然保护区土壤pH（H_2O）值为4.00～4.45，平均为4.23，变异系数为3.8%；pH（KCl）为3.29～3.72，平均为3.47，变异系数为4.7%（表2-2），所有土壤均呈强酸性反应。土壤pH（H_2O）与土壤有机质含量、全氮、碱解氮、全磷、全钾和速效钾均呈显著负相关关系，相关系数分别为-0.90、-0.90、-0.80、-0.86、-0.73和-0.88，表明活性酸对土壤养分有显著影响。不同土层之间的差异较小，如表层土壤与20～40 cm差值仅为0.02，20～40 cm和40～60 cm相差0.08（图2-2）。

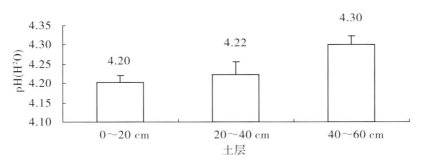

图2-2　深圳田头山自然保护区不同土层土壤酸碱性

2.2.3 土壤有机质含量

有机质是土壤中最活跃的成分，对水、肥、气、热等肥力因子影响很大，成为土壤肥力的重要物质基础。土壤有机质是土壤的重要组成物质，影响土壤的物理、化学和生物学性质。田头山自然保护区土壤有机质含量为15.2～76.98 g·kg^{-1}，平均值为37.99 g·kg^{-1}，属于2级水平。不同土样间差异较大，变异系数为62.5%。相关分析结果表明，土壤有机质与土壤全氮、碱解氮、全磷、全钾和速效钾含量均呈显著正相关关系，表明有机质对土壤肥力有重要影响。

有机质含量随着土层加深而显著下降（图2-3）。表层有机质平均含量为47.34 g·kg^{-1}，属1级水平，20～40 cm层有机质平均含量为36.7 g·kg^{-1}，属2级水平，40～60 cm层平均含量为25.92 g·kg^{-1}，处于3级水平。

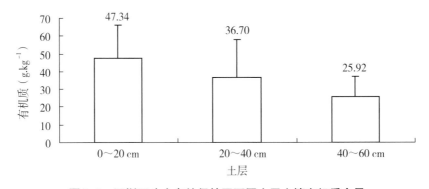

图2-3　深圳田头山自然保护区不同土层土壤有机质含量

2.2.4 土壤养分含量

2.2.4.1 土壤氮素

深圳田头山自然保护区土壤全氮含量变幅为0.71～3.24 g·kg^{-1}，平均含量为1.59 g·kg^{-1}，属于2级水平，变异系数为59.6%（表2-2）。碱解氮是指土壤中无机态氮和部分易分解的有机态氮的总和。深圳田头山自然保护区土壤碱解氮含量为87.68～320.32 g·kg^{-1}，平均含量达161.31 g·kg^{-1}，属于1级水平，变异系数为55.7%。

全氮（y，g·kg^{-1}）和有机质（x，g·kg^{-1}）之间呈极显著正相关关系，回归方程为y=0.0399x+0.0775，R^2=0.9934。碱解氮（y，mg·kg^{-1}）与有机质（x，g·kg^{-1}）之间亦呈极显著正相关关系，回归方程为y=3.5614x+26.002，R^2=0.8859。碱解氮（y，mg·kg^{-1}）与全氮（x，g·kg^{-1}）间的最佳拟合方程为y=87.073x+22.509，R^2=0.8494。

全氮和碱解氮含量均随土层加深总体呈下降趋势，全氮尤其明显（图2-4）。

表2-2　深圳田头山自然保护区土壤化学性质和养分含量

剖面号	土层深度/cm	pH		有机质/g·kg^{-1}	全N/g·kg^{-1}	碱解N/mg·kg^{-1}	全P/g·kg^{-1}	速效P/mg·kg^{-1}	全K/g·kg^{-1}	速效K/mg·kg^{-1}
		H$_2$O	KCl							
1	0～20	4.16	3.29	39.90	1.6418	122.59	0.23	5.57	12.35	36.60
	20～40	4.24	3.36	23.65	0.9974	133.81	0.18	0.20	11.30	16.51
	40～60	4.38	3.43	17.81	0.7085	104.82	0.19	1.71	12.05	16.48
2	0～20	4.45	3.72	25.13	1.0925	126.06	0.16	10.49	10.95	23.89
	20～40	4.37	3.67	15.20	0.7293	87.68	0.17	9.43	13.53	13.79
3	0～20	4.00	3.31	76.98	3.2406	288.24	0.59	4.93	18.63	66.03
	20～40	4.06	3.43	71.24	2.8059	320.32	0.59	3.89	19.69	55.46
	40～60	4.22	3.58	34.03	1.5369	106.99	0.26	2.22	10.29	34.48
	min	4.00	3.29	15.20	0.71	87.68	0.16	0.20	10.29	13.79
	max	4.45	3.72	76.98	3.24	320.32	0.59	10.49	19.69	66.03
	mean	4.23	3.47	37.99	1.59	161.31	0.30	4.81	13.60	32.90
	se	0.06	0.06	8.97	0.36	33.94	0.07	1.38	1.35	7.29
	cv	3.8%	4.7%	62.5%	59.6%	55.7%	62.3%	75.70	26.3	58.7

注：min表示最小值；max表示最大值；mean表示平均值；se表示标准误差；cv表示变异系数。

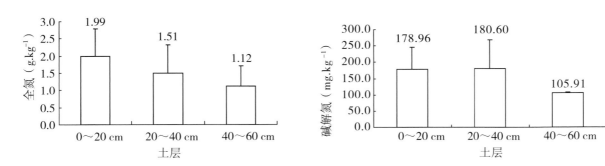

图2-4　深圳田头山自然保护区不同土层土壤氮素含量

2.2.4.2　土壤磷素

磷是植物细胞核的重要组成成分，主要集中在植物的种子中。磷能促进叶绿素与蛋白质的合成，促进根系生长，扩大根系吸收面积，有利于氮、钾等养分元素的吸收利用。磷能提高植物抗病性、抗寒和抗干旱能力，并能促进有益微生物的活动。

深圳田头山自然保护区土壤全磷含量为0.16～0.59 g·kg⁻¹，平均含量为0.30 g·kg⁻¹，不同剖面间差异较大，变异系数为62.3%。土壤速效磷含量为0.20～10.49 mg·kg⁻¹，变异系数为75.7%。速效磷平均含量为4.81 mg·kg⁻¹，属5级水平。全磷和速效磷之间的相关系数为0.14，相关性不显著。速效磷与有机质亦无显著相关性，而全磷与有机质呈极显著正相关关系，相关系数为0.97。深圳城市绿地土壤速效磷平均含量为10.6～13.60 mg·kg⁻¹（卢瑛等，2005），远高于郊野公园土壤，这主要是因为城市化过程中人类活动增加了土壤磷的投入。

全磷和速效磷在土壤剖面中的变化规律与氮素相似。全磷含量在0～40 cm层变化不大，但显著高于40～60 cm层。速效磷则随剖面深度增加而相应下降（图2-5）。

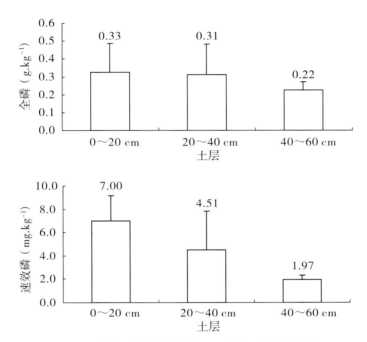

图2-5　深圳田头山自然保护区不同土层土壤磷含量

2.2.4.3 土壤钾素

我国土壤全钾含量由北向南、由西向东呈渐减趋势，东南地区土壤多缺钾。红壤、砖红壤等风化强烈，是含钾量最低的土壤种类。华南砖红壤地区土壤全钾最少。土壤全钾量反映土壤钾素的潜在供应能力，土壤速效钾则是土壤钾素的现实供应指标。土壤速效钾含量不仅受成土母质的影响，还与植被状况和土壤水分的淋洗状况有关。钾能加速植物对二氧化碳的同化过程，促进碳水化合物的转移，促进蛋白质的合成和细胞的分裂，增强植物抗病力，减少植物蒸腾，提高抗旱性。钾由于易于转移，所以主要集中在幼嫩的茎和叶中。

深圳田头山自然保护区土壤全钾为10.29～19.69 g·kg⁻¹，平均含量为13.6 g·kg⁻¹，变异系数为26.3%。速效钾含量为13.79～66.03 mg·kg⁻¹，平均为32.9 mg·kg⁻¹，属于5级水平，远低于深圳城市绿地土壤的速效钾平均含量（后者平均含量在120 mg·kg⁻¹以上）（卢瑛等，2005）。速效钾和全钾有显著相关关系，相关系数为0.79。全钾、速效钾均与有机质呈显著正相关关系，相关系数分别为0.86和0.99。全钾和速效钾含量总体上随土层加深而呈下降的趋势（图2-6）。

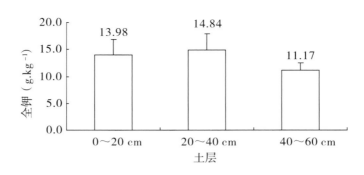

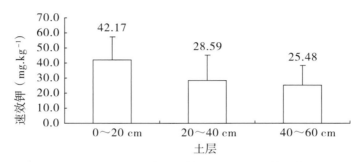

图2-6 深圳田头山自然保护区不同土层土壤钾含量

2.4.3 田头山土壤资源综合评价

深圳田头山自然保护区土壤物理性状良好，有利于植物生长和通气保水。土壤容重为0.75～1.52 g·cm^{-3}，平均为1.20 g·cm^{-3}，总孔隙度为41.57%～72.13%，平均为54.58%，毛管孔隙度为40.76%～46.90%，平均为43.39%，非毛管孔隙度为0.82%～26.38%，平均为11.18%。土壤质地为壤质土，无其他质地类型。

深圳田头山自然保护区土壤均呈强酸性反应，pH（H_2O）为4.00～4.45，平均为4.23，pH（KCl）为3.29～3.072，平均为3.47。

深圳田头山自然保护区土壤有机质含量水平较高，平均含量为37.99 g·kg^{-1}，属于2级水平；全氮含量水平亦较高，平均含量为1.59 g·kg^{-1}，属于2级水平；碱解氮平均含量为161.31 g·kg^{-1}，属于1级水平；全磷平均含量为0.3 g·kg^{-1}，速效磷平均含量为4.81 mg·kg^{-1}，属于5级水平；全钾平均含量为13.6 g·kg^{-1}，速效钾平均含量为32.9 mg·kg^{-1}，属于5级水平。所以，土壤肥力特征是有机质和氮素丰富，而磷钾贫乏。

随着土层加深，土壤容重呈增加趋势，孔隙度呈降低趋势，有机质含量、全氮、碱解氮、全磷、速效磷、全钾、速效钾含量均呈下降趋势。

第三章 田头山自然保护区的植被与植物区系

摘要：田头山自然保护区处于亚洲热带北缘与南亚热带的过渡地带，反映在植被类型上，以南亚热带常绿阔叶林为特征，植被组成种类、群落外貌和结构特点等均表现出从热带到亚热带过渡的特点，典型群落如"浙江润楠－子凌蒲桃＋鸭脚木群落"和"黄樟＋厚壳桂－鸭脚木＋猴耳环群落"等。在沟谷中，分布有大面积保护良好的黑桫椤群落和苏铁蕨群落，种群更新良好。保护区内共有维管植物201科792属1455种，各类珍稀濒危保护植物45种，隶属于20科42属，其他各类资源植物也非常丰富。植物区系组成以热带、亚热带分布属为主，其中种子植物热带性属占81.17%，温带性属占18.83%。

3.1 田头山自然保护区的植被

3.1.1 研究方法

3.1.1.1 植被调查方法

对深圳田头山自然保护区的植被群落进行了样方调查。在全面勘查的基础上，结合群落保存完整状况，选取主要植被类型，确定标准样地。每个样地面积400～1200 m²，共调查17个样方，总面积为14300 m²。每个样地再分成若干10×10 m²的小样方，取样方法为"每木记账调查法"，调查记录样方中胸径≥2 cm，高度≥1.5 m 的所有树种的胸径、高度、冠幅。在每个样方中设置2 m×2 m 的小样方1个，调查并记录样方中所有林下乔灌木和草本植物的种类、胸径、高度、株数、盖度等。记录样地的土壤类型、海拔、坡向、坡度等生境因子，搜集深圳田头山地区的降水、温度、光照等气候因子。

3.1.1.2 数据分析方法

根据样方调查结果，探讨植被群落的组成、外貌、结构以及群落的类型等。各主要种群的相对密度、相对频度、相对显著度、重要值及建群种、优势种的分析和确定等按《植物群落学实验手册》（王伯荪等，1976）。

1）重要值分析

重要值（importance value）是一个综合性的指标，较全面地反映了种群在群落中的地位。

多度＝样地中某种植物的个体总数

$$相对多度 = \frac{某种植物的个体总数}{同一生活型植物个体总数} \times 100\%$$

$$频度 = \frac{某种植物出现的样地数}{所调查的样地总数}$$

13

$$相对频度 = \frac{某个种的频度}{所有种的频度总和} \times 100\%$$

$$相对显著度 = \frac{某种所有个体胸面积之和}{所有个体胸面积总和} \times 100\%$$

$$重要值 = 相对多度 + 相对显著度 + 相对频度$$

2）种群年龄结构分析

采用 V 级立木划分标准。I 级：苗木，高度小于 33 cm；II 级：小树，高度大于 33 cm，胸径不足 2.5 cm；III 级：壮树，胸径 2.5～7.5 cm；IV 级：大树，胸径 7.5～22.5 cm；V 级：老树，胸径大于 22.5 cm。

3）频度分析

频度分析通常用一个种所出现的取样总数的比例来表示。

$$F（频度）= \sum S（某个植物所出现的取样数）/ N（取样总数）\times 100$$

按《植物群落学实验手册》的方法把频度划分为 5 个等级，即：1%～20% 为 A 级，21%～40% 为 B 级，41%～60% 为 C 级，61%～80% 为 D 级，81%～100% 为 E 级。

4）物种多样性指数及其均匀度分析

物种多样性是把物种数和均匀度混合起来的一个统计量，一个群落中如果有许多物种，且它的多度非常地均匀，则该群落就具有较高的多样性；反之，如果群落中物种种数较小，并且它们的多度不均匀，则该群落有较低的多样性。

均匀度是指群落中各个物种的多度的均匀程度，是通过计算多样性指数值和当该样地的物种数，个体总数不变的情况下，理论上具有的最大的多样性指数的比值来度量的。这个理论值实际是在假定群落中所有种的分布是均匀的基础上来实现的。

Shannon-Wiener 多样性指数：是以信息论范畴的 Shannon-Wiener 函数为基础，用以测度从群落中随机排出一定个体的种的平均不定度，当种的数目增加或已存在的物种的个体分布越来越均匀时，此不定度增加。其公式如下：

$$SW = -\sum P_i \times \log_2 P_i$$

式中，P_i 为 i 种占总个体数或总重要值的比例。

$$Gini 指数 = 1 - \sum P_i^2$$

式中，P_i 为 i 种占总个体数或总重要值的比例。

PIE 为种间相遇概率（Probability of Interspecific Encounter）

$$PIE = \sum_{i=1}^{2} (n_i/N)[N（N-1）/N_i（N_i-1）]$$

式中，S 是种 i 所在样地的物种总数；N 是样方中的总个体数；n_i 是第 i 种的个体数目。

PIE 是 Hurlburt（1971）提出来的。其原始概念来自 Wallace A.R. 在亚马逊森林的一次观察记载，"旅行者"在森林里随时活动遇到同一个种的个体的概率。数学意义是不同种的个体之间随机活动，相遇是相同种的概率。

Pielou（1969）把均匀度（J）定义为群落的实测多样性与最大多样性的比率。

基于 Shannon-Wiener 多样性指数的物种均匀度的计算式为：

$$Jsw = （-\sum P_i \ln P_i）/ \ln S$$

式中，S 为种 i 所在样地的物种总数。

基于 Gini 多样性指数的物种均匀度的计算式为：

$$Jsi = （1 - \sum P_i^2）/（1 - 1/S）$$

式中，S为种i所在样地的物种总数。

Alatalo 均匀度指数 E_u：

$$E_u = [1/(\Sigma P_i^2) - 1] / [\exp(-\Sigma P_i \ln P_i) - 1]$$

式中，P_i 为种i的个体数占样方中总个体数的比例。

3.1.2 田头山植被的主要类型和基本特征

3.1.2.1 田头山植被的基本情况

1）种类组成

根据本次调查代表群落17个，样地面积14300 m² 的统计，从科属组成来看，以热带、亚热带成分为主，森林群落的主要科有松科（Pinaceae）、樟科（Lauraceae）、桃金娘科（Myrtaceae）、山茶科（Theaceae）、梧桐科（Sterculiaceae）、芸香科（Rutaceae）、五加科（Araliaceae）、含羞草科（Mimosaceae）、杜鹃花科（Ericaceae）、竹亚科（Bambusoideae）、冬青科（Aquifoliaceae）、壳斗科（Fagaceae）、鼠刺科（Escalloniaceeae）等。

常绿阔叶林中乔木层优势种明显，组成的种类主要有假苹婆（Sterculia lanceolata）、山油柑（Acronychia pedunculata）、鼠刺（Itea chinensis）、鸭脚木（Schefflera octophylla）、厚壳桂（Cryptocarya chinensis）、黄樟（Cinnamomum parthenoxylon）、猴耳环（Archidendron clypearia）、大头茶（Gordonia axillaris）、豺皮樟（Litsea rotundifolia var. oblongifolia）、毛棉杜鹃（Rhododendron moulmainense）、荷木（Schima superba）、樟树（Cinnamomum camphora）、青皮竹（Bambusa textilis）、浙江润楠（Machilus chekiangensis）、短序润楠（Machilus breviflora）、亮叶冬青（Ilex viridis）、马尾松（Pinus massoniana）、子凌蒲桃（Syzygium championii）、柯（Lithocarpus glaber）等。

2）外貌

田头山夏秋季气温相差不大，植被季相变化不甚明显，终年常绿，林冠层多为深绿色，比较平整，有少量大型乔木形成突起。沿各大沟谷分布的群落冠层较不平整，呈现波浪状。低地、山地植物生长旺盛，群落郁闭度高，多在60%以上。在秋冬季节，野漆树（Toxicodendron sylvestris）变色使得其绿色的林冠层出现红、黄色斑块。在花期，比如大头茶（Gordonia axillaris）大量开花时候，可见大量白色小斑块映衬在深绿背景上，因此具有良好的景观价值。

3）地带性植被类型

田头山自然保护区具有在华南地区较为典型的南亚热带森林生态系统，其自然植被主要包括：南亚热带针阔叶混交林、南亚热带沟谷常绿阔叶林、南亚热带低地常绿阔叶林、南亚热带山地常绿阔叶林和南亚热带次生常绿灌木林等众多植被亚型。

南亚热带低山常绿阔叶林是保护区内的代表性植被，优势乔木包括浙江润楠、黄樟、厚壳桂、柯、大头茶、子凌蒲桃、毛棉杜鹃、鼠刺、鸭脚木、山乌桕（Sapium discolor）、黧蒴（Castanopsis fissa）、绒毛润楠（Machilus velutina）等。其中，大面积分布于田头山主峰西坡的"浙江润楠—子凌蒲桃+鸭脚木群落"以及靠近惠州一侧，即田头山东面的"黄樟+厚壳桂—鸭脚木+猴耳环群落"保存完好，其物种多样性和物种平均值较高。

其特色植被主要体现在南亚热带沟谷常绿阔叶林中，其中大面积分布着保存良好的黑桫椤群落以及苏铁蕨群落，种群更新良好，具有众多小苗，并有较多大型植株，最大的黑桫椤可高达2.5 m，基径可达45 cm。代表着丰富的蕨类资源并反映了其植被保存的良好性，且其物种多样性较高，大量兰科、苦苣苔科、百合科植物也生长于此，特别是佳氏苣苔较为珍贵。

与周边地区相比，田头山自然保护区以分布面积较大、保存良好、更新正常的黑桫椤群落、苏铁蕨群落、金毛狗群落、佳氏莒苔群落等最具特色。同时，田头山地区也分布有香港油麻藤、华南马鞍树、佳氏莒苔等广东南部沿海地区的特有种。

3.1.2.2 主要植被类型

根据《中国植被》的划分，田头山自然保护区的植被区划为：亚热带常绿林，东部（湿润）常绿阔叶林亚区域，南亚热带季风常绿阔叶林地带。

田头山自然保护区包括自然植被和人工植被。人工植被主要是荔枝林、桉树林，其中以荔枝林面积最大，主要分布在田头山低海拔地区与各主要公路间的山坡上。桉树林主要表现为斑块状分布，如田心村村后即有较大面积的桉树林。

自然植被主要分布在中低海拔的沟谷及山地之上，主要类型为天然次生常绿阔叶林，局部山地如坪埔村附近的山坡还保存有较好的原生植被。其典型植被类型为南亚热带常绿阔叶林，包括沟谷常绿阔叶林、低地常绿阔叶林、低山常绿阔叶林、山地常绿阔叶林。植被的种类组成其优势科主要是樟科、山茶科、壳斗科、桑科、桃金娘科及大戟科等，以热带亚热带植物区系成分为主，与中国南部南亚热带地区的植被组成相似。

1）南亚热带针、阔叶混交林

该类型植被主要分布在保护区低海拔的山体附近，群落中以阔叶树种占优势，如浙江润楠、大头茶、樟树及鸭脚木、鼠刺等；针叶树仅有马尾松1种，主要为以前所种植，在群落内天然更新不良，处于衰退地位。群落中冠层较为平整，外貌常年呈现深绿色，其郁闭度为60%。从垂直结构上看，基本可分为两个亚层，上层15 m，主要以上文提及的乔木中的大树、壮树构成；下层为乔木层中主要树种的小树等，混杂较多灌木层物种，如豺皮樟（*Litsea rotundifolia* var. *oblongifolia*）、九节（*Psychotria rubra*）、粗叶榕（*Ficus hirta*）、台湾榕（*Ficus formosana*）、破布叶（*Microcos paniculata*）、银柴（*Aporosa dioica*）、栀子（*Gardenia jasminoides*）等的较大植株。林中藤本和草本植物都较少，主要草本植物有蕨类，如华南紫萁（*Osmunda vachellii*）、华南毛蕨（*Cyclosorus parasiticus*）、团叶鳞始蕨（*Lindsaea orbiculata*）、扇叶铁线蕨（*Adiantum flabellulatum*）等，以及禾本科和莎草科的少量种，如缘毛珍珠茅（*Scleria ciliaris*）、黑莎草（*Gahnia tristis*）等；而藤本植物主要由防己科植物构成，如细圆藤（*Pericampylus glaucus*）、千金藤（*Stephania japonica*）等。

2）南亚热带沟谷常绿阔叶林

该类型植被主要沿各大沟谷，呈现带状分布于保护区海拔400 m以下地段。一般群落中的环境湿润，土壤有机质含量较高，呈现深黑色，特别是红冬蛇菰（*Balanophora harlandii*）等腐生植物以及较多的兰科植物都采集于此。表明该种类型植被具有相对高的物种多样性。群落中木质藤本、茎花现象、绞杀现象和附生植物等雨林景观较为明显。其群落冠层较不平整，呈现波浪状，群落外貌基本呈现终年常绿，郁闭度较高，部分地段可达90%。其垂直结构基本分为三个亚层，第一亚层主要有鸭公树（*Neolitsea chunii*）、浙江润楠、枫杨（*Pterocarya stenoptera*）、黄樟等；第二亚层主要有第一亚层中部分种类的壮树，以及鸭脚木、乌桕（*Sapium sebiferum*）、网脉山龙眼（*Helicia reticulata*）、荷木（*Schima superba*）、假苹婆（*Sterculia lanceolata*）、红鳞蒲桃（*Syzygium hancei*）、中华杜英（*Elaeocarpus chinensis*）等，构成较为复杂。第三亚层基本无明显优势种，种类繁多，主要由冬青科、山茶科、山矾科、大戟科等植物构成。层间藤本发达，主要种类有小叶海金沙（*Lygodium scandens*）、小叶买麻藤（*Gnetum parvifolium*）、苍白秤钩风（*Diploclisia glaucescens*）、绿花崖豆藤（*Millettia championii*）、刺果藤（*Byttneria aspera*）等，层下草本植物丰富，特别是黑桫椤群落和部分苏铁蕨群落即生长于此类型植被中，沟谷的石缝中不时长出高达1 m多的黑桫椤或苏铁蕨，极为漂亮。

16

3）南亚热带低地常绿阔叶林

该类型主要包括低海拔地段的村边林或风水林等，而保存较好的地段，分布于金龟村、田心村及其他山村附近的山麓地带，一般都被桉树林或果园等割裂成若干片断。其典型群落的冠层平整，略有起伏，外貌终年常绿，结构复杂，林中木质藤本、附生和茎花现象常见。其垂直结构基本分为三个亚层，第一亚层为乔木成分，主要有浙江润楠、樟树的大树和老树，间或有少量的其他物种如山杜英（*Elaeocarpus sylvestris*）的大树夹杂其中。第二亚层以子凌蒲桃、假苹婆、山杜英、红鳞蒲桃等为优势种，其他物种还有鸭脚木、豺皮樟、朴树（*Celtis sinensis*）等。第三亚层种类众多，无明显优势种存在，其物种有山油柑（*Acronychia pedunculata*）、鸭脚木、密花树（*Myrsine sequinii*）、罗伞树（*Ardisia quinquegona*）、九节、豺皮樟、粗叶榕、两面针（*Zanthoxylum nitidum*）、银柴、栀子、狗骨柴（*Diplospora dubia*）、裸花紫珠（*Callicarpa nudiflora*）等。其藤本也主要以防己科植物为主，有细圆藤等，部分靠近外周的还有少量五爪金龙（*Ipomoea cairica*）或白鹤藤（*Argyreia acuta*）。草本中有较多百合科植物，如山菅兰（*Dianella ensifolia*）、艳山姜（*Alpinia zerumbet*）等，还有较多禾本科植物。

4）南亚热带低山常绿阔叶林

该植被类型主要分布在田头山自然保护区中低海拔各处山坡，是保护区内的主要植被及代表性植被类型之一。该类型植被覆盖面积大，其冠层都甚为平整，间或随着山体中的微地形而略有起伏；一般植被外貌深绿色，在秋冬季节，少量的漆树变色使得其绿色的林冠层出现红色斑块；郁闭度从60%至80%不定。其群落类型多样，生物多样性较高，从整体上看，该植被类型的主要优势乔木包括浙江润楠、柯、短序润楠（*Machilus breviflora*）、绒毛润楠、荷木、香港毛蕊茶（*Camellia assimilis*）、鸭脚木、山杜英、黄樟、锐尖山香圆（*Turpinia arguta*）、罗浮柿（*Diospyros morrisiana*）、漆树、鼠刺、大头茶、山乌桕、鳒葛、网脉山龙眼、香叶树（*Lindera communis*）及厚壳桂等。其灌木层和草本层物种丰富，主要有粗糠柴（*Mallotus philippinensis*）、鸭脚木、野牡丹（*Melastoma candidum*）、毛稔（*Melastoma sanguineum*）、黑面神（*Breynia fruticosa*）、余甘子（*Phyllanthus emblica*）、香港算盘子（*Glochidion hongkongense*）、两面针、越南叶下珠（*Phyllanthus cochinchinensis*）、中华复叶耳蕨（*Arachniodes chinensis*）等，并时有乔木层物种的小苗或幼树，显示其长期更新良好，并呈现一定的演替趋势。藤本较少，但是有时木质藤本长得较为粗壮，如部分苍白秤钩风几乎可达50 m长。特别指出的是，也有较多的金毛狗和苏铁蕨零散分布于该类型林分中，一般都生长于较稀疏地段，长势良好。金毛狗可高达2.5 m，金色绒毛鲜艳。

5）南亚热带山地常绿阔叶林

该植被类型主要分布在自然保护区海拔较高的山地，且比较偏向干旱。群落林冠层更为平整，这同高海拔地区的山地更为平整、坡度更为一致也有一定关系。而群落外貌的季节变化更大，其中如漆树所占比较多，在秋冬季节所产生的红色斑块也更多，已经具有良好的观赏价值。从种类组成上看，其温带种类增多，如蔷薇科、柿树科、漆树科的比重增加。但由于某些种的生态幅度较广，而且山地的海拔梯度变化也不是非常显著，使其与低山常绿阔叶林拥有较多的共优势种，如浙江润楠、绒毛润楠、大头茶、鼠刺等，但二者在群落的类型、结构上也有较为明显的差异。如后者的群落类型较为单一，没有前者那么丰富的群落类型。从群落构成上讲，后者的优势种相较前者更为明显，其重要值的比例更大，或是优势种数量更少更单一，如大头茶、短序润楠等，在垂直结构方面层次较为分明。从灌木层、草本层以及藤本植物上看，种类也偏少，特别在阳面一侧的群落中，桃金娘（*Rhodomyrtus tomentosa*）和岗松（*Baeckea frutescens*）的数量明显增多，禾本科和一些菊科植物的种类也较多，而蕨类植物的种类明显减少。

17

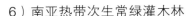

6）南亚热带次生常绿灌木林

南亚热带次生常绿灌木林是指以灌木生活型植物为建群种的植被类型，有可能系原生植被遭受严重干扰逆行演替的产物，或称为"偏途顶级群落（Plagiocimax）"，也有可能是因为一些微气候、微地形的影响，而形成的一种原生或次生群落。这一植被类型在保护区内分布较少，呈现斑块状分布，且主要分布在中海拔地区。该植被类型其林冠层有较大起伏，这是由于少量存在的大型乔木所形成的突起。其外貌一般呈现深绿色，甚少变化，但在花期，比如大头茶大量开花时候，可见大量白色小斑块映衬在深绿背景上，具有非常好的观赏价值。该植被类型最典型的是大头茶—毛蕊茶群落，其高度为7～9 m，郁闭度达70%，群落分层明显，其主要优势种类为大头茶和毛蕊茶，分布在第二亚层，偶有短序润楠或中华杜英分布在第一亚层。而林下灌木、草本和藤本植物都极少。

3.1.2.3 植被的主要优势群落分析

本文选取了17个典型群落，通过相对多度、相对频度、相对显著度等得出重要值，具体分析见表3-1至表3-17所示。

1）黑桫椤群落

黑桫椤（*Alsophila podophylla*）占优势的群落主要位于田头山的北部沟谷中，其他地区有少量的分布，偶尔形成一定面积的群落。该群落位于坪头村田头山阳坡，海拔约为393 m，样方面积1200 m²。该群落的灌木层有数量较多且长势良好的黑桫椤，堪称田头山保持良好植被的代表。由于灌木层物种丰富，植被较密集，对水、光和肥的竞争较为激烈，不利于黑桫椤幼苗的生长，所以小苗较少。该样地黑桫椤的个体数量多达47株。多数基茎为30～34 cm，平均基茎达26.71 cm，平均高度为1.82 m。

群落林冠层不甚平整而略有起伏，因其中间有大树，群落外貌终年常绿。从重要值上可见，该群落以假苹婆和山油柑为主，重要值分别达63和33.82，占据较大优势。从垂直结构上看，林中乔木层基本分为两层，第一亚层主要包括水翁、毛叶嘉赐树等物种的大树，但数量较少，其多度和频度较小。第二亚层以假苹婆和山油柑居多，并有较多的物种存在，如鼠刺、鸭脚木、水团花、黄牛木、小叶胭脂、常绿荚蒾、谷木、粗毛野桐等。林下灌木和草本较多，蕨类丰富，值得一提的是因靠近水边，其兰科和苦苣苔科植物在样地及其周边较为丰富，如石仙桃（*Pholidota chinensis*）、唇柱苣苔（*Chirita sinensis*）等的良好生长。林中藤本较多，有绿花崖豆藤、小叶海金沙等存在（表3-1）。

表3-1 黑桫椤群落（假苹婆—山油柑—黑桫椤群落）分析

种名	学名	多度	总面积（胸高断面积之和）/cm²	相对多度/%	相对频度/%	相对显著度/%	重要值/%
假苹婆	*Sterculia lanceolata*	57	3701.17	21.59	7.95	33.45	63
山油柑	*Acronychia pedunculata*	36	1604.28	13.64	5.68	14.5	33.82
鼠刺	*Itea chinensis*	32	909.25	12.12	5.68	8.22	26.02
鸭脚木	*Schefflera octophylla*	14	1237.23	5.3	5.68	11.18	22.17
常绿荚蒾	*Viburnum sempervirens*	20	165.36	7.58	7.87	1.49	16.94
水团花	*Adina pilulifera*	14	265.51	5.30	7.87	2.40	15.57
水翁	*Cleistocalyx operculatus*	4	486.97	1.52	4.55	4.4	10.46
谷木	*Memecylon ligustrifolium*	6	451.84	2.27	2.27	4.08	8.63
小叶胭脂	*Artocarpus styracifolius*	3	453.99	1.14	2.27	4.1	7.51

18

种名	学名	多度	总面积（胸高断面积之和）/cm²	相对多度/%	相对频度/%	相对显著度/%	重要值/%
九节	*Psychotria rubra*	12	110.53	4.55	1.14	1.00	6.68
粗毛野桐	*Mallotus hookerianus*	8	146.70	3.03	2.27	1.33	6.63
漆树	*Toxicodendron vernicifluum*	4	270.88	1.52	2.27	2.45	6.24
毛叶嘉赐树	*Casearia velutina*	4	122.07	1.52	3.41	1.10	6.03
香港算盘子	*Glochidion hongkongense*	4	140.79	1.52	2.27	1.27	5.06
青皮竹	*Bambusa textilis*	2	347.04	0.76	1.14	3.14	5.03
黄牛木	*Cratoxylum cochinchinense*	2	143.32	0.76	2.27	1.30	4.33
柿子	*Diospyros kaki*	3	24.35	1.14	2.27	0.22	3.63
桃金娘	*Rhodomyrtus tomentosa*	2	9.95	0.76	2.27	0.09	3.12
锐尖山香圆	*Turpinia arguta*	2	7.08	0.76	2.27	0.06	3.09
黄樟	*Cinnamomum parthenoxylon*	1	161.14	0.38	1.14	1.46	2.97
罗伞树	*Ardisia quinquegona*	2	73.85	0.76	1.14	0.67	2.56
变叶榕	*Ficus variolosa*	2	60.88	0.76	1.14	0.55	2.44
毛冬青	*Ilex pubescens*	3	15.52	1.14	1.14	0.14	2.41
展毛野牡丹	*Melastoma normale*	3	15.36	1.14	1.14	0.14	2.41
狗骨柴	*Diplospora dubia*	2	30.88	0.76	1.14	0.28	2.17
厚壳桂	*Cryptocarya chinensis*	2	17.59	0.76	1.14	0.16	2.05
大叶紫珠	*Callicarpa macrophylla*	2	3.98	0.76	1.14	0.04	1.93
山地五月茶	*Antidesma montanum*	1	13.45	0.38	1.14	0.12	1.64
乌材	*Diospyros eriantha*	1	11.46	0.38	1.14	0.10	1.62
杨桐	*Adinandra millettii*	1	7.96	0.38	1.14	0.07	1.59
毛果算盘子	*Glochidion eriocarpum*	1	7.96	0.38	1.14	0.07	1.59
白花苦灯笼	*Tarenna mollissima*	1	4.48	0.38	1.14	0.04	1.56
金樱子	*Rosa laevigata*	1	4.48	0.38	1.14	0.04	1.56
疏花卫矛	*Euonymus laxiflorus*	1	3.90	0.38	1.14	0.04	1.55
水同木	*Ficus fistulosa*	1	3.90	0.38	1.14	0.04	1.55
鱼骨木	*Canthium dicoccum*	1	3.90	0.38	1.14	0.04	1.55
樟树	*Cinnamomum camphora*	1	3.90	0.38	1.14	0.04	1.55
光叶海桐	*Pittosporum glabratum*	1	3.36	0.38	1.14	0.03	1.55
石斑木	*Rhaphiolepis indica*	1	2.86	0.38	1.14	0.03	1.54
横经席	*Calophyllum membranaceum*	1	2.86	0.38	1.14	0.03	1.54

种名	学名	多度	总面积（胸高断面积之和）/cm²	相对多度/%	相对频度/%	相对显著度/%	重要值/%
红鳞蒲桃	*Syzygium hancei*	1	2.86	0.38	1.14	0.03	1.54
毛果巴豆	*Croton lachnocarpus*	1	2.86	0.38	1.14	0.03	1.54
细轴荛花	*Wikstroemia nutans*	1	1.99	0.38	1.14	0.02	1.53
岗松	*Baeckea frutescens*	1	1.99	0.38	1.14	0.02	1.53
山小桔	*Glycosmis parviflora*	1	1.99	0.38	1.14	0.02	1.53
	合计	264	11063.68	100.00	100.00	100.00	300.00

注：本表没有包括代表蕨类植物的黑桫椤。黑桫椤的平均基围为 26.71 cm，平均高度为 1.82 m，个体数量为 47 株。多数黑桫椤的基围处于 30～34 cm。

2）厚壳桂 + 黄樟 – 鸭脚木群落

该类群落主要分布在中海拔平缓地段，其林冠层平缓而略有起伏，林相深绿色，所取样地面积 1200 m²，其中 1.5 m 以上的植物 37 种。群落以厚壳桂、黄樟、鸭脚木为优势种，分层不明显。乔木层可分为二个亚层。第一亚层在 10 m 以上，以厚壳桂、黄樟和鸭脚木为主，其中还有浙江润楠、红鳞蒲桃、猴耳环等。第二亚层 6～8 m，以厚壳桂、香港算盘子、鸭脚木占绝对优势，此外尚有少量山油柑、黄樟、青果榕等混生其中。灌木层集中在 5 m 以下，各个种类的高度分布比较均匀，仍以厚壳桂为主，伴有多种其他植物如罗伞树、常绿荚蒾、水同榕、猴耳环、鸭脚木、九节、毛冬青、鲫鱼胆等。草本层一般高 0.1～1.5 m，组成种类有白花悬钩子（*Rubus leucanthus*）、草珊瑚（*Sarcandra glabra*）、淡绿短肠蕨（*Allantodia virescens*）、淡竹叶（*Lophatherum gracile*）、华南紫萁、华山姜（*Alpinia oblongifolia*）、九节、乌蔹莓（*Cayratia japonica*）、乌毛蕨（*Blechnum orientale*）、玉叶金花（*Mussaenda pubescens*）等，还有乔木层的各种小苗如红鳞蒲桃、猴耳环、厚壳桂、鸭脚木等。藤本植物非常丰富，有山鸡血藤（*Millettia dielsiana*）、酸藤子（*Embelia laeta*）、扁担藤（*Tetrastigma planicaule*）、小叶海金沙、娃儿藤（*Tylophora ovata*）、玉叶金花、牛白藤（*Hedyotis hedyotidea*）、亮叶鸡血藤（*Millettia nitida*）、南蛇藤（*Celastrus orbiculatus*）、寄生藤（*Dendrotrophe frutescens*）、红叶藤（*Rourea microphylla*）、白花油麻藤（*Mucuna birdwoodiana*）、刺果藤、黑老虎（*Kadsura coccinea*）等（表 3-2）。

表 3-2　厚壳桂 + 黄樟—鸭脚木群落分析

种名	学名	多度	总面积（胸高断面积之和）/cm²	相对多度/%	相对频度/%	相对显著度/%	重要值/%
厚壳桂	*Cryptocarya chinensis*	117	12902.19	30.71	9.92	25.27	65.90
黄樟	*Cinnamomum parthenoxylon*	34	9488.26	8.92	5.79	18.59	33.29
鸭脚木	*Schefflera octophylla*	49	4961.20	12.86	9.09	9.72	31.67
猴耳环	*Archidendron clypearia*	22	4246.65	5.77	6.61	8.32	20.70
水翁	*Cleistocalyx operculatus*	9	5912.61	2.36	5.79	11.58	19.73
浙江润楠	*Machilus chekiangensis*	11	4233.04	2.89	4.96	8.29	16.14
红鳞蒲桃	*Syzygium hancei*	11	1757.95	2.89	5.79	3.44	12.12

种名	学名	多度	总面积（胸高断面积之和）/cm²	相对多度/%	相对频度/%	相对显著度/%	重要值/%
香港算盘子	*Glochidion hongkongense*	20	2123.47	5.25	2.48	4.16	11.89
九节	*Psychotria rubra*	18	103.47	4.72	4.96	0.20	9.89
假苹婆	*Sterculia lanceolata*	11	856.49	2.89	4.13	1.68	8.70
罗浮柿	*Diospyros morrisiana*	6	1150.13	1.57	3.31	2.25	7.13
罗伞树	*Ardisia quinquegona*	11	70.74	2.89	3.31	0.14	6.33
漆树	*Toxicodendron vernicifluum*	7	458.21	1.84	2.48	0.90	5.21
青果榕	*Ficus variegata*	7	352.29	1.84	2.48	0.69	5.01
水同木	*Ficus fistulosa*	6	84.91	1.57	2.48	0.17	4.22
山油柑	*Acronychia pedunculata*	4	518.45	1.05	1.65	1.02	3.72
绒毛润楠	*Machilus velutina*	6	211.68	1.57	1.65	0.41	3.64
水团花	*Adina pilulifera*	3	33.98	0.79	2.48	0.07	3.33
山乌桕	*Sapium discolor*	2	322.21	0.52	1.65	0.63	2.81
银柴	*Aporosa dioica*	2	120.48	0.52	1.65	0.24	2.41
小叶胭脂	*Artocarpus styracifolius*	1	630.33	0.26	0.83	1.23	2.32
细轴荛花	*Wikstroemia nutans*	2	23.00	0.52	1.65	0.05	2.22
毛冬青	*Ilex pubescens*	2	8.44	0.52	1.65	0.02	2.19
鲫鱼胆	*Maesa perlarius*	2	7.08	0.52	1.65	0.01	2.19
山黄皮	*Aidia cochinchinensis*	2	3.26	0.52	1.65	0.01	2.18
常绿荚蒾	*Viburnum sempervirens*	4	23.24	1.05	0.83	0.05	1.92
艾胶算盘子	*Glochidion lanceolarium*	1	121.04	0.26	0.83	0.24	1.33
粗毛野桐	*Mallotus hookerianus*	1	97.48	0.26	0.83	0.19	1.28
细齿叶柃	*Eurya nitida*	1	71.62	0.26	0.83	0.14	1.23
三叉苦	*Melicope pteleifolia*	1	63.66	0.26	0.83	0.12	1.21
变叶榕	*Ficus variolosa*	1	31.83	0.26	0.83	0.06	1.15
中华杜英	*Elaeocarpus chinensis*	1	23.00	0.26	0.83	0.05	1.13
簕欓花椒	*Zanthoxylum avicennae*	1	15.6	0.26	0.83	0.03	1.12
青皮竹	*Bambusa textilis*	1	9.63	0.26	0.83	0.02	1.11
豺皮樟	*Litsea rotundifolia* var. *oblongifolia*	1	7.96	0.26	0.83	0.02	1.10
岗柃	*Eurya groffii*	1	3.36	0.26	0.83	0.01	1.10
鼠刺	*Itea chinensis*	1	1.99	0.26	0.83	0.00	1.09
合计		381	51050.92	100.00	100.00	100.00	300.00

3）大头茶+豹皮樟—鼠刺群落

大头茶群落于田头山自然保护区分布广泛，因为有不同海拔和不同坡向，其群落组成和结构有所不同。该群落主要分布在海拔低处近山脚处，其样地面积1200 m²，样地中1.5 m以上的植物有32种，其林冠层因优势种类明显，但有少量高大乔木存在而呈波浪状，其林相呈现深绿色。群落的分层不明显且各高度分布比较均匀连续。三个优势种大头茶、豹皮樟、鼠刺均大量分布在群落各个层次，此外还有山乌桕、山油柑、鸭脚木、浙江润楠、白背算盘子等混生其中。草本层植物种类相当丰富，有草珊瑚、豹皮樟、狗骨柴、淡竹叶、黑莎草、红鳞蒲桃、剑叶鳞始蕨（Lindsaea ensifolium）、九节、毛冬青、蔓九节（Psychotria serpens）、牛耳枫、扇叶铁线蕨（Adiantum flabelluatum）、石斑木、鼠刺、桃金娘、朱砂根（Ardisia crenata）等。藤本植物相对较少，有链珠藤（Alyxia sinensis）、寄生藤、小叶红叶藤等。该群落含有较多国家二级保护植物土沉香的幼苗（表3-3）。

表3-3　大头茶+豹皮樟—鼠刺群落分析

种名	学名	多度	总面积（胸高断面积之和）/cm²	相对多度/%	相对频度/%	相对显著度/%	重要值/%
鼠刺	*Itea chinensis*	285	3937.84	33.02	9.68	21.39	64.09
大头茶	*Gordonia axillaris*	151	4132.84	17.50	9.68	22.45	49.62
豹皮樟	*Litsea rotundifolia* var. *oblongifolia*	180	1822.90	20.86	9.68	9.90	40.44
山油柑	*Acronychia pedunculata*	48	1746.75	5.56	7.26	9.49	22.31
鸭脚木	*Schefflera octophylla*	39	1782.69	4.52	7.26	9.68	21.46
柯	*Lithocarpus glaber*	28	1351.72	3.24	6.45	7.34	17.04
山乌桕	*Sapium discolor*	23	1240.18	2.67	4.84	6.74	14.24
浙江润楠	*Machilus chekiangensis*	16	901.14	1.85	4.84	4.89	11.59
九节	*Psychotria rubra*	18	176.28	2.09	4.84	0.96	7.88
白背算盘子	*Glochidion wrightii*	9	165.06	1.04	4.84	0.90	6.78
中华杜英	*Elaeocarpus chinensis*	7	191.16	0.81	3.23	1.04	5.08
漆树	*Toxicodendron vernicifluum*	7	110.67	0.81	3.23	0.60	4.64
牛耳枫	*Daphniphyllum calycinum*	11	148.43	1.27	2.42	0.81	4.50
罗浮柿	*Diospyros morrisiana*	4	38.04	0.46	3.23	0.21	3.90
黄牛木	*Cratoxylum cochinchinense*	4	42.18	0.46	2.42	0.23	3.11
桃金娘	*Rhodomyrtus tomentosa*	3	19.20	0.35	1.61	0.10	2.06
红鳞蒲桃	*Syzygium hancei*	1	206.98	0.12	0.81	1.12	2.05
簕欓花椒	*Zanthoxylum avicennae*	2	28.19	0.23	1.61	0.15	2.00
细轴荛花	*Wikstroemia nutans*	2	10.92	0.23	1.61	0.06	1.90
密花树	*Myrsine sequinii*	3	88.09	0.35	0.81	0.48	1.63
变叶榕	*Ficus variolosa*	5	35.67	0.58	0.81	0.19	1.58
马尾松	*Pinus massoniana*	1	71.62	0.12	0.81	0.39	1.31
杨桐	*Adinandra millettii*	2	46.33	0.23	0.81	0.25	1.29

种名	学名	多度	总面积（胸高断面积之和）/cm²	相对多度/%	相对频度/%	相对显著度/%	重要值/%
荷木	*Schima superba*	3	17.98	0.35	0.81	0.10	1.25
粗叶榕	*Ficus hirta*	3	16.79	0.35	0.81	0.09	1.25
猴耳环	*Archidendron clypearia*	2	24.35	0.23	0.81	0.13	1.17
毛稔	*Melastoma sanguineum*	1	17.90	0.12	0.81	0.10	1.02
狗骨柴	*Diplospora dubia*	1	13.45	0.12	0.81	0.07	1.00
梅叶冬青	*Ilex asprella*	1	7.96	0.12	0.81	0.04	0.97
土沉香	*Aquilaria sinensis*	1	7.96	0.12	0.81	0.04	0.97
黄樟	*Cinnamomum parthenoxylon*	1	6.45	0.12	0.81	0.04	0.96
亮叶冬青	*Ilex viridis*	1	5.09	0.12	0.81	0.03	0.95
	合计	863	18412.83	100.00	100.00	100.00	300

4）荷木+黄樟—毛棉杜鹃群落

该群落分布于低海拔地区，样地面积为1200 m²，样地中1.5 m 以上的植物有37种。林冠层不甚平整，而林相深绿色，但于3～4月因大量毛棉杜鹃到花期，形成整片红色斑块镶嵌于深绿色背景上。群落的垂直结构基本可分为三个亚层，第一亚层为18～23 m，主要以黄樟大树和少量的荷木、罗浮栲、浙江润楠构成。第二亚层为10～15 m，以荷木占据优势，并有少量的红鳞蒲桃、浙江润楠、山杜英、罗浮栲、华润楠等。第三亚层为5～10 m，以毛棉杜鹃占据绝对优势，另有山杜英、罗浮柿、鸭脚木、大果山龙眼等。灌木丛一般高2～3 m，主要种类有九节、细齿叶柃、柏拉木等。草本层主要有部分乔木层物种的小苗，以及鲫鱼胆、横经席、银柴、金毛狗等。藤本植物主要有小叶红叶藤（*Rourea microphylla*）、山鸡血藤，此外还有刺果藤、轮环藤（*Cyclea racemosa*）、扁担藤、小叶买麻藤、青江藤（*Celastrus hindsii*）、红叶藤等混杂其中（表3-4）。

表3-4　荷木+黄樟—毛棉杜鹃群落分析

种名	学名	多度	总面积（胸高断面积之和）/cm²	相对多度/%	相对频度/%	相对显著度/%	重要值/%
毛棉杜鹃	*Rhododendron moulmainense*	213	5276.65	49.65	12.69	14.71	77.06
荷木	*Schima superba*	21	10645.33	4.90	7.14	29.67	41.71
黄樟	*Cinnamomum parthenoxylon*	11	4494.22	2.56	6.35	12.53	21.44
罗浮栲	*Castanopsis fabri*	3	5113.09	0.70	2.38	14.25	17.33
柏拉木	*Blastus cochinchinensis*	26	102.87	6.06	6.35	0.29	12.70
山杜英	*Elaeocarpus sylvestris*	11	1792.50	2.56	4.76	5.00	12.32
鸭脚木	*Schefflera octophylla*	10	1119.73	2.33	4.76	3.12	10.21
九节	*Psychotria rubra*	25	143.94	5.83	3.97	0.40	10.20
浙江润楠	*Machilus chekiangensis*	5	1649.18	1.17	3.17	4.60	8.94

种名	学名	多度	总面积（胸高断面积之和）/cm²	相对多度/%	相对频度/%	相对显著度/%	重要值/%
罗伞树	*Ardisia quinquegona*	14	200.20	3.26	4.76	0.56	8.58
红鳞蒲桃	*Syzygium hancei*	6	1293.61	1.40	3.17	3.61	8.18
细齿叶柃	*Eurya nitida*	11	77.27	2.56	4.76	0.22	7.54
罗浮柿	*Diospyros morrisiana*	7	565.00	1.63	3.97	1.57	7.17
疏花卫矛	*Euonymus laxiflorus*	6	17.63	1.40	4.76	0.05	6.21
大果山龙眼	*Helicia reticulata*	6	682.77	1.40	2.38	1.90	5.68
绒毛润楠	*Machilus velutina*	10	292.07	2.33	2.38	0.81	5.53
油茶	*Camellia oleifera*	7	147.87	1.63	3.17	0.41	5.22
天料木	*Homalium cochinchinense*	9	202.37	2.10	2.38	0.56	5.04
马尾松	*Pinus massoniana*	1	928.19	0.23	0.79	2.59	3.61
厚壳桂	*Cryptocarya chinensis*	3	455.34	0.70	1.59	1.27	3.56
密花树	*Myrsine sequinii*	4	68.06	0.93	1.59	0.19	2.71
华润楠	*Machilus chinensis*	5	230.10	1.17	0.79	0.64	2.60
鼠刺	*Itea chinensis*	2	65.97	0.47	1.59	0.18	2.24
漆树	*Toxicodendron vernicifluum*	1	76.47	0.23	0.79	0.21	1.24
散尾葵	*Chrysalidocarpus lutescens*	1	58.01	0.23	0.79	0.16	1.19
山油柑	*Acronychia pedunculata*	1	55.88	0.23	0.79	0.16	1.18
毛柿	*Diospyros strigosa*	1	49.74	0.23	0.79	0.14	1.17
杨梅	*Myrica rubra*	1	35.09	0.23	0.79	0.10	1.12
短序润楠	*Machilus breviflora*	1	20.37	0.23	0.79	0.06	1.08
岭南山竹子	*Garcinia oblongifolia*	1	9.63	0.23	0.79	0.03	1.05
白车蒲桃	*Syzygium levinei*	1	5.09	0.23	0.79	0.01	1.04
横经席	*Calophyllum membranaceum*	1	2.86	0.23	0.79	0.01	1.03
银柴	*Aporosa dioica*	1	1.99	0.23	0.79	0.01	1.03
亮叶猴耳环	*Archidendron lucidum*	1	1.27	0.23	0.79	0.00	1.03
饭甑青冈	*Cyclobalanopsis fleuryi*	1	0.72	0.23	0.79	0.00	1.03
鲫鱼胆	*Maesa perlarius*	1	0.01	0.23	0.79	0.00	1.03
合计		429	35881.12	100.00	100.00	100.00	300.00

5）大头茶灌丛群落

该类群落主要分布于中高海拔，呈现一定的杂乱和灌丛状，林冠层不平整并有较大起伏，其林相以深绿色为背景，于春天花期时，大头茶和香港毛蕊茶大量开放使得有大量白色斑块布于深绿背景上。该样地面积为600 m²，样地中1.5 m 以上的植物有34种。乔木层分层不明显，基本可分为两个亚层，第一亚层为15 m 以上，以短序润楠和樟树为主，并有少量的浙江润楠存在。第二亚层5～12 m，以大头茶和香港毛蕊茶占优势，并有少量的鸭脚木、亮叶冬青、浙江润楠、绒毛润楠、黑柃、罗伞树、密花树、赤杨叶、越南山龙眼等。草本层有团叶鳞始蕨、扇叶铁线蕨、香港毛蕊茶、九节、草珊瑚、斑叶朱砂根等草本植物。还有赤杨叶、豺皮樟、鸭脚木等的小苗。藤本植物比较少，仅有山鸡血藤、寄生藤、络石（*Trachelospermum jasminoides*）等几种（表3-5）。

表3-5　大头茶灌丛群落分析

种名	学名	多度	总面积（胸高断面积之和）/cm²	相对多度/%	相对频度/%	相对显著度/%	重要值/%
大头茶	*Gordonia axillaris*	121	9987.33	29.37	8.70	40.20	78.26
香港毛蕊茶	*Camellia assimilis*	89	1594.81	21.60	8.70	6.42	36.72
短序润楠	*Machilus breviflora*	25	2640.06	6.07	5.80	10.63	22.49
樟树	*Cinnamomum camphora*	14	2601.17	3.40	5.80	10.47	19.66
亮叶冬青	*Ilex viridis*	19	1439.34	4.61	8.70	5.79	19.10
浙江润楠	*Machilus chekiangensis*	11	2293.42	2.67	4.35	9.23	16.25
密花树	*Myrsine sequinii*	38	990.82	9.22	2.90	3.99	16.11
罗伞树	*Ardisia quinquegona*	27	355.06	6.55	5.80	1.43	13.78
绒毛润楠	*Machilus velutina*	5	1206.39	1.21	2.90	4.86	8.97
鸭脚木	*Schefflera octophylla*	12	421.44	2.91	2.90	1.70	7.51
黑柃	*Eurya macartneyi*	13	197.51	3.16	2.90	0.79	6.85
网脉山龙眼	*Helicia reticulata*	4	344.89	0.97	4.35	1.39	6.71
赤杨叶	*Alniphyllum fortunei*	4	33.02	0.97	4.35	0.13	5.45
乌材	*Diospyros eriantha*	2	288.47	0.49	2.90	1.16	4.55
白背算盘子	*Glochidion wrightii*	1	249.55	0.24	1.45	1.00	2.70
山杜英	*Elaeocarpus sylvestris*	4	58.73	0.97	1.45	0.24	2.66
疏花卫矛	*Euonymus laxiflorus*	4	16.71	0.97	1.45	0.07	2.49
子凌蒲桃	*Syzygium championii*	2	15.92	0.49	1.45	0.06	2.00
变叶榕	*Ficus variolosa*	2	3.98	0.49	1.45	0.02	1.95
罗浮柿	*Diospyros morrisiana*	1	62.39	0.24	1.45	0.25	1.94
中华杜英	*Elaeocarpus chinensis*	1	11.46	0.24	1.45	0.05	1.74
露兜簕	*Pandanus kaida*	1	7.96	0.24	1.45	0.03	1.72

种名	学名	多度	总面积（胸高断面积之和）/cm²	相对多度/%	相对频度/%	相对显著度/%	重要值/%
荷木	Schima superba	1	3.90	0.24	1.45	0.02	1.71
假苹婆	Sterculia lanceolata	1	3.90	0.24	1.45	0.02	1.71
毛冬青	Ilex pubescens	1	3.90	0.24	1.45	0.02	1.71
竹节树	Carallia brachiata	1	3.90	0.24	1.45	0.02	1.71
斑叶朱砂根	Ardisia punctata	1	1.99	0.24	1.45	0.01	1.70
红鳞蒲桃	Syzygium hancei	1	1.99	0.24	1.45	0.01	1.70
鲫鱼胆	Maesa perlarius	1	1.99	0.24	1.45	0.01	1.70
山小桔	Glycosmis parviflora	1	1.99	0.24	1.45	0.01	1.70
毛棉杜鹃	Rhododendron moulmainense	1	0.72	0.24	1.45	0.00	1.69
草珊瑚	Sarcandra glabra	1	0.32	0.24	1.45	0.00	1.69
三叉苦	Melicope pteleifolia	1	0.32	0.24	1.45	0.00	1.69
鹰爪花	Artabotrys hexapetalus	1	0.32	0.24	1.45	0.00	1.69
	合计	412	24845.66	100.00	100.00	100.00	300.00

6）大头茶+豺皮樟—桃金娘群落

该群落分布于中低海拔，西坡。林冠层不平整并有较大起伏，林相深绿色，于3～4月花期有大量白色斑块镶嵌于深绿色背景中。该样地面积为1200 m²，样地中1.5 m以上的植物有39种。其垂直结构基本可分为两个亚层，第一亚层中为7～12 m，其中零散分布着短序润楠、浙江润楠、柯、荷木、黄杞等。第二亚层高度为2～5 m，其主要优势种为大头茶和豺皮樟，另外还有其他树种如漆树、山苍子、变叶榕、山油柑、桃金娘、浙江润楠、罗浮柿、鼠刺、鸭脚木等。草本层有大量芒萁（Dicranopteris pedata），和草珊瑚、紫萁（Osmunda japonica）、桃金娘、山乌桕、毛麝香（Adenosma glutinosum）、蔓九节、石斑木、豺皮樟、菝葜（Smilax china）等。藤本植物有山鸡血藤、扭肚藤（Jasminum amplexicaule）、锡叶藤（Tetracera asiatica）、白花酸藤子（Embelia ribe）等（表3-6）。

表3-6 大头茶+豺皮樟—桃金娘群落分析

种名	学名	多度	总面积（胸高断面积之和）/cm²	相对多度/%	相对频度/%	相对显著度/%	重要值/%
大头茶	Gordonia axillaris	118	4090.2	17.13	8.77	26.88	52.78
豺皮樟	Litsea rotundifolia var. oblongifolia	145	1951.14	21.04	9.65	12.82	43.52
桃金娘	Rhodomyrtus tomentosa	95	1599.87	13.79	7.02	10.51	31.32
鼠刺	Itea chinensis	66	1418.71	9.58	6.14	9.32	25.04
鸭脚木	Schefflera octophylla	35	943.71	5.08	7.02	6.20	18.30
马尾松	Pinus massoniana	19	992.65	2.76	8.77	6.52	18.05

种名	学名	多度	总面积（胸高断面积之和）/cm²	相对多度/%	相对频度/%	相对显著度/%	重要值/%
漆树	Toxicodendron vernicifluum	29	293.48	4.21	6.14	1.93	12.28
罗浮柿	Diospyros morrisiana	22	777.63	3.19	3.51	5.11	11.81
短序润楠	Machilus breviflora	34	322.45	4.93	3.51	2.12	10.56
变叶榕	Ficus variolosa	21	708.00	3.05	2.63	4.65	10.33
山油柑	Acronychia pedunculata	6	645.05	0.87	1.75	4.24	6.86
荷木	Schima superba	4	402.42	0.58	0.88	2.64	4.10
浙江润楠	Machilus chekiangensis	7	52.92	1.02	2.63	0.35	4.00
九节	Psychotria rubra	13	33.32	1.89	1.75	0.22	3.86
中华杜英	Elaeocarpus chinensis	4	77.35	0.58	2.63	0.51	3.72
绒毛润楠	Machilus velutina	9	60.34	1.31	1.75	0.40	3.46
杨桐	Adinandra millettii	3	28.01	0.44	2.63	0.18	3.25
山乌桕	Sapium discolor	3	148.65	0.44	1.75	0.98	3.17
毛棉杜鹃	Rhododendron moulmainense	11	87.54	1.60	0.88	0.58	3.05
台湾榕	Ficus formosana	4	15.28	0.58	1.75	0.10	2.44
亮叶冬青	Ilex viridis	3	35.09	0.44	1.75	0.23	2.42
栀子	Gardenia jasminoides	3	28.01	0.44	1.75	0.18	2.37
山黄皮	Aidia cochinchinensis	6	48.46	0.87	0.88	0.32	2.07
柯	Lithocarpus glaber	1	127.32	0.15	0.88	0.84	1.86
黄杞	Engelhardia roxburghiana	2	92.95	0.29	0.88	0.61	1.78
常绿荚蒾	Viburnum sempervirens	4	15.60	0.58	0.88	0.10	1.56
毛稔	Melastoma sanguineum	3	23.87	0.44	0.88	0.16	1.47
香港算盘子	Glochidion hongkongense	1	62.39	0.15	0.88	0.41	1.43
水团花	Adina pilulifera	2	21.80	0.29	0.88	0.14	1.31
山苍子	Litsea cubeba	2	15.36	0.29	0.88	0.10	1.27
斑叶朱砂根	Ardisia punctata	2	13.45	0.29	0.88	0.09	1.26
华南木姜子	Litsea greenmaniana	2	10.19	0.29	0.88	0.07	1.23
三叉苦	Melicope pteleifolia	2	10.19	0.29	0.88	0.07	1.23
细轴荛花	Wikstroemia nutans	2	10.19	0.29	0.88	0.07	1.23
朱砂根	Ardisia crenata	2	3.26	0.29	0.88	0.02	1.19
牛耳枫	Daphniphyllum calycinum	1	23.00	0.15	0.88	0.15	1.17
簕欓花椒	Zanthoxylum avicennae	1	11.46	0.15	0.88	0.08	1.10
盐肤木	Rhus chinensis	1	11.46	0.15	0.88	0.08	1.10
亮叶猴耳环	Archidendron lucidum	1	2.86	0.15	0.88	0.02	1.04
合计		689	15215.63	100.00	100.00	100.00	300.00

7）樟树—大头茶群落

该群落位于中低海拔处，样地面积为1100 m^2，样地中1.5 m，以上的植物有40种。其林冠层不甚平整，林相深绿色，3～4月花期有大量白色斑块镶嵌深绿背景。其乔木层的垂直结构基本分为三个亚层。第一亚层10～12 m，树木稀少，主要为樟树和浙江润楠，并夹杂有短序润楠、网脉山龙眼等。第二亚层的高度主要在7～9 m，密集分布着该群落的优势种大头茶，并有其他树种混生其中，如绒毛润楠、罗伞树、鸭脚木、豺皮樟、赤杨叶、乌材等。第三亚层在3～5 m，无明显优势种，主要树种有亮叶冬青、毛冬青、毛蕊茶、水团花、毛棉杜鹃等。草本层有草珊瑚、岗松、毛稔、狗骨柴、桃金娘等。藤本植物种类比较缺乏，只有山鸡血藤、酸藤子、罗浮买麻藤（Gnetum lofuense）几种（表3-7）。

表3-7　樟树—大头茶群落分析

种名	学名	多度	总面积（胸高断面积之和）/cm^2	相对多度/%	相对频度/%	相对显著度/%	重要值/%
大头茶	Gordonia axillaris	171	11575.50	24.39	4.00	25.38	53.78
樟树	Cinnamomum camphora	28	8926.44	3.99	7.20	19.57	30.77
青皮竹	Bambusa textilis	195	544.71	27.82	0.80	1.19	29.81
鸭脚木	Schefflera octophylla	53	5796.78	7.56	6.40	12.71	26.67
浙江润楠	Machilus chekiangensis	18	6912.74	2.57	4.00	15.16	21.73
网脉山龙眼	Helicia reticulata	26	2179.39	3.71	3.20	4.78	11.69
短序润楠	Machilus breviflora	19	2098.06	2.71	4.00	4.60	11.31
亮叶冬青	Ilex viridis	14	600.49	2.00	7.20	1.32	10.51
香港毛蕊茶	Camellia assimilis	21	309.40	3.00	6.40	0.68	10.07
罗伞树	Ardisia quinquegona	21	208.89	3.00	6.40	0.46	9.85
乌材	Diospyros eriantha	14	1305.63	2.00	4.80	2.86	9.66
绒毛润楠	Machilus velutina	12	1962.94	1.71	3.20	4.30	9.22
柏拉木	Blastus cochinchinensis	12	821.88	1.71	4.80	1.80	8.31
毛棉杜鹃	Rhododendron moulmainense	11	958.03	1.57	4.00	2.10	7.67
黑柃	Eurya macartneyi	13	121.67	1.85	3.20	0.27	5.32
九节	Psychotria rubra	8	42.59	1.14	4.00	0.09	5.23
横经席	Calophyllum membranaceum	4	12.25	0.57	3.20	0.03	3.80
金毛狗	Cibotium barometz	11	2.62	1.57	1.60	0.01	3.17
草珊瑚	Sarcandra glabra	9	11.46	1.28	1.60	0.03	2.91
毛冬青	Ilex pubescens	7	7.96	1.00	1.60	0.02	2.62
水团花	Adina pilulifera	3	167.67	0.43	1.60	0.37	2.40
赤杨叶	Alniphyllum fortunei	4	75.36	0.57	1.60	0.17	2.34
山香圆	Turpinia montana	3	84.75	0.43	1.60	0.19	2.21
假苹婆	Sterculia lanceolata	2	35.41	0.29	1.60	0.08	1.96
土沉香	Aquilaria sinensis	3	329.85	0.43	0.80	0.72	1.95

种名	学名	多度	总面积（胸高断面积之和）/cm²	相对多度/%	相对频度/%	相对显著度/%	重要值/%
银柴	*Aporosa dioica*	2	218.44	0.29	0.80	0.48	1.56
黄樟	*Cinnamomum parthenoxylon*	4	31.83	0.57	0.80	0.07	1.44
锐尖山香圆	*Turpinia arguta*	2	116.18	0.29	0.80	0.25	1.34
赤楠	*Syzygium buxifolium*	1	42.1	0.14	0.80	0.09	1.03
天料木	*Homalium cochinchinense*	1	31.83	0.14	0.80	0.07	1.01
薄叶山矾	*Symplocos anomala*	1	25.78	0.14	0.80	0.06	1.00
龙船花	*Ixora chinensis*	1	20.37	0.14	0.80	0.04	0.99
猴欢喜	*Sloanea sinensis*	1	11.46	0.14	0.80	0.03	0.97
水东哥	*Saurauia tristyla*	1	5.09	0.14	0.80	0.01	0.95
山油柑	*Acronychia pedunculata*	1	1.99	0.14	0.80	0.00	0.95
三叉苦	*Melicope pteleifolia*	1	1.27	0.14	0.80	0.00	0.95
野牡丹	*Melastoma candidum*	1	1.27	0.14	0.80	0.00	0.95
鹰爪花	*Artabotrys hexapetalus*	1	1.27	0.14	0.80	0.00	0.95
油茶	*Camellia oleifera*	1	0.72	0.14	0.80	0.00	0.94
合计		701	45602.08	100.00	100	100	300.00

8）大头茶+鼠刺群落

该群落位于山顶的干旱处。该样地面积为800 m²，样地中1.5 m以上的植物有30种。其林冠层非常平整，林相深绿色，3～4月花期会有大量白色斑块镶嵌深绿背景。其乔木层的垂直结构分为两个亚层。第一亚层9～12 m，树木稀少，主要为浙江润楠。第二亚层的高度主要在2～5 m，密集分布着该群落的优势种大头茶及鼠刺，并有其他树种混生其中，如豺皮樟、罗浮柿、鸭脚木、米碎花、密花树、木姜子、天料木、漆树、桃金娘等。草本层的优势种为芒萁，另外还有豺皮樟、岗松、蔓九节、毛稔、山乌桕、桃金娘、鸭脚木、天料木等。藤本植物优势种为菝葜，其他种类比较缺乏，只有白花酸藤子、酸藤子、罗浮买麻藤几种（表3-8）。

表3-8　大头茶+鼠刺群落分析

种名	学名	多度	总面积（胸高断面积之和）/cm²	相对多度/%	相对频度/%	相对显著度/%	重要值/%
大头茶	*Gordonia axillaris*	182	6574.77	34.6	7.59	45.63	87.83
鼠刺	*Itea chinensis*	115	831.92	21.86	8.86	5.77	36.5
浙江润楠	*Machilus chekiangensis*	11	3173.63	2.09	1.27	22.03	25.38
豺皮樟	*Litsea rotundifolia* var. *oblongifolia*	38	655.24	7.22	7.59	4.55	19.37
鸭脚木	*Schefflera octophylla*	26	578.05	4.94	8.86	4.01	17.82

种名	学名	多度	总面积（胸高断面积之和）/cm²	相对多度/%	相对频度/%	相对显著度/%	重要值/%
漆树	*Toxicodendron vernicifluum*	20	381.97	3.80	7.59	2.65	14.05
罗浮柿	*Diospyros morrisiana*	21	304.86	3.99	6.33	2.12	12.44
天料木	*Homalium cochinchinense*	15	108.38	2.85	6.33	0.75	9.93
桃金娘	*Rhodomyrtus tomentosa*	15	139.90	2.85	3.80	0.97	7.62
变叶榕	*Ficus variolosa*	13	178.33	2.47	3.80	1.24	7.51
山乌桕	*Sapium discolor*	7	115.70	1.33	5.06	0.80	7.20
饶平石楠	*Photinia raupingensis*	6	349.27	1.14	2.53	2.42	6.10
山油柑	*Acronychia pedunculata*	3	505.08	0.57	1.27	3.51	5.34
黄樟	*Cinnamomum parthenoxylon*	8	84.11	1.52	2.53	0.58	4.64
栀子	*Gardenia jasminoides*	3	16.95	0.57	3.80	0.12	4.49
密花树	*Myrsine sequinii*	6	66.29	1.14	2.53	0.46	4.13
华南木姜子	*Litsea greenmaniana*	7	10.35	1.33	2.53	0.07	3.93
九节	*Psychotria rubra*	6	23.40	1.14	2.53	0.16	3.83
肖蒲桃	*Acmena acuminatissima*	4	112.28	0.76	1.27	0.78	2.81
米碎花	*Eurya chinensis*	4	46.31	0.76	1.27	0.32	2.35
中华杜英	*Elaeocarpus chinensis*	2	49.97	0.38	1.27	0.35	1.99
粗叶榕	*Ficus hirta*	3	6.45	0.57	1.27	0.04	1.88
山苍子	*Litsea cubeba*	2	33.82	0.38	1.27	0.23	1.88
黑面神	*Breynia fruticosa*	2	5.73	0.38	1.27	0.04	1.69
大叶桉	*Eucalyptus robusta*	2	0.64	0.38	1.27	0.00	1.65
荷木	*Schima superba*	1	25.78	0.19	1.27	0.18	1.63
牛耳枫	*Daphniphyllum calycinum*	1	13.45	0.19	1.27	0.09	1.55
五列木	*Pentaphylax euryoides*	1	11.46	0.19	1.27	0.08	1.54
毛稔	*Melastoma sanguineum*	1	1.99	0.19	1.27	0.01	1.47
柯	*Lithocarpus glaber*	1	1.27	0.19	1.27	0.01	1.46
合计		526	14407.35	100.00	100.00	100.00	300.00

9）短序润楠群落

该类群落主要分布在中海拔地区，其林冠层较为平整，林相深绿。样地面积为1200 m²，样地中1.5 m以上的植物有26种。其乔木层的垂直结构可分三个亚层。第一亚层为10～15 m，以短序润楠占据绝对优势，并有少量其他树种如绒毛润楠、浙江润楠、樟树等。第二亚层为6～9 m，主要为亮叶冬青和大头茶，并混有较多其他物种，如子凌蒲桃、鸭脚木、罗浮柿、网脉山龙眼等。第三亚层为3～5 m，无明显优势种类，混有较多的密花树、鸭脚木、香港毛蕊茶、漆树、毛冬青、圆锥绣球等。其草本种类也比较丰富，除有乔木层树种的幼苗外，还有苏铁蕨、乌毛蕨、团叶鳞始蕨、蔓九节、九节、艳山姜等，尤其是其中的国家Ⅱ级保护植物苏铁蕨，于群落中长势良好，其最大基围可达47 cm，高达1.6 m，而且具有一定数量的小苗，说明其更新良好。群落中的藤本植物比较单一，主要为山鸡血藤（表3-9）。

表3-9　短序润楠群落分析

种名	学名	多度	总面积（胸高断面积之和）/cm²	相对多度/%	相对频度/%	相对显著度/%	重要值/%
短序润楠	*Machilus breviflora*	128	20410.99	38.32	15.19	55.51	109.03
亮叶冬青	*Ilex viridis*	39	3883.14	11.68	8.86	10.56	31.10
樟树	*Cinnamomum camphora*	20	5915.31	5.99	8.86	16.09	30.94
大头茶	*Gordonia axillaris*	30	1093.24	8.98	6.33	2.97	18.28
密花树	*Myrsine sequinii*	22	372.90	6.59	6.33	1.01	13.93
绒毛润楠	*Machilus velutina*	11	1834.90	3.29	5.06	4.99	13.35
鸭脚木	*Schefflera octophylla*	12	563.57	3.59	7.59	1.53	12.72
九节	*Psychotria rubra*	16	13.12	4.79	7.59	0.04	12.42
罗浮柿	*Diospyros morrisiana*	5	1254.46	1.50	2.53	3.41	7.44
刨花润楠	*Machilus pauhoi*	7	778.59	2.10	2.53	2.12	6.75
疏花卫矛	*Euonymus laxiflorus*	5	11.30	1.50	5.06	0.03	6.59
网脉山龙眼	*Helicia reticulata*	5	431.39	1.50	2.56	1.17	5.23
草珊瑚	*Sarcandra glabra*	8	1.13	2.40	2.53	0.00	4.93
苏铁蕨	*Brainea insignis*	9	1.03	2.69	1.27	0.00	3.96
阴香	*Cinnamomum burmannii*	3	121.99	0.90	2.53	0.33	3.76
薄叶山矾	*Symplocos anomala*	2	9.95	0.60	2.53	0.03	3.16
艳山姜	*Alpinia zerumbet*	3	3.82	0.90	1.27	0.01	2.17
子凌蒲桃	*Syzygium championii*	2	23.55	0.60	1.27	0.06	1.93
白蜡树	*Fraxinus chinensis*	1	25.78	0.30	1.27	0.07	1.64
香港毛蕊茶	*Camellia assimilis*	1	13.45	0.30	1.27	0.04	1.60
黑柃	*Eurya macartneyi*	1	0.72	0.30	1.27	0.00	1.57
毛冬青	*Ilex pubescens*	1	1.99	0.30	1.27	0.01	1.57
漆树	*Toxicodendron vernicifluum*	1	0.72	0.30	1.27	0.00	1.57
石斑木	*Rhaphiolepis indica*	1	0.72	0.30	1.27	0.00	1.57
圆锥绣球	*Hydrangea paniculata*	1	0.08	0.30	1.27	0.00	1.57
合计		334	36767.82	100.00	100.00	100.00	300.00

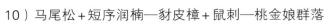

10）马尾松+短序润楠—豺皮樟+鼠刺—桃金娘群落

该类群落主要分布在中低海拔，因高大突出的乔木较多，使其林冠层不甚平整，林相深绿色。样地面积为1200 m²，样地中1.5 m 以上的植物有38种。其垂直结构基本可分两个亚层，第一亚层为5～7 m，主要有少量的马尾松和短序润楠，还有中华杜英、浙江润楠、罗浮柿等。第二亚层为2～4 m，其主要优势种是豺皮樟和鼠刺，其中混生有桃金娘、鸭脚木、毛棉杜鹃、变叶榕、大头茶、中华杜英等。草本层以桃金娘为主，主要集中在1～1.5 m处，其他种类也相当丰富，有剑叶鳞始蕨、九节、蔓九节、扇叶铁线蕨、乌毛蕨、石斑木等，并有乔木层如豺皮樟、鸭脚木等的幼苗。藤本植物种类不丰富，主要为山鸡血藤，并有少量寄生藤、念珠藤、夜花藤（*Hypserpa nitida*）等（表3-10）。

表3-10　马尾松+短序润楠—豺皮樟+鼠刺—桃金娘群落分析

种名	学名	多度	总面积（胸高断面积之和）/cm²	相对多度/%	相对频度/%	相对显著度/%	重要值/%
鼠刺	*Itea chinensis*	107	2376.30	15.13	7.30	17.64	40.07
豺皮樟	*Litsea rotundifolia* var. *oblongifolia*	137	1724.78	19.38	7.30	12.80	39.48
桃金娘	*Rhodomyrtus tomentosa*	130	710.27	18.39	7.30	5.27	30.96
马尾松	*Pinus massoniana*	29	2060.20	4.10	7.30	15.29	26.69
鸭脚木	*Schefflera octophylla*	33	1146.33	4.67	6.57	8.51	19.74
短序润楠	*Machilus breviflora*	50	768.74	7.07	4.38	5.71	17.16
毛棉杜鹃	*Rhododendron moulmainense*	37	981.49	5.23	2.19	7.28	14.71
浙江润楠	*Machilus chekiangensis*	16	977.39	2.26	4.38	7.25	13.90
大头茶	*Gordonia axillaris*	13	465.39	1.84	4.38	3.45	9.67
罗浮柿	*Diospyros morrisiana*	20	328.91	2.83	4.38	2.44	9.65
中华杜英	*Elaeocarpus chinensis*	10	195.12	1.41	5.11	1.45	7.97
变叶榕	*Ficus variolosa*	15	177.86	2.12	3.65	1.32	7.09
九节	*Psychotria rubra*	14	76.99	1.98	4.38	0.57	6.93
映山红	*Rhododendron simsii*	17	111.09	2.40	1.46	0.82	4.69
山乌桕	*Sapium discolor*	2	376.32	0.28	1.46	2.79	4.54
漆树	*Toxicodendron vernicifluum*	6	119.37	0.85	2.19	0.89	3.92
绒毛润楠	*Machilus velutina*	10	38.36	1.41	2.19	0.28	3.89
亮叶猴耳环	*Archidendron lucidum*	7	59.98	0.99	2.19	0.45	3.63
栀子	*Gardenia jasminoides*	8	32.43	1.13	2.19	0.24	3.56
山黄皮	*Aidia cochinchinensis*	9	92.51	1.27	1.46	0.69	3.42
山油柑	*Acronychia pedunculata*	2	275.34	0.28	0.73	2.04	3.06
黄牛木	*Cratoxylum cochinchinense*	3	23.26	0.42	2.19	0.17	2.79
常绿荚蒾	*Viburnum sempervirens*	6	23.40	0.85	1.46	0.17	2.48

种名	学名	多度	总面积（胸高断面积之和）/cm²	相对多度/%	相对频度/%	相对显著度/%	重要值/%
亮叶冬青	*Ilex viridis*	3	35.09	0.42	1.46	0.26	2.14
水团花	*Adina pilulifera*	3	25.17	0.42	1.46	0.19	2.07
簕欓花椒	*Zanthoxylum avicennae*	2	14.82	0.28	1.46	0.11	1.85
狗骨柴	*Diplospora dubia*	2	10.92	0.28	1.46	0.08	1.82
毛冬青	*Ilex pubescens*	2	10.35	0.28	1.46	0.08	1.82
黄杞	*Engelhardia roxburghiana*	2	92.95	0.28	0.73	0.69	1.70
毛稔	*Melastoma sanguineum*	3	23.87	0.42	0.73	0.18	1.33
土沉香	*Aquilaria sinensis*	1	49.74	0.14	0.73	0.37	1.24
三叉苦	*Melicope pteleifolia*	2	10.19	0.28	0.73	0.08	1.09
细轴荛花	*Wikstroemia nutans*	2	10.19	0.28	0.73	0.08	1.09
牛耳枫	*Daphniphyllum calycinum*	1	23.00	0.14	0.73	0.17	1.04
天料木	*Homalium cochinchinense*	1	16.73	0.14	0.73	0.12	1.00
朱砂根	*Ardisia crenata*	1	6.45	0.14	0.73	0.05	0.92
石斑木	*Rhaphiolepis indica*	1	3.36	0.14	0.73	0.02	0.90
	合计	707	13474.63	100.00	100.00	100.00	300.00

11）浙江润楠—子凌蒲桃+鸭脚木—豺皮樟群落

该类群落主要分布在中低海拔，其林冠层较平整，林相深绿色。样地面积为1000 m²，样地中1.5 m以上的植物有56种。该群落的植物种类较为丰富。其乔木层的垂直结构可分为三个亚层，第一亚层为10～15 m，主要由浙江润楠构成，并间有短序润楠、黄樟、柯、马尾松等。第二亚层为6～8 m，以子凌蒲桃和鸭脚木占据优势，还有毛蕊茶、豺皮樟、鼠刺等混生其中。第三亚层以豺皮樟占据优势种类，并有较多其他物种，如罗伞树、朴树、牛耳枫、台湾榕、中华杜英、鱼木、余甘子、山黄麻等。而草本层则分布有较多的种类，例如，半边旗（*Pteris semipinnata*）、草珊瑚、金毛狗、九节、团叶鳞始蕨等。藤本植物不算丰富，只有石蒲藤（*Pothos chinensis*）、菝葜、南蛇藤、山鸡血藤、寄生藤等几种（表3-11）。

表3-11 浙江润楠—子凌蒲桃+鸭脚木—豺皮樟群落分析

种名	学名	多度	总面积（胸高断面积之和）/cm²	相对多度/%	相对频度/%	相对显著度/%	重要值/%
浙江润楠	*Machilus chekiangensis*	50	13756.32	12.99	9.01	43.07	65.07
子凌蒲桃	*Syzygium championii*	36	6971.78	9.35	3.60	21.83	34.78
鸭脚木	*Schefflera octophylla*	31	1989.76	8.05	7.21	6.23	21.49
豺皮樟	*Litsea rotundifolia* var. *oblongifolia*	42	592.37	10.91	1.80	1.85	14.57

种名	学名	多度	总面积（胸高断面积之和）/cm²	相对多度/%	相对频度/%	相对显著度/%	重要值/%
樟树	*Cinnamomum camphora*	7	2710.09	1.82	3.60	8.48	13.91
罗伞树	*Ardisia quinquegona*	7	75.76	1.82	10.81	0.24	12.87
鼠刺	*Itea chinensis*	27	696.22	7.01	1.80	2.18	10.99
短序润楠	*Machilus breviflora*	6	1748.40	1.56	2.70	5.47	9.74
香港毛蕊茶	*Camellia assimilis*	27	159.63	7.01	1.80	0.50	9.31
九节	*Psychotria rubra*	14	51.17	3.64	5.41	0.16	9.20
青皮竹	*Bambusa textilis*	30	59.68	7.79	0.90	0.19	8.88
紫弹朴	*Celtis biondii*	1	1145.92	0.26	0.90	3.59	4.75
粗叶榕	*Ficus hirta*	7	9.31	1.82	2.70	0.03	4.55
豆腐柴	*Premna microphylla*	4	25.78	1.04	2.70	0.08	3.82
青果榕	*Ficus variegata*	7	24.91	1.82	1.80	0.08	3.70
大叶榕	*Ficus labar*	3	25.54	0.78	2.70	0.08	3.56
马尾松	*Pinus massoniana*	6	352.05	1.56	0.90	1.1	3.56
艳山姜	*Alpinia zerumbet*	10	7.16	2.60	0.90	0.02	3.52
赤果鱼木	*Crateva trifoliata*	2	348.87	0.52	1.80	1.09	3.41
牛耳枫	*Daphniphyllum calycinum*	3	145.87	0.78	1.80	0.46	3.04
鹰爪花	*Artabotrys hexapetalus*	4	7.80	1.04	1.80	0.02	2.87
大头茶	*Gordonia axillaris*	3	29.36	0.78	1.80	0.09	2.67
桃金娘	*Rhodomyrtus tomentosa*	6	26.44	1.56	0.90	0.08	2.54
水团花	*Adina pilulifera*	4	172.21	1.04	0.90	0.54	2.48
疏花卫矛	*Euonymus laxiflorus*	2	7.96	0.52	1.80	0.02	2.35
中华杜英	*Elaeocarpus chinensis*	3	134.49	0.78	0.90	0.42	2.10
黄樟	*Cinnamomum parthenoxylon*	2	168.15	0.52	0.90	0.53	1.95
山乌桕	*Sapium discolor*	2	87.93	0.52	0.90	0.28	1.70
毛冬青	*Ilex pubescens*	3	2.86	0.78	0.90	0.01	1.69
杉木	*Cunninghamia lanceolata*	1	168.39	0.26	0.90	0.53	1.69

种名	学名	多度	总面积（胸高断面积之和）/cm²	相对多度/%	相对频度/%	相对显著度/%	重要值/%
草珊瑚	*Sarcandra glabra*	3	2.15	0.78	0.90	0.01	1.69
白背算盘子	*Glochidion wrightii*	2	19.89	0.52	0.90	0.06	1.48
梅叶冬青	*Ilex asprella*	2	10.19	0.52	0.90	0.03	1.45
千年桐	*Vernicia montan*	2	10.19	0.52	0.90	0.03	1.45
柯	*Lithocarpus glaber*	2	5.81	0.52	0.90	0.02	1.44
苎麻	*Boehmeria nivea*	2	5.73	0.52	0.90	0.02	1.44
亮叶冬青	*Ilex viridis*	2	2.55	0.52	0.90	0.01	1.43
猴耳环	*Archidendron clypearia*	2	1.43	0.52	0.90	0.00	1.42
柿子	*Diospyros kaki*	1	71.62	0.26	0.90	0.22	1.38
网脉山龙眼	*Helicia reticulata*	1	31.83	0.26	0.90	0.10	1.26
鱼骨木	*Canthium dicoccum*	1	17.90	0.26	0.90	0.06	1.22
毛棉杜鹃	*Rhododendron moulmainense*	1	11.46	0.26	0.90	0.04	1.20
银柴	*Aporosa dioica*	1	11.46	0.26	0.90	0.04	1.20
栀子	*Gardenia jasminoides*	1	9.63	0.26	0.90	0.03	1.19
假苹婆	*Sterculia lanceolata*	1	7.96	0.26	0.90	0.02	1.19
八角枫	*Alangium chinense*	1	3.90	0.26	0.90	0.01	1.17
簕欓花椒	*Zanthoxylum avicennae*	1	3.90	0.26	0.90	0.01	1.17
变叶榕	*Ficus variolosa*	1	1.99	0.26	0.90	0.01	1.17
山黄麻	*Trema orientalis*	1	1.99	0.26	0.90	0.01	1.17
台湾榕	*Ficus formosana*	1	1.27	0.26	0.90	0.00	1.16
余甘子	*Phyllanthus emblica*	1	1.27	0.26	0.90	0.00	1.16
鲫鱼胆	*Maesa perlarius*	1	0.72	0.26	0.90	0.00	1.16
亮叶猴耳环	*Archidendron lucidum*	1	0.72	0.26	0.90	0.00	1.16
山苍子	*Litsea cubeba*	1	0.72	0.26	0.90	0.00	1.16
野牡丹	*Melastoma candidum*	1	0.72	0.26	0.90	0.00	1.16
越南叶下珠	*Phyllanthus cochinchinensis*	1	0.72	0.26	0.90	0.00	1.16
合计		385	31939.87	100.00	100.00	100.00	300.00

12）柯—豹皮樟群落

该类群落主要分布在低海拔，特别是田心村周边，其林冠层较平整，林相深绿色，于柯花期时候产生大量白色斑块。样地面积为600 m²，样地中1.5 m 以上的植物有36种。乔木层的垂直结构可分两层，第一亚层为8～13 m，以柯占绝对优势并夹杂有少量的马尾松、鸭脚木、子凌蒲桃、山乌桕等。而第二亚层从为2～6 m，混杂分布有亮叶猴儿环、豹皮樟、黄牛木、九节、桃金娘、银柴、余甘子等。草本层种类较丰富，除有乔木层部分种类的幼苗外，还有桃金娘、芒萁、九节等。藤本植物比较稀少，仅有寄生藤、小叶红叶藤、菝葜、锡叶藤、酸藤子等几种（表3-12）。

表3-12　柯—豹皮樟群落分析

种名	学名	多度	总面积（胸高断面积之和）/cm²	相对多度/%	相对频度/%	相对显著度/%	重要值/%
柯	Lithocarpus glaber	185	10900.82	44.26	8.11	75.24	127.61
豹皮樟	Litsea rotundifolia var. oblongifolia	47	366.47	11.24	6.76	2.53	20.53
马尾松	Pinus massoniana	14	1233.17	3.35	5.41	8.51	17.27
九节	Psychotria rubra	45	130.35	10.84	4.05	0.90	15.80
亮叶猴耳环	Archidendron lucidum	19	61.03	4.55	4.05	0.42	9.02
鸭脚木	Schefflera octophylla	9	280.75	2.15	4.05	1.94	8.15
黄牛木	Cratoxylum cochinchinense	6	159.15	1.44	5.41	1.10	7.94
银柴	Aporosa dioica	4	211.44	0.96	4.05	1.46	6.47
子凌蒲桃	Syzygium championii	2	441.89	0.48	2.70	3.05	6.23
桃金娘	Rhodomyrtus tomentosa	8	20.31	1.91	4.05	0.14	6.11
毛稔	Melastoma sanguineum	7	28.01	1.67	4.05	0.19	5.92
石斑木	Rhaphiolepis indica	4	6.91	0.96	4.05	0.05	5.06
山乌桕	Sapium discolor	8	47.67	1.91	2.70	0.33	4.95
余甘子	Phyllanthus emblica	3	14.24	0.72	4.05	0.10	4.87
漆树	Toxicodendron vernicifluum	3	137.59	0.72	2.70	0.95	4.37
鼠刺	Itea chinensis	5	16.87	1.20	2.70	0.12	4.02
香港算盘子	Glochidion hongkongense	6	154.22	1.44	1.35	1.06	3.85
猴耳环	Archidendron clypearia	3	49.74	0.72	2.70	0.34	3.76
中华杜英	Elaeocarpus chinensis	3	39.79	0.72	2.70	0.27	3.70

36

续表

种名	学名	多度	总面积（胸高断面积之和）/cm²	相对多度/%	相对频度/%	相对显著度/%	重要值/%
月桂	*Osmanthus fragrans*	6	66.05	1.44	1.35	0.46	3.24
朱砂根	*Ardisia crenata*	1	0.32	0.24	2.70	0.00	2.94
栀子	*Gardenia jasminoides*	6	3.10	1.44	1.35	0.02	2.81
台湾榕	*Ficus formosana*	4	1.67	0.96	1.35	0.01	2.32
华南木姜子	*Litsea greenmaniana*	3	25.70	0.72	1.35	0.18	2.25
山黄皮	*Aidia cochinchinensis*	2	12.89	0.48	1.35	0.09	1.92
展毛野牡丹	*Melastoma normale*	2	0.64	0.48	1.35	0.00	1.83
乌桕	*Sapium sebiferum*	1	35.09	0.24	1.35	0.24	1.83
土沉香	*Aquilaria sinensis*	1	17.90	0.24	1.35	0.12	1.71
珊瑚树	*Viburnum odoratissimum*	1	15.60	0.24	1.35	0.11	1.70
杨桐	*Adinandra millettii*	1	3.90	0.24	1.35	0.03	1.62
鲫鱼胆	*Maesa perlarius*	1	1.99	0.24	1.35	0.01	1.60
狗骨柴	*Diplospora dubia*	1	0.72	0.24	1.35	0.00	1.60
粗叶榕	*Ficus hirta*	1	0.72	0.24	1.35	0.00	1.60
鹰爪花	*Artabotrys hexapetalus*	1	0.32	0.24	1.35	0.00	1.59
山苍子	*Litsea cubeba*	1	0.23	0.24	1.35	0.00	1.59
大头茶	*Gordonia axillaris*	1	0.18	0.24	1.35	0.00	1.59
	合计	415	14487.45	100.00	100.00	100.00	300.00

13）黧蒴＋毛棉杜鹃—苏铁蕨群落

该群落靠近山顶，整体郁闭度一般，尤其靠近山顶部分，郁闭度低，样方面积为800 m²（表3–13）。该群落物种达到56种，较为丰富。根据重要值，群落中占优势的物种主要有毛棉杜鹃、黧蒴、苏铁蕨、网脉山龙眼及天料木等。乔木、灌木和草本分层较为明显，乔木层主要有马尾松、黧蒴、罗浮柿、山油柑、网脉山龙眼、绒毛润楠、毛棉杜鹃等。灌木层主要有映山红、九节、毛稔、桃金娘、栀子、赤楠。草本层主要有苏铁蕨、芒萁、贴生石韦、山菅兰、黑莎草、毛果珍珠茅等。样地中共有苏铁蕨78株，其中有12株生长状况不佳，已死亡或接近死亡，可能是因为群落物种丰富，养分竞争激烈，且郁闭度较高，光线较差，建议加强人工保护措施。

表3-13　黧蒴+毛棉杜鹃—苏铁蕨群落分析

种名	学名	多度	总面积（胸高断面积之和）/cm²	相对多度/%	相对频度/%	相对显著度/%	重要值/%
毛棉杜鹃	*Rhododendron moulmainense*	160	4520.15	39.41	5.19	25.46	70.06
黧蒴	*Castanopsis fissa*	60	8163.01	14.53	5.19	45.98	65.70
苏铁蕨	*Brainea insignis*	78	7417.77	16.26	5.19	41.78	63.23
小果珍珠花	*Lyonia ovalifolia* var. *elliptica*	15	1965.64	3.69	2.60	11.07	17.36
网脉山龙眼	*Helicia reticulata*	32	713.90	7.88	3.25	4.02	15.15
天料木	*Homalium cochinchinense*	21	112.60	4.43	5.19	0.63	10.25
山油柑	*Acronychia pedunculata*	13	428.40	3.20	2.60	2.41	8.21
罗浮柿	*Diospyros morrisiana*	10	267.81	2.22	3.90	1.51	7.63
绒毛润楠	*Machilus velutina*	9	112.68	2.22	3.90	0.63	6.75
鼠刺	*Itea chinensis*	11	31.21	2.46	3.90	0.18	6.54
红鳞蒲桃	*Syzygium hancei*	9	178.81	1.72	3.25	1.01	5.98
九节	*Psychotria rubra*	19	31.27	2.96	2.60	0.18	5.74
密花树	*Myrsine sequinii*	8	206.50	1.72	2.60	1.16	5.48
郎伞树	*Ardisia hanceana*	10	40.30	2.22	1.95	0.23	4.40
马尾松	*Pinus massoniana*	3	343.53	0.74	1.30	1.94	3.98
映山红	*Rhododendron simsii*	7	12.25	0.74	2.60	0.07	3.41
毛冬青	*Ilex pubescens*	3	89.60	0.74	1.95	0.50	3.19
毛稔	*Melastoma sanguineum*	4	3.90	0.25	2.60	0.02	2.87
桃金娘	*Rhodomyrtus tomentosa*	4	0.72	0.25	2.60	0.00	2.85
变叶榕	*Ficus variolosa*	3	8.75	0.74	1.95	0.05	2.74
寄生藤	*Dendrotrophe frutescens*	3	3.90	0.49	1.95	0.02	2.46
荷木	*Schima superba*	3	162.01	0.74	0.65	0.91	2.30
岭南山竹子	*Garcinia oblongifolia*	3	25.95	0.74	1.30	0.15	2.19
鸭脚木	*Schefflera octophylla*	2	29.22	0.49	1.30	0.16	1.95
银柴	*Aporosa dioica*	3	10.82	0.49	1.30	0.06	1.85
乌饭树	*Vaccinium bracteatum*	2	124.78	0.49	0.65	0.70	1.84
亮叶猴耳环	*Archidendron lucidum*	3	5.89	0.49	1.30	0.03	1.82
豺皮樟	*Litsea rotundifolia* var. *oblongifolia*	3	5.89	0.49	1.30	0.03	1.82

种名	学名	多度	总面积（胸高断面积之和）/cm²	相对多度/%	相对频度/%	相对显著度/%	重要值/%
江南山柳	*Clethra cavaleriei*	2	57.30	0.49	0.65	0.32	1.46
栀子	*Gardenia jasminoides*	2	11.54	0.49	0.65	0.06	1.20
台湾榕	*Ficus formosana*	2	2.71	0.49	0.65	0.02	1.16
硬壳桂	*Cryptocarya chingii*	1	31.83	0.25	0.65	0.18	1.08
赤楠	*Syzygium buxifolium*	1	31.83	0.25	0.65	0.18	1.08
香港黄檀	*Dalbergia millettii*	2	9.98	0.25	0.65	0.06	0.96
猴欢喜	*Sloanea sinensis*	1	5.09	0.25	0.65	0.03	0.93
显萼杜鹃	*Rhododendron erythrocalyx*	1	1.27	0.25	0.65	0.01	0.91
乌药	*Lindera aggregata*	1	1.27	0.25	0.65	0.01	0.91
日本杜英	*Elaeocarpus japonicus*	1	1.27	0.25	0.65	0.01	0.91

14）刨花润楠–桫椤–草豆蔻群落

该群落分布于登山道两侧，样地面积为 600 m²。该桫椤样地物种组成丰富，种类达 101 种。该群落土壤肥沃，且附近有小溪流，环境湿度较高。受此影响，整个群落郁闭度极高，林下灌木、草本丰富。刨花润楠及少量杜英、鸭脚木及假苹婆等组成了群落的乔木层，平均高度约 10 m。群落的灌木层主要由硬壳桂、罗伞树、九节、水同木、金花树及常山等组成，数量及覆盖度均较高。林下草本如桫椤幼苗、金毛狗、华南紫萁及乌毛蕨的数量最为丰富。林间藤本植物主要有锡叶藤、罗浮买麻藤、毛萼清风藤、藤黄檀及独子藤等。桫椤只有一株呈立木状，高度约 2 m，茎部高约 1.7 m，冠幅约 2 m×2 m，其余的桫椤在群落中主要以小苗形式存在，共有 36 棵。有一棵桫椤位于路边，极易被人为干扰（表3-14）。

种名	学名	多度	总面积（胸高断面积之和）/%	相对多度/%	相对频度/%	相对显著度/%	重要值/%
刨花润楠	*Machilus pauhoi*	26	9681.93	6.20	2.98	49.30	58.48
硬壳桂	*Cryptocarya chingii*	46	805.16	10.02	2.55	4.10	16.68
山杜英	*Elaeocarpus sylvestris*	4	2701.89	0.95	0.43	13.76	15.14
桫椤	*Alsophila spinulosa*	36	—	31.86	3.40	8.82	14.87
罗伞树	*Ardisia quinquegona*	44	230.54	9.79	1.70	1.17	12.66
鸭脚木	*Schefflera octophylla*	27	635.03	6.21	2.55	3.23	11.99
九节	*Psychotria rubra*	34	130.63	7.40	2.98	0.67	11.04
假苹婆	*Sterculia lanceolata*	19	776.04	3.82	2.98	3.95	10.75
常山	*Dichroa febrifuga*	22	423.99	4.30	2.55	2.16	9.01
锡叶藤	*Tetracera asiatica*	21	99.77	4.77	2.13	0.51	7.41
草豆蔻	*Alpinia katsumadai*	26	3.58	3.82	2.55	0.02	6.39

种名	学名	多度	总面积（胸高断面积之和）/%	相对多度/%	相对频度/%	相对显著度/%	重要值/%
山椒子	*Uvaria grandiflora*	15	51.69	3.34	2.55	0.26	6.16
网脉山龙眼	*Helicia reticulata*	3	767.21	0.72	0.85	3.91	5.47
毛荷木	*Schima villosa*	1	795.77	0.24	0.43	4.05	4.72
金花树	*Blastus dunnianus*	12	22.42	1.91	2.55	0.11	4.58
假鹰爪	*Desmos chinensis*	10	35.15	2.15	2.13	0.18	4.45
郎伞树	*Ardisia hanceana*	11	28.47	2.39	1.70	0.14	4.23
水同木	*Ficus fistulosa*	9	38.58	1.91	2.13	0.20	4.23
荷木	*Schima superba*	3	485.58	0.72	0.85	2.47	4.04
红鳞蒲桃	*Syzygium hancei*	8	5.13	0.95	2.98	0.03	3.96
岭南山竹子	*Garcinia oblongifolia*	6	51.05	1.43	2.13	0.26	3.82
土沉香	*Aquilaria sinensis*	4	134.49	0.95	1.70	0.68	3.34
罗浮买麻藤	*Gnetum Lofuense*	7	51.07	1.67	1.28	0.26	3.21
蔓胡颓子	*Elaeagnus glabra*	6	86.44	1.43	1.28	0.44	3.15
粤蛇葡萄	*Ampelopsis cantoniensis*	8	53.66	1.91	0.85	0.27	3.03
香港大沙叶	*Pavetta hongkongensis*	6	30.66	1.43	1.28	0.16	2.86
鼠刺	*Itea chinensis*	3	244.40	0.72	0.85	1.24	2.81
毛萼清风藤	*Sabia limoniacea* var. *ardisoides*	5	23.63	0.95	1.70	0.12	2.78
独子藤	*Celastrus monospermus*	4	10.52	0.72	1.70	0.05	2.47
光叶山矾	*Symplocos lancifolia*	1	336.21	0.24	0.43	1.71	2.38
猴耳环	*Archidendron clypearia*	8	36.92	0.48	1.70	0.19	2.37
水东哥	*Saurauia tristyla*	5	15.14	0.95	1.28	0.08	2.31
三花冬青	*Ilex triflora*	3	15.30	0.72	1.28	0.08	2.07
绒毛润楠	*Machilus velutina*	4	43.45	0.95	0.85	0.22	2.03
杜茎山	*Maesa japonica*	5	38.38	0.95	0.85	0.20	2.00
水团花	*Adina pilulifera*	4	96.21	0.95	0.43	0.49	1.87
藤黄檀	*Dalbergia hancei*	4	40.43	1.19	0.43	0.21	1.82
三桠苦	*Melicope pteleifolia*	3	45.86	0.72	0.85	0.23	1.80
银柴	*Aporosa dioica*	3	15.86	0.72	0.85	0.08	1.65
扁担藤	*Tetrastigma planicaule*	4	14.48	0.72	0.85	0.07	1.64
锐尖山香圆	*Turpinia arguta*	3	7.50	0.72	0.85	0.04	1.61
尖山橙	*Melodinus fusiformis*	1	161.14	0.24	0.43	0.82	1.48

种名	学名	多度	总面积（胸高断面积之和）/%	相对多度/%	相对频度/%	相对显著度/%	重要值/%
云实	*Caesalpinia decapetala*	4	3.90	0.95	0.43	0.02	1.40
杨梅	*Myrica rubra*	2	89.84	0.48	0.43	0.46	1.36
山黄皮	*Aidia cochinchinensis*	2	2.25	0.48	0.85	0.01	1.34
横经席	*Calophyllum membranaceum*	3	1.43	0.48	0.85	0.01	1.34
细轴荛花	*Wikstroemia nutans*	2	1.99	0.24	0.85	0.01	1.10

15）毛棉杜鹃+鼠刺—变叶榕—金毛狗群落

该金毛狗群落位于登山道一侧，样方面积为400 m²。群落物种有43种，组成较为丰富，群落郁闭度较高。群落乔木层主要组成物种有毛棉杜鹃、鼠刺、密花山矾及少量的鸭脚木等。灌木层主要由山乌桕、白背算盘子、毛冬青及豺皮樟等组成，数量较少。根据重要值，群落的优势种群主要有毛棉杜鹃、鼠刺、鸭脚木、白背算盘子及金毛狗等，其中，样地内的金毛狗数量有64株，且生长旺盛，植株高大，覆盖度极高。此外，还有一株土沉香，新长出的小苗高约2.5 m。林下草本层基本为金毛狗覆盖，覆盖度达90%以上。林间藤本植物稀少，主要有独子藤及罗浮买麻藤等（表3-15）。

表3-15 毛棉杜鹃+鼠刺—变叶榕—金毛狗群落分析

种名	学名	多度	总面积（胸高断面积之和）/cm²	相对多度/%	相对频度/%	相对显著度/%	重要值/%
毛棉杜鹃	*Rhododendron moulmainense*	95	1201.74	40.89	5.13	21.92	67.94
鼠刺	*Itea chinensis*	42	1284.66	18.22	5.13	23.44	46.79
密花山矾	*Symplocos congesta*	25	1104.52	10.67	5.13	20.15	35.94
鸭脚木	*Schefflera octophylla*	9	463.97	4.00	5.13	8.46	17.59
白背算盘子	*Glochidion wrightii*	11	349.52	4.89	5.13	6.38	16.39
金毛狗	*Cibotium barometz*	64	—	10.96	5.13	—	16.08
变叶榕	*Ficus variolosa*	12	108.25	5.33	5.13	1.97	12.44
独子藤	*Celastrus monospermus*	6	269.21	2.22	2.56	4.91	9.70
土沉香	*Aquilaria sinensis*	1	305.90	0.44	1.28	5.58	7.31
白花酸藤子	*Embelia ribes*	2	13.45	0.44	3.85	0.25	4.54
山乌桕	*Sapium discolor*	3	175.79	0.44	1.28	3.21	4.93
毛冬青	*Ilex pubescens*	2	3.98	0.89	2.56	0.07	3.53
豺皮樟	*Litsea rotundifolia* var. *oblongifolia*	2	2.71	0.89	2.56	0.05	3.50
罗浮柿	*Diospyros morrisiana*	2	73.61	0.89	1.28	1.34	3.51
罗伞树	*Ardisia quinquegona*	3	21.90	1.33	1.28	0.40	3.01
九节	*Psychotria rubra*	5	9.79	1.33	1.28	0.18	2.79
野漆	*Toxicodendron succedaneum*	2	28.33	0.89	1.28	0.52	2.69

种名	学名	多度	总面积（胸高断面积之和）/cm²	相对多度/%	相对频度/%	相对显著度/%	重要值/%
映山红	*Rhododendron simsii*	2	15.92	0.89	1.28	0.29	2.46
桃金娘	*Rhodomyrtus tomentosa*	2	9.31	0.89	1.28	0.17	2.34
常绿荚蒾	*Viburnum sempervirens*	2	3.26	0.89	1.28	0.06	2.23
毛稔	*Melastoma sanguineum*	1	9.63	0.44	1.28	0.18	1.90
藤黄檀	*Dalbergia hancei*	1	9.63	0.44	1.28	0.18	1.90
石斑木	*Rhaphiolepis indica*	1	8.77	0.44	1.28	0.16	1.89
山苍子	*Litsea cubeba*	1	2.86	0.44	1.28	0.05	1.78
乌饭树	*Vaccinium bracteatum*	1	1.99	0.44	1.28	0.04	1.76
天料木	*Homalium cochinchinense*	1	1.61	0.44	1.28	0.03	1.76
罗浮买麻藤	*Gnetum Lofuense*	1	1.27	0.44	1.28	0.02	1.75
岭南山竹子	*Garcinia oblongifolia*	1	—	0.44	1.28	—	1.73
苏铁蕨	*Brainea insignis*	6	140.37	—	1.28	—	—

16）荷木＋山油柑＋土沉香—九节群落

该群落靠近山谷底部，环境湿润，群落郁闭度较高，样方面积为200 m²。样地含有植物种类41种，物种组成较为丰富。根据重要值，群落中明显占优势的种群主要有荷木、九节、山油柑、土沉香、鸭脚木、毛棉杜鹃、鼠刺等构成群落的乔木层。灌木层主要由九节、狗骨柴、花椒簕、毛冬青等。林下草本稀少，主要有珍珠茅、团叶鳞始蕨及金毛狗等。林间藤本植物稀少，主要有夜花藤、香花崖豆藤、山豆藤及爬山藤等（表3-16）。

表3-16　荷木＋山油柑＋土沉香—九节群落分析

种名	学名	多度	总面积（胸高断面积之和）/cm²	相对多度/%	相对频度/%	相对显著度/%	重要值/%
荷木	*Schima superba*	3	1426.35	2.94	1.96	31.43	36.33
九节	*Psychotria rubra*	30	117.04	27.45	3.92	2.58	33.95
山油柑	*Acronychia pedunculata*	8	771.62	7.84	3.92	17.00	28.77
土沉香	*Aquilaria sinensis*	5	747.07	4.90	3.92	16.46	25.28
绒毛润楠	*Machilus velutina*	8	226.26	7.84	1.96	4.99	14.79
毛果巴豆	*Croton lachnocarpus*	2	366.47	1.96	1.96	8.07	12.00
鸭脚木	*Schefflera octophylla*	4	185.91	3.92	3.92	4.10	11.94
假鹰爪	*Desmos chinensis*	9	33.22	5.88	3.92	0.73	10.54
罗浮柿	*Diospyros morrisiana*	2	110.16	1.96	3.92	2.43	8.31
硬壳桂	*Cryptocarya chingii*	4	122.65	2.94	1.96	2.70	7.60
银柴	*Aporosa dioica*	3	25.17	2.94	3.92	0.55	7.42

种名	学名	多度	总面积（胸高断面积之和）/cm²	相对多度/%	相对频度/%	相对显著度/%	重要值/%
红鳞蒲桃	*Syzygium hancei*	5	4.54	2.94	3.92	0.10	6.96
罗伞树	*Ardisia quinquegona*	4	14.24	3.92	1.96	0.31	6.20
罗浮买麻藤	*Gnetum lofuense*	34	10.35	1.96	3.92	0.23	6.11
假苹婆	*Sterculia lanceolata*	3	29.96	2.94	1.96	0.66	5.56
蒲桃	*Syzygium jambos*	3	28.93	2.94	1.96	0.64	5.54
密花山矾	*Symplocos congesta*	2	56.42	1.96	1.96	1.24	5.16
刨花润楠	*Machilus pauhoi*	1	97.48	0.98	1.96	2.15	5.09
狗骨柴	*Diplospora dubia*	1	86.66	0.98	1.96	1.91	4.85
花椒簕	*Zanthoxylum scandens*	2	6.76	1.96	1.96	0.15	4.07
毛冬青	*Ilex pubescens*	2	3.98	1.96	1.96	0.09	4.01
横经席	*Calophyllum membranaceum*	6	3.26	1.96	1.96	0.07	3.99
中华杜英	*Elaeocarpus chinensis*	1	25.78	0.98	1.96	0.57	3.51
山蒲桃	*Syzygium levinei*	1	17.90	0.98	1.96	0.39	3.34
变叶榕	*Ficus variolosa*	1	3.36	0.98	1.96	0.07	3.02
大头茶	*Gordonia axillaris*	1	1.27	0.98	1.96	0.03	2.97

17）密花树—棱果花—华山姜群落

该群落靠近山顶，地势平坦，旁边有小溪流经过，群落郁闭度、透视度均较高，样方面积为200 m²。群落物种数量有40种，根据重要值，比较占优势的物种有密花树、冬青、短序润楠及棱果花等。另外，三花冬青、山矾、豺皮樟、网脉山龙眼也有一定数量的分布。群落乔木层主要有密花树、冬青、短序润楠、三花冬青、山矾、网脉山龙眼等，组成较为复杂。灌木层主要为棱果花，大部分沿着溪流分布。此外，还有一定数量的豺皮樟、山指甲、映山红等。林下草本植物主要有华山姜、黑莎草、淡竹叶、扇叶铁线蕨等，数量较少。林间藤本缺乏（表2-17）。

表3-17　密花树—棱果花—华山姜群落分析

种名	学名	多度	总面积（胸高断面积之和）/cm²	相对多度/%	相对频度/%	相对显著度/%	重要值/%
密花树	*Myrsine sequinii*	25	929.39	17.99	3.28	21.14	42.40
广东冬青	*Ilex kwangtungensis*	23	432.84	16.55	3.28	9.84	29.67
短序润楠	*Machilus breviflora*	4	813.48	2.88	3.28	18.50	24.66
棱果花	*Barthea barthei*	24	97.10	17.27	3.28	2.21	22.75
三花冬青	*Ilex triflora*	10	387.62	6.47	3.28	8.82	18.57
密花山矾	*Symplocos congesta*	5	428.72	3.60	3.28	9.75	16.63

种名	学名	多度	总面积（胸高断面积之和）/cm²	相对多度/%	相对频度/%	相对显著度/%	重要值/%
豺皮樟	*Litsea rotundifolia* var. *oblongifolia*	7	331.72	5.04	3.28	7.54	15.86
网脉山龙眼	*Helicia reticulata*	10	176.50	6.47	3.28	4.01	13.77
罗浮柿	*Diospyros morrisiana*	3	119.39	2.16	3.28	2.72	8.15
赤楠	*Syzygium buxifolium*	6	82.44	2.88	3.28	1.87	8.03
中华杜英	*Elaeocarpus chinensis*	2	134.96	1.44	3.28	3.07	7.79
山指甲	*Ligustrum sinense*	3	24.05	2.16	3.28	0.55	5.98
红鳞蒲桃	*Syzygium hancei*	2	110.16	1.44	1.64	2.51	5.58
山木通	*Clematis finetiana*	3	11.32	1.44	3.28	0.26	4.97
映山红	*Rhododendron simsii*	1	5.09	0.72	1.64	0.12	2.47

3.1.2.4 各群落中大头茶种群的比较

大头茶群落于田头山分布十分广泛，从山下到山顶均有分布，因为有不同海拔和不同坡向，其群落组成和结构有所不同。表3-18中将它们作一比较。

表3-18 田头山地区大头茶群落的比较

序号	群落名称	多度	总面积（胸高断面积之和）/cm²	相对多度/%	相对频度/%	相对显著度/%	重要值/%
3	大头茶+豺皮樟—鼠刺群落	151	4132.84	17.50	9.68	22.45	49.62
5	大头茶灌丛群落	121	9987.33	29.37	8.70	40.2	78.26
6	大头茶+豺皮樟—桃金娘群落	118	4090.20	17.13	8.77	26.88	52.78
7	樟树—大头茶群落	171	11575.5	24.39	4.00	25.38	53.78
8	大头茶+鼠刺群落	182	6574.77	34.60	7.59	45.63	87.83

在位于山顶的大头茶+鼠刺群落中，大头茶的重要值最高，为87.83。而在位于中高海拔的大头茶灌丛群落中，大头茶的重要值也有78.26。而在位于低处近山脚的大头茶+豺皮樟—鼠刺群落中，大头茶的重要值最低，为49.62。而在位于中低海拔处的大头茶+豺皮樟—桃金娘群落及樟树—大头茶群落中，大头茶的重要值差不多，分别为52.78和53.78。故可认为在田头山地区，越往高处，大头茶生长越旺盛，在群落中的优势度越大。

3.1.3 田头山代表性植物群落的种群结构

3.1.3.1 种群年龄结构

种群的年龄结构主要指种群内不同年龄的个体的分布或组成状态，不仅可以反映种群动态及其发展趋势，也从一定程度上反映种群与环境间的相互关系，以及它们在群落种的作用和地位。本文采用Ⅴ级立木划分标准，并参考王伯荪等（1986）的方法进行研究。以下是对田头山地区的12个样方的优势种的年龄结构的分析。

1）黑桫椤群落优势种群年龄结构

该群落中，假苹婆、鸭脚木均以Ⅴ级老树为主，Ⅳ、Ⅴ级树的数量占了绝大多数。而山油柑也主要集中在Ⅳ、Ⅴ级。鼠刺虽然大部分是Ⅳ级大树，但Ⅲ级及以下的小树只占非常小的一部分。因此以上四个种类均处于衰退的状态。而水团花主要集中在Ⅳ级大树，其他四个级的树分布比较均匀，因此可认为水团花处于稳定到衰退的过渡状态。而常绿荚蒾则大部分是集中在Ⅳ级大树，兼有少量的Ⅴ级及Ⅲ级树，也可以认为常绿荚蒾正处于稳定至衰退的过渡状态（图3-1）。

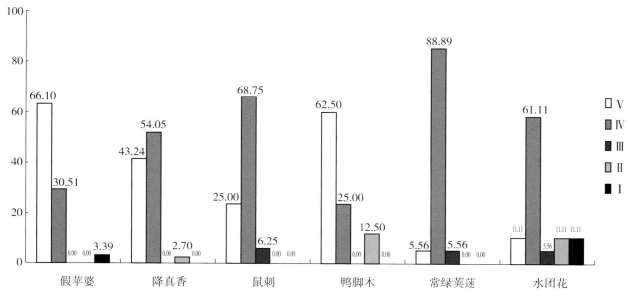

图3-1　田头山地区黑桫椤群落优势种群的年龄结构图

2）厚壳桂＋黄樟—鸭脚木群落优势种群年龄结构

该群落中，优势种厚壳桂属于衰退的种群，因为其Ⅴ、Ⅳ级数量比较多，而幼树比较少。黄樟和鸭脚木也是老树很多，而幼树也较少，因而也属于衰退的种群。而水翁、浙江润楠和香港算盘子，更是属于衰退型，因为几乎只有Ⅴ级老树。猴耳环和红鳞蒲桃则趋于稳定，因为各级的比例都比较均衡（图3-2）。

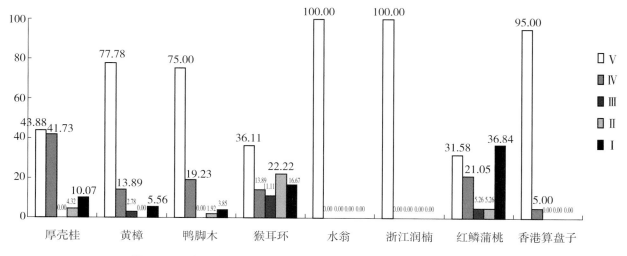

图3-2　田头山地区厚壳桂＋黄樟—鸭脚木群落优势种群的年龄结构图

3）大头茶＋豺皮樟—鼠刺群落优势种群年龄结构

该群落中，各个树种主要分布在Ⅳ级树中，其中，鼠刺、大头茶、豺皮樟只有少量幼苗，而山油柑、鸭脚木、柯、山乌桕、浙江润楠除了大量的Ⅳ级树外，还有很大一部分Ⅴ级老树，而且幼树几乎没有，说明该群落占优势的各个树种都有衰退的趋势（图3-3）。

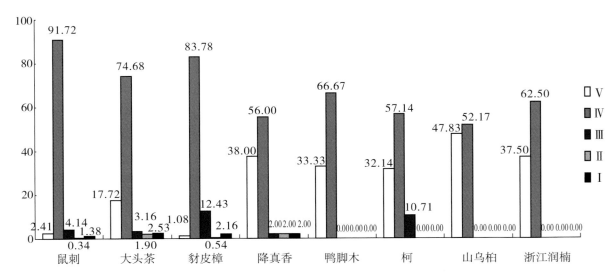

图3-3　田头山地区大头茶＋豺皮樟—鼠刺群落优势种群的年龄结构图

4）荷木＋黄樟—毛棉杜鹃群落优势种群年龄结构

该群落中，优势种毛棉杜鹃主要集中在Ⅳ级，在短期内稳定，长期之后可能趋于衰退。荷木、黄樟、和罗浮栲几乎全是Ⅴ级老树，均处于衰退型。而柏拉木的结构呈金字塔形，因此处于稳定的状态。山杜英主要是后两级的老树，因此也属于衰退型（图3-4）。

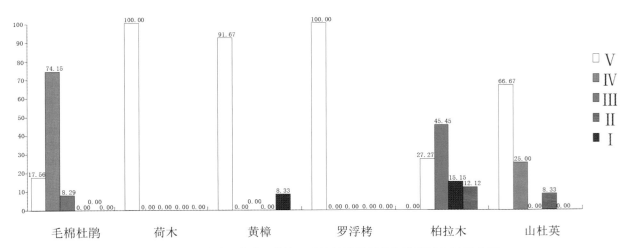

图3-4　田头山地区荷木＋黄樟—毛棉杜鹃群落优势种群的年龄结构图

5）大头茶群落优势种群年龄结构

该群落中，大头茶、毛蕊茶、短序润楠、樟树、亮叶冬青、浙江润楠、密花树、罗伞树8个主要树种V级、IV级的老树都占了大多数，其中短序润楠、樟树、浙江润楠甚至连I～III级的幼树都没有。而毛蕊茶、亮叶冬青则有少部分III级树，而缺少I、II级幼苗。所以从总体来说，该群落的主要树种均处于衰退型。不过罗伞树还有一定量的I、II级幼苗，应未至于衰退（图3-5）。

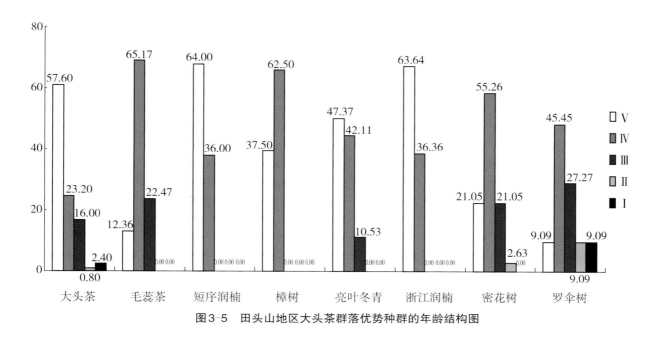

图3-5 田头山地区大头茶群落优势种群的年龄结构图

6）大头茶＋豺皮樟—桃金娘群落优势种群年龄结构

该群落中，大头茶、豺皮樟、桃金娘、鼠刺、鸭脚木、马尾松6个主要树种中，IV级树占了大部分，尤其是豺皮樟和鼠刺，其他各级的树都只有非常少量的个体。马尾松除了大部分IV级树之外，就只有V级树了。而鸭脚木除IV级树之外，基本上也是V级树为多。表明以上树种均处于衰退型。而大头茶和桃金娘，III级及以下的幼树还是有一定数量的，所以应该是处于稳定型至衰退型的过渡期间（图3-6）。

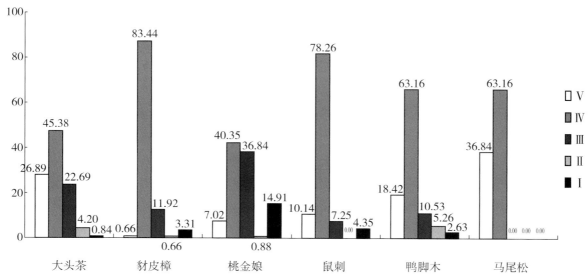

图3-6 田头山地区大头茶＋豺皮樟—桃金娘群落优势种群的年龄结构图

47

7）樟树—大头茶群落优势种群年龄结构

该群落中的主要树种大头茶、樟树、鸭脚木中，Ⅲ级及以下的幼树基本不存在，而Ⅴ级老树占了绝大多数，因此这几个种类处于衰退型。浙江润楠除大部分Ⅴ级老树之外，虽有少量Ⅱ级幼苗，但无法阻止其衰退的趋势。而在该群落中大量出现的青皮竹，全部处于Ⅲ级，既没有老树，也没有幼树，可见短期之内，竹子这个种类还是处于稳定状态的（图3-7）。

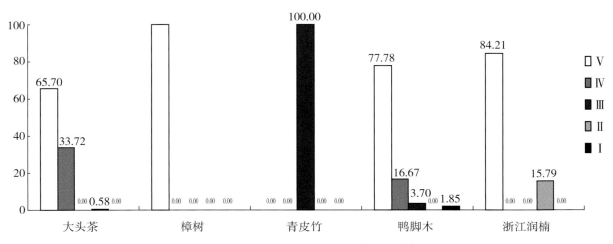

图3-7　田头山地区樟树—大头茶群落优势种群的年龄结构图

8）大头茶—鼠刺群落优势种群年龄结构

该群落中，有大头茶、鼠刺、浙江润楠、豺皮樟、鸭脚木、漆树、罗浮柿7个优势种。绝对优势种大头茶主要为Ⅲ～Ⅴ级大树，缺少幼树，即使短期内比较稳定，但从长远来看还是趋于衰退型。而鼠刺、豺皮樟、漆树和罗浮柿则主要为Ⅲ、Ⅳ级树，且两者所占比例相当，因此应处于稳定型与衰退型的过渡期。而浙江润楠绝大多数为Ⅴ级老树，基本为衰退型。鸭脚木则大部分为Ⅳ级大树，少量Ⅰ级无助于减缓衰退趋势（图3-8）。

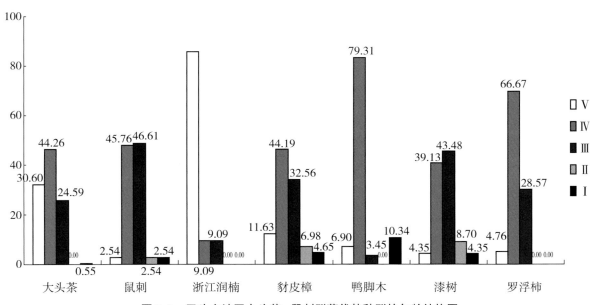

图3-8　田头山地区大头茶+鼠刺群落优势种群的年龄结构图

9）短序润楠群落优势种群年龄结构

该群落中，绝对优势种短序润楠，以及其他优势种亮叶冬青、樟树、绒毛润楠等，均含有大部分V级老树，而缺少幼树，因而处于衰退的状态。大头茶则主要集中在IV级大树中，同样缺少幼树，也处于衰退状态。而密花树主要集中在III级树中，兼有少量IV、V级老树，应为稳定至衰退的转型期间。鸭脚木有很大一部分为III级树，以及V级老树和I级幼苗，但三者差距不是太大，因此可判定为稳定的状态。而九节，则有大量III级树，也有一定数量的I、II级幼苗，因此处于增长期，将来极有可能继续维持其优势地位（图3-9）。

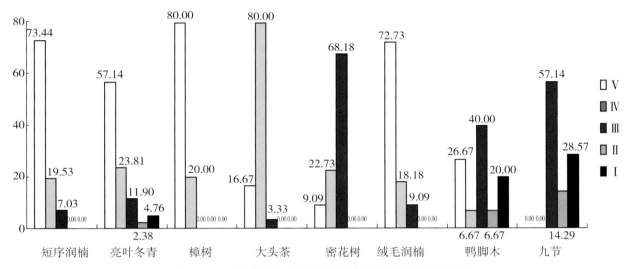

图3-9　田头山地区短序润楠群落优势种群的年龄结构图

10）马尾松+短序润楠—豺皮樟+鼠刺—桃金娘群落优势种群年龄结构

在该群落中，有鼠刺、豺皮樟、桃金娘、马尾松、鸭脚木、短序润楠、毛棉杜鹃、浙江润楠8个优势种。其中鼠刺、豺皮樟、桃金娘和短序润楠的绝大部分树都是IV级树，幼苗数量极少。而马尾松、鸭脚木、毛棉杜鹃和浙江润楠则主要为IV、V级树，同样缺少幼树。因此它们都处于衰退型（图3-10）。

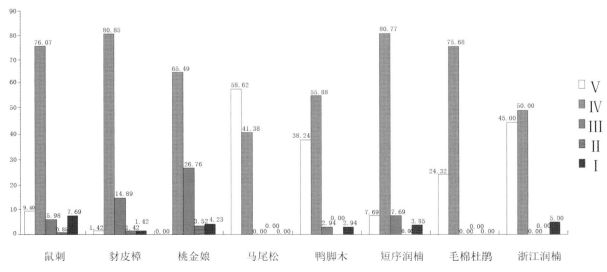

图3-10　田头山地区马尾松+短序润楠—豺皮樟+鼠刺—桃金娘群落优势种群的年龄结构图

11）浙江润楠—子凌蒲桃＋鸭脚木—豺皮樟群落优势种群年龄结构

该群落中，有浙江润楠、子凌蒲桃、鸭脚木、豺皮樟、樟树、高脚罗伞等6个优势种。其中浙江润楠及樟树均含有绝大部分的V级老树而缺乏其他小树，因而处于衰退状态。而子凌蒲桃、鸭脚木和豺皮樟则主要为IV级树，伴有一定数量的III、V级树，也算为轻微的衰退状态。而高脚罗伞则全为III、IV级树，所以表现为稳定与衰退的中间状态（图3-11）。

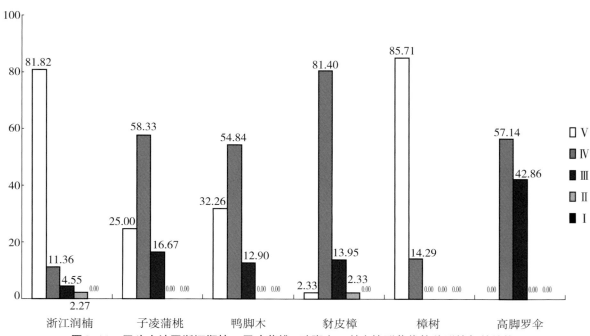

图3-11　田头山地区浙江润楠—子凌蒲桃＋鸭脚木—豺皮樟群落优势种群的年龄结构图

12）柯—豺皮樟群落优势种群年龄结构

该群落中，绝对优势种柯主要集中在IV、V级老树，伴有很少量的I～III级树，因而为衰退的状态。同样地，全为IV、V级老树而没有I～III级树的马尾松处于衰退状态。豺皮樟全部为III、IV级树，所以正由稳定状态过渡至衰退状态。而九节，基本为大量的III级树，另有等量的IV级树及I级幼苗，因此正处于十分稳定的状态（图3-12）。

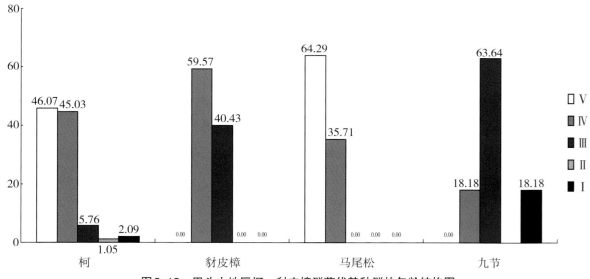

图3-12　田头山地区柯—豺皮樟群落优势种群的年龄结构图

50

3.1.3.2 种群垂直结构

表3-19　田头山地区主要群落的树高与个体数量的关系

树高/m	个体数量/株	百分比/%
1.5～5.0	3456	57.21
5.1～10.0	1909	31.60
10.1～15.0	429	7.10
15.1～20.0	204	3.38
20.1～40.0	43	0.71
	6041	100.00

注：树高的准确值只保留一位小数。

　　针对12个优势群落，统计个体数量等树高（表3-19，图3-13），结果表明，随着树高的增长，立木个体数急剧减少，整体立木数在群落中的分布呈"倒J"形的分布特征，这种特征常见于热带、亚热带雨林。田头山植被中低层立木的个体数占绝对优势，说明植被处于旺盛发展时期。同时也说明，在田头山的南亚热带森林中，潜在的各层次种类数量非常丰富，随着时间的推移，它们可以继续生长发育，补充加入森林的各个层次，不断维持森林的动态平衡，促进常绿阔叶林达到演替顶极状态。

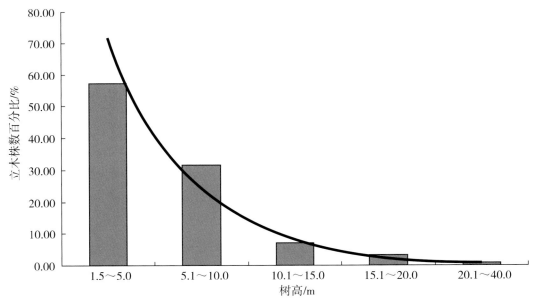

图3-13　田头山地区植被树高与个体数量的关系

3.1.3.3 频度分析

　　按照《植物群落学实验手册》（王伯荪等，1986）的方法，对田头山地区的植被进行群落物种频度分析，得出各群落频度分布百分比，如表3-20和图3-14所示。

表3-20　田头山地区主要群落物种频度级百分率的比较

样地编号	群落名称/频度级	A	B	C	D	E
S1	黑桫椤群落	62.22	22.22	2.22	6.67	6.67
S2	厚壳桂＋黄樟—鸭脚木群落	56.76	18.92	16.22	2.70	5.41
S3	大头茶＋豺皮樟—鼠刺群落	53.13	15.63	12.50	9.38	9.38
S4	荷木＋黄樟—毛棉杜鹃群落	48.65	21.62	18.92	8.11	2.70
S5	大头茶灌丛群落	58.82	14.71	8.82	8.82	8.82
S6	大头茶＋豺皮樟—桃金娘群落	66.67	15.38	5.13	5.13	7.69
S7	樟—大头茶群落	58.97	10.26	17.95	7.69	5.13
S8	大头茶—鼠刺群落	46.67	26.67	3.33	16.67	6.67
S9	短序润楠群落	64.00	8.00	24.00	0.00	4.00
S10	马尾松＋短序润楠—豺皮樟＋鼠刺—桃金娘群落	51.35	16.22	18.92	2.70	10.81
S11	浙江润楠—子凌蒲桃＋鸭脚木—豺皮樟群落	82.14	10.71	1.79	1.79	3.57
S12	柯—豺皮樟群落	47.22	19.44	22.22	5.56	5.56
	合计	696.60	199.78	152.02	75.21	76.40
	平均值	58.05	16.65	12.67	6.27	6.37

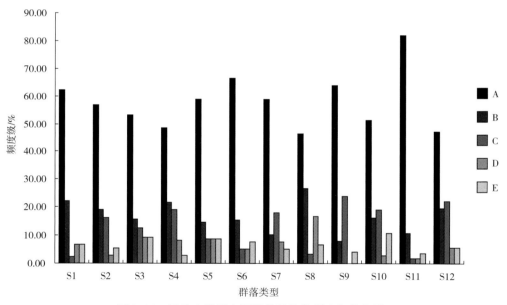

图3-14　田头山地区主要群落的物种频度级分布图

上述结果表明，田头山地区的植被，不同类型群落物种频度级分布差异不是太大，一部分群落的频度分布规律完全符合Raunkiaer的频度分布A＞B＞C≥D＜E，如S2、S3、S6、S11，而S5、S10、S12比较符合这个规律。也有一部分群落的频度分布规律完全符合海南岛热带雨林的频度分布规律A＞B＞C＞D＞E，如S4。这些群落大多为受人为干扰较小，保存较好的群落。也有一部分群落并不符合以上两个频度分布规律，如S1、S7、S8、S9。这些群落可能受到人为干扰较大，或者是田头山地区植被某些群落刚得到恢复，正处于发展之中，还没有达到稳定状态。

群落S11的A级频度（0～20%）的种群约占总种群数的80%左右，表明有大量的偶见种出现，与群落总种数最多的情况相符。

田头山不同地段生境条件差异较大，环境多样，群落组成成分比较复杂，而且在某些地段优势种并不十分明显，导致E级频度显得较少。在更新林中E级频度的存在主要是少数占优势的更新先锋树种，随着林分年龄的增加，E级频度的树种将逐渐消亡，形成与原始林一致的频度分布规律。

可见Raunkiaer的频度分布规律对于发展中的次生林应有不同的规律。

3.1.3.4 群落的物种多样性和均匀度分析

对于物种多样性的分析，本文采用Shannon-Wiener多样性指数、Gini指数（Simpson指数的变体）及PIE来衡量。而对于均匀度的分析，本文采用J_{sw}、Alatalo、J_{si}来衡量。

数据（表3-21）显示了田头山地区的代表群落具有与其他地区亚热带常绿阔叶林相近的多样性指数和物种均匀性指数，说明该地区具有亚热带常绿阔叶林的基本特征。

表3-21 田头山地区主要植物群落物种多样性指数与均匀度比较

序号	名称	样地面积/m²	总种数	总个体数	SW	Gini	PIE	Jsw	Jsi	Alatalo
1	黑桫椤群落	800	46	311	3.04	0.92	0.92	0.80	0.94	0.56
2	厚壳桂＋黄樟—鸭脚木群落	1200	37	381	2.87	0.91	0.91	0.80	0.93	0.59
3	大头茶＋豺皮樟—鼠刺群落	1200	32	863	2.61	0.89	0.89	0.75	0.92	0.63
4	荷木＋黄樟—毛棉杜鹃群落	1200	37	429	2.90	0.90	0.91	0.80	0.93	0.55
5	大头茶灌丛群落	600	34	412	2.75	0.89	0.89	0.78	0.92	0.56
6	大头茶＋豺皮樟—桃金娘群落	1200	39	689	2.90	0.91	0.92	0.79	0.94	0.62
7	樟树—大头茶群落	1100	39	701	2.97	0.92	0.93	0.81	0.95	0.65
8	大头茶—鼠刺群落	800	30	526	2.65	0.88	0.88	0.78	0.91	0.53
9	短序润楠群落	1200	25	334	2.40	0.83	0.83	0.75	0.87	0.49
10	马尾松＋短序润楠—豺皮樟＋鼠刺—桃金娘群落	1200	37	707	3.00	0.93	0.93	0.83	0.95	0.68
11	浙江润楠—子凌蒲桃＋鸭脚木—豺皮樟群落	1000	56	385	3.19	0.92	0.92	0.79	0.94	0.50
12	柯—豺皮樟群落	600	36	415	2.54	0.80	0.80	0.71	0.82	0.35

在一定的环境条件中，群落的类型和动态，在某种意义上取决于群落中的种数、个体数和均匀度。

田头山地区的主要植被群落中（表3-21），表示物种多样性的指标SW指数为2.40～3.19，Gini指数为0.80～0.93，PIE为0.80～0.93。而各群落中表示物种均匀度的指标J_{sw}指数为0.71～0.83，J_{si}指数为0.82～0.95，Alatalo指数为0.35～0.68。

一般来说，群落的种数和个体数低，会导致多样性指数偏低，例如，短序润楠群落，有最少的种数（25）和较少的个体数（334），因而有最低的SW指数（2.40）。而浙江润楠—子凌蒲桃＋鸭脚木—豺皮樟群落，有最多的种数（56），因而有最高的SW指数（3.19），以及较高的Gini指数（0.92）和PIE（0.92）。而马尾松＋短序润楠—豺皮樟＋鼠刺—桃金娘群落，有较高的总个体数（707），因而有较高的SW指数（3.00），以及最高的Gini指数（0.93）和PIE（0.93）。

物种均匀度低也会导致多样性指数偏低。例如，柯—豹皮樟群落，虽有较多的种数或者有较多的个体总数，但因为它有最小的J_{sw}指数（0.71），最小的J_{si}指数（0.82），最小的Alatalo指数（0.35），因而有较小的SW指数（2.54），最小的Gini指数（0.80），较小的PIE（0.80）。而马尾松+短序润楠—豹皮樟+鼠刺—桃金娘群落，有最高的J_{sw}指数（0.83），最高的Jsi指数（0.95），最高的Alatalo指数（0.68），结合它的较高的总个体数，因而有较高的SW指数（3.00），最高的Gini指数（0.93）和PIE（0.93）。所以多样性指数跟种群数量、个体数和均匀度都有正相关关系。

在群落中，如果优势现象明显的话，均匀度会比较低，如柯—豹皮樟群落，柯的重要值高达127.61，远高于豹皮樟20.53（表3-12），柯的绝对优势相当显著，因此此群落具有最低的J_{sw}指数（0.71），最低的J_{si}指数（0.82），以及最低的Alatalo指数（0.35），均匀度最低。反之，在马尾松+短序润楠—豹皮樟+鼠刺—桃金娘群落中，优势种鼠刺、豹皮樟、桃金娘、马尾松的重要值分别为40.07、39.48、30.96、26.69（表3-10），没有出现压倒性优势，因此此群落具有最高的J_{sw}指数（0.83），最高的Jsi指数（0.95），最高的Alatalo指数（0.68），均匀度为最高。

与深圳市马峦山相比，田头山地区主要群落的多样性（多样性指数和均匀度）均比较高，与事实相符。田头山地区土壤有机质丰富，水分条件良好，受人为干扰很少。表3-21中数据显示，田头山地区的主要植物群落具有与其他地区的亚热带常绿阔叶林相近的多样性指数和物种均匀度指数，说明该地区具有亚热带常绿阔叶林的基本特征。与海南岛的山地雨林、低地雨林和沟谷雨林相比，多样性指数和均匀度都相对较低，这表明田头山地区植被的丰富度和稳定性在总体上都不及热带雨林。

3.2 植物区系

深圳市田头山自然保护区植物区系以热带、亚热带科属成分为主，代表植被类型为南亚热带常绿阔叶林，属于华夏植物区系。该地区分布有大片面积的天然次生林和许多珍稀植物，如黑桫椤、苏铁蕨、土沉香等，其中部分为中国特有种，并且具有一些较为原始的成分和5个中国特有属，具有较强的原始性和特有性。

3.2.1 维管植物区系的组成

调查表明，田头山自然保护区有野生维管植物191科699属1289种，其中蕨类植物36科68属118种，裸子植物4科4属5种，被子植物151科627属1166种。另有栽培植物有56科134属166种。具体见表3-22。

表3-22 深圳田头山自然保护区的植物种类组成统计

分类群 Taxon	科 Families	属 Genera	种 Species
野生蕨类植物 Pteridophyta	36	68	118
野生裸子植物 Gymnospermae	4	4	5
野生被子植物 Angiospermae	151	627	1166
野生维管植物 Total	191	699	1289
栽培植物 Cultured plants	56	134	166
总计 Total	201	792	1455

3.2.2 蕨类植物区系的特点

根据对田头山自然保护区的全面调查结果统计，田头山共有野生蕨类植物36科68属118种（秦仁昌，1978）。其科属种组成如表3-23所示。

表3-23　深圳田头山自然保护区蕨类植物科的组成

科 Family	属：种 Gen:Sp	科 Family	属：种 Gen:Sp
水龙骨科 Polypodiaceae	7：12	碗蕨科 Dennstaedtiaceae	1：2
金星蕨科 Thelypteridaceae	5：10	蕨科 Pteridiaceae	1：2
凤尾蕨科 Pteridaceae	2：9	铁线蕨科 Adiantaceae	1：2
鳞毛蕨科 Dryopteridaceae	4：8	肾蕨科 Nephrolepidaceae	1：2
卷柏科 Selaginellaceae	1：8	紫萁科 Osmundaceae	1：2
蹄盖蕨科 Athyriaceae	4：7	槲蕨科 Drynariaceae	1：1
铁角蕨科 Aspleniaceae	2：6	禾叶蕨科 Grammtidaceae	1：1
鳞始蕨科 Lindsaeaceae	2：5	剑蕨科 Loxogrammaceae	1：1
三叉蕨科 Aspidiaceae	3：4	双扇蕨科 Dipteridaceae	1：1
乌毛蕨科 Blechnaceae	3：4	实蕨科 Bolbitidaceae	1：1
里白科 Gleicheniaceae	2：4	舌蕨科 Elaphoglossaceae	1：1
海金沙科 Lygodiaceae	1：4	裸子蕨科 Hemionitidaceae	1：1
膜蕨科 Hymenophyllaceae	3：3	姬蕨科 Hypolepidaceae	1：1
中国蕨科 Sinopteridaceae	3：3	水蕨科 Parkeriaceae	1：1
桫椤科 Cyatheaceae	2：2	松叶蕨科 Psilotaceae	1：1
石杉科 Huperziaceae	2：2	蚌壳蕨科 Dicksoniaceae	1：1
石松科 Lycopodiaceae	2：2	木贼科 Equisetaceae	1：1
骨碎补科 Davalliaceae	2：2	莲座蕨科 Angiopteridaceae	1：1

总计 68：118

在田头山的蕨类植物区系中，水龙骨科（Polypodiaceae）、金星蕨科（Thdypteridaceae）、凤尾蕨科（Pteridaceae）、鳞毛蕨科（Dryopteridaceae）、卷柏科（Selaginellaeeae）、蹄盖蕨科（Athyriaceae）、铁角蕨科（Aspleniaceae）、鳞始蕨（Lindsaeaceae）8个大科占据主导地位，占蕨类总属和总种的39.71%和55.08%，优势地位明显。除鳞毛蕨科为热带—温带分布的科外，其余的科都以热带、亚热带分布为主，如卷柏科和凤尾蕨科为典型的热带性分布的科。属于真蕨类（ferns）中较原始的科有莲座蕨科（Angiopteridaceae）的福建莲座蕨（*Angiopteris fokiensis*）和瘤足蕨科（Plagiogyriaceae）的华南瘤足蕨（*Plagiogryia tenuifolia*）。此外，孑遗的木本蕨类桫椤科（Cyatheaceae）在田头山也拥有两个代表种——桫椤（*Alsophila spinulosa*）和黑桫椤（*Gymnosphaera podophylla*），前者零散分布于田头山的沟谷之中，数量较少，黑桫椤则大面积分布于田头山低海拔的沟谷中，有较多大型植株，种群更新良好，具有众多小苗，两者均为国家Ⅱ级重点保护野生植物，易危种，需对其加强保护。

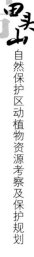

田头山的植被主要为南亚热带常绿灌丛及南亚热带常绿阔叶林。蕨类植物在公园的植被中起着重要的作用，常成为先锋种保持水土，改良土壤环境，从而利于其他植物的生长或构成林下草本层的主体。因此蕨类植物作为先锋种在田头山的植被中有着重要的作用。如铁芒萁（*Dicranopteris linsaris*）、藤石松（*Lycopodiastrum casuarinoides*）等丛生型阳性蕨通常是光裸地、火烧地、新垦地和水土流失之地的阳性先锋植物，它们具有长而横走的根状茎，生长力强，能不断地向前延伸与分枝，迅速长出新叶，形成密闭的植丛覆盖地表，从而保存土壤水分。

在次生人工林中，常见有铁芒萁、乌毛蕨（*Blechnum orientale*）、三叉蕨 *Tectaria subtriphylla*）、蜈蚣草（*Pteris vittata*）、华南毛蕨（*Cyclosorus parasiticus*）、乌蕨（*Stenoloma chusanum*）等，在灌丛、草地、林缘和路旁的向阳处常见有藤石松（*Lycopodiastrum casuarinoides*）、芒萁（*Dicranopteris pedata*）、海金沙（*Lygodium japonicum*）、蜈蚣草、团叶鳞始蕨（*Lindsaea orbiculata*）、乌毛蕨（*Blechnum orientale*）、蕨（*Pteridium aquilinum* var. *latiusculum*）、铁线蕨（*Adianthum caudatum*）等阳生性蕨；在较为阴湿处则主要有深绿卷柏（*Selaginella doederleinii*）、翠云草（*Selaginella uncinata*）、华南紫萁（*Osmunda vachellii*）、节节草（*Hippochaete ramosissimum*）、井栏边草 *Pteris multifida* 等耐阴性蕨类。同时，在林中还有海金沙、抱石莲（*Lepidogrammitis drymoglossoides*）等附生蕨类攀附生长于树干或枝条的表面。在水分充足、土壤有机质丰富的沟谷等地段，蕨类的生态类型和种类的丰富程度大大提高，例如，一些水沟附近，草本层蕨类植物比较密集，既有藤本的海金沙缠绕在乔木和灌木上，也有其他多种附生蕨类生长在乔木的树干上和岩石的缝隙处，显示出明显的多样性。

田头山的118种蕨类大多数为资源蕨类，主要可分为以下几类：

（1）观赏蕨类植物。园艺上，蕨类植物以其独特的体形、叶形、叶脉、脉序以及诱人的色彩而备受人们青睐。近年来，花卉市场上蕨类植物的比例越来越大，如在日本、欧美等国家和地区，盆栽观赏蕨类的年销售量已超过8000万盆，在其庭院和公园随处可见，而作为插花切叶植物的应用更为广泛。田头山的观赏蕨类植物主要有灯笼草（*Palhinhaea cernua*）、翠云草（*Selaginella uncinata*）、海金沙（*Lygodium* spp.）、半边旗（*Pteris semipinnata*）、金毛狗（*Cibotium barometz*）及铁线蕨（*Adianthum caudatum*）等。

（2）药用蕨类植物。作为传统的中医药源，蕨类植物自古以来就受到人们的高度重视。田头山的蕨类植物大多数均可入药，比较重要的有灯笼草、翠云草、小叶海金沙（*Lygodium scandens*）、乌蕨、蜈蚣草、抱石莲及瓦韦（*Lepisorus thunbergianus*）等。

（3）食用蕨类植物。田头山的食用蕨类植物大体上可分为两类，一类是可作野生蔬菜的主要有蕨、乌毛蕨、紫萁（*Osmunda japonica*）等，其嫩叶加工后统称"蕨菜"；另一类可从根状茎提取食用淀粉或者用来制酒的有金毛狗（*Cibotium barometz*）、狗脊蕨（*Woodwardia japonica*）等。

3.2.3 种子植物区系的特点

3.2.3.1 区系组成的优势科

根据调查统计，田头山自然保护区共有野生种子植物（包括归化种和逸生种）155科631属1171种，其中裸子植物4科4属5种，被子植物151科627属1166种。各类群的科属种组成按种数多少排列，如表3-24所示。

表3-24　深圳田头山自然保护区野生种子植物科大小组成

裸子植物 Gymnospermae			
买麻藤科 Gnetaceae	1（属）：2（种）	罗汉松科 Podocarpaceae	1：1
松科 Pinaceae	1：1	红豆杉科 Taxaceae	1：1

被子植物 Angiospermae			
禾本科 Gramineae	57（属）：95（种）	紫草科 Boraginaceae	2：3
蝶形花科 Papilionaceae	31：67	谷精草科 Eriocaulaceae	1：3
菊科 Compositae	38：60	藤黄科 Guttiferae	2：3
茜草科 Rubiaceae	26：51	白花菜科 Capparidaceae	3：3
大戟科 Euphorbiaceae	24：51	景天科 Crassulaceae	2：3
莎草科 Cyperaceae	14：46	天料木科 Samydaceae	2：3
樟科 Lauraceae	8：33	秋海棠科 Begoniaceae	1：3
桑科 Moraceae	5：26	半边莲科 Lobeliaceae	2：3
蔷薇科 Rosaceae	9：22	伞形花科 Umbelliferae	3：3
山茶科 Theaceae	8：22	紫茉莉科 Nyctaginaceae	3：3
壳斗科 Fagaceae	3：21	槭树科 Aceraceae	1：3
兰科 Orchidaceae	17：20	木通科 Lardizabalaceae	1：3
马鞭草科 Verbenaceae	7：20	三白草科 Saururaceae	2：2
旋花科 Convolvulaceae	11：18	千屈菜科 Lythraceae	2：2
玄参科 Scrophulariaceae	7：15	茅膏菜科 Droseraceae	1：2
桃金娘科 Myrtaceae	6：15	交让木科 Daphniphyllaceae	1：2
唇形科 Labiatae	13：15	山龙眼科 Proteaceae	1：2
山矾科 Symplocaceae	1：15	酢浆草科 Oxalidaceae	1：2
紫金牛科 Myrsinaceae	4：14	山茱萸科 Cornaceae	2：2
冬青科 Aquifoliaceae	1：13	山榄科 Sapotaceae	2：2
爵床科 Acanthaceae	13：13	牛栓藤科 Connaraceae	1：2
锦葵科 Malvaceae	7：13	藜科 Chenopodiaceae	2：2
芸香科 Rutaceae	10：13	五味子科 Schisandraceae	1：2
蓼科 Polygonaceae	2：13	苦木科 Simaroubaceae	2：2
夹竹桃科 Apocynaceae	9：12	橄榄科 Burseraceae	1：2
野牡丹科 Melastomataceae	5：11	蛇菰科 Balanophoraceae	1：2
天南星科 Araceae	8：11	马兜铃科 Aristolochiaceae	1：2
含羞草科 Mimosaceae	7：11	八角枫科 Alangiaceae	1：2
苋科 Amaranthaceae	5：11	金粟兰科 Chloranthaceae	2：2
茄科 Solanaceae	5：10	金丝桃科 Hypericaceae	2：2

自然保护区动植物资源考察及保护规划

被子植物 Angiospermae			
荨麻科 Urticaceae	9：10	狸藻科 Lentibulariaceae	1：2
番荔枝科 Annonaceae	5：9	灯心草科 Juncaceae	1：2
杜鹃花科 Ericaceae	4：9	胡桃科 Juglandaceae	1：2
鼠李科 Rhamnaceae	4：9	仙茅科 Hypoxidaceae	1：2
苏木科 Caesalpiniaceae	3：9	白花丹科 Plumbaginaceae	2：2
百合科 Liliaceae	8：9	小二仙草科 Haloragidaceae	1：2
忍冬科 Caprifoliaceae	3：8	杠柳科 Periplocaceae	2：2
五加科 Araliaceae	5：8	木兰科 Magnoliaceae	2：2
姜科 Zingiberaceae	2：8	商陆科 Phytolaccaceae	1：1
葡萄科 Vitaceae	5：8	浮萍科 Lemnaceae	1：1
防己科 Menispermaceae	6：7	木棉科 Bombacaceae	1：1
胡椒科 Piperaceae	2：7	五列木科 Pentaphylacaceae	1：1
桑寄生科 Loranthaceae	6：7	猕猴桃科 Actinidiaceae	1：1
榆科 Ulmaceae	3：7	铁青树科 Olacaceae	1：1
萝藦科 Asclepiadaceae	7：7	杨梅科 Myricaceae	1：1
梧桐科 Sterculiaceae	6：7	凤仙花科 Balsaminaceae	1：1
卫矛科 Celastraceae	3：7	列当科 Orobanchaceae	1：1
鸭跖草科 Commelinaceae	4：7	花柱草科 Stylidiaceae	1：1
清风藤科 Sabiaceae	2：7	延龄草科 Trilliaceae	1：1
木犀科 Oleaceae	5：7	海桐花科 Pittosporaceae	1：1
苦苣苔科 Gesneriaceae	6：7	越橘科 Vacciniaceae	1：1
金缕梅科 Hamamelidaceae	5：6	桔梗科 Campanulaceae	1：1
石竹科 Caryophyllaceae	5：6	绣球科 Hydrangeaceae	1：1
毛茛科 Ranunculaceae	3：6	马齿苋科 Portulacaceae	1：1
远志科 Polygalaceae	4：6	大血藤科 Sargentodoxaceae	1：1
安息香科 Styracaceae	3：6		
薯蓣科 Dioscoreaceae	1：6	黄杨科 Buxaceae	1：1
马钱科 Loganiaceae	4：5	水东哥科 Saurauiaceae	1：1
柿科 Ebenaceae	1：5	翅子藤科 Hippocrateaceae	1：1
瑞香科 Thymelaeaceae	3：5	山柑科 Opiliaceae	1：1
菝葜科 Smilacaceae	2：5	芭蕉科 Musaceae	1：1
杜英科 Elaeocarpaceae	2：4	竹芋科 Marantaceae	1：1
堇菜科 Violaceae	1：4	青藤科 Illigeraceae	1：1

被子植物 Angiospermae				
漆树科 Anacardiaceae	4：4	五桠果科 Dilleniaceae	1：1
椴树科 Tiliaceae	4：4	茶茱萸科 Icacinaceae	1：1
省沽油科 Staphyleaceae	2：4	使君子科 Combretaceae	1：1
十字花科 Cruciferae	3：4	西番莲科 Passifloraceae	1：1
葫芦科 Cucurbitaceae	3：4	龙胆科 Gentianaceae	1：1
无患子科 Sapindaceae	3：4	田葱科 Philydraceae	1：1
胡颓子科 Elaeagnaceae	1：4	鼠刺科 Escalloniaceeae	1：1
柳叶菜科 Onagraceae	1：4	粟米草科 Molluginaceae	1：1
大风子科 Flacourtiaceae	2：4	车前科 Plantaginaceae	1：1
楝科 Meliaceae	4：4	雨久花科 Pontederiaceae	1：1
棕榈科 Palmae	2：4	八角科 Illiciaceae	1：1
露兜树科 Pandanaceae	1：4		

按照科的组成大小可以将田头山的植物分为五级（表3-25），其中单种科占25.8%，寡种科（2～5种）占37.4%，但是单种科和寡种科的种数只占18.7%，而科内属种繁多的科（6种以上）只占总科数的18.6%，却分别占总属和总种数的56.4%和63.7%。上述数据说明田头山地区的优势科现象非常明显。

表3-25　田头山野生维管植物区系种的分级统计

类别	单种科 （0～1）	寡种科 （2～5）	中等科 （6～10）	较大科 （11～30）	大科 （≥30）
裸子植物 Gymnospermae	3（3:3）	1（1:2）			
被子植物 Angiospermae	37（37：37）	57（106：166）	29（129：218）	22（158：344）	7（198：403）
合计 Total	40（40：40）	58（107：168）	29（129：218）	22（158：344）	7（198：403）
占科属种 的比例 /%	25.8 （6.3：3.4）	37.4 （17.0：14.3）	18.7 （20.4：18.6）	14.1 （25.0：29.3）	4.5 （31.4 :34.4）

从数据中可以看出，田头山自然保护区的大部分植物种类分布在少数科内，优势种类趋于集中和明显。如表3-24所示，种数排在前3位的科有禾本科（Gramineae）（95种）、蝶形花科（Papilionaceae）（67种）、菊科（Compositae）（60种）这三个科主要是草本，并且莎草科（Cyperaceae）也有46种。大戟科（Euphorbiaceae）（51种）、樟科（Lauraceae）（33种）、桑科（Moraceae）（26种）、山茶科（Theaceae）（22种）、蔷薇科（Rosaceae）（22种）、壳斗科（Fagaceae）（21种）为乔木优势科。这些优势科构成了田头山植被的主体。它们往往是森林植被中的建群种和优势种，如山茶科米碎花（*Eurya chinensis*）、大头茶（*Gordonia axillaris*），大戟科的山乌桕（*Sapium discolor*）、银柴（*Aporosa dioica*）、香港算盘子（*Glochidion zeylanicum*）、樟科豺皮樟（*Litsea rotundifolia*）、浙江润楠（*Machilus chekiangensis*）、潺槁（*Litsea glutinosa*），茜草科（Rubiaceae）的栀子（*Gardenia jasminoides*）、九节（*Psychotria rubra*），冬青科的梅

叶冬青（*Ilex asprella*）、毛冬青（*Ilex pubescens*）等；或是灌木林的主要组成部分，如桃金娘科的桃金娘（*Rhodomyrtus tomentosa*），野牡丹科（Melastomataceae）的野牡丹（*Melastoma candidum*）等。而热带性的种类如山龙眼科（Proteaceae）的小果山龙眼（*Helicia cochinchinensis*）、瑞香科（Thymelaeaceae）的土沉香（*Aquilaria sinensis*）、五桠果科（Dilleniaceae）的锡叶藤（*Tetracera asiatica*）及桑科的榕属植物（*Ficus* spp.），在田头山中也有出现，反映了本区的植物区系由南亚热带向热带过渡的性质。

此外，在低地和低山常绿阔叶林中，还具有丰富的层间藤本，如秤钩风（*Diploclisia affinis*）、粉防己（*Stephania tetrandra*、多花勾儿茶（*Berchemia floribunda*）、菝葜、白背酸藤子、小叶红叶藤（*Rourea microphylla*）、牛栓藤（*Rourea roxburghiana*、酸藤子（*Embelia laeta*）、山鸡血藤、光鸡血藤、亮叶猴耳环、山银花、白花油麻藤等。此外，附生植物也较丰富，如石柑子（*Pothos chinensis*）、阴石蕨（*Humata repens*）、巢蕨（*Neottopteris nidus*）、山蒟（*Piper hancei*）等。这些具有热带沟谷雨林表征性大藤本及附生植物的大量出现，也反映了田头山植物区系由南亚热带向热带过渡的趋势。

3.2.3.2 植物区系的表征科

将种类在10种以上的优势科按照其在世界植物区系中所占的百分比进行列表比较（表3-26），排名在前的科在一定程度上能反映该植物区系的地方特征，可视为该植物区系的表征科。

表3-26 田头山植物区系10种以上科在世界植物区系中的比例统计

科	田头山种数/世界种数	占世界区系比例/%
山矾科 Symplocaceae	15/250	6.00
山茶科 Theaceae	22/610	3.61
冬青科 Aquifoliaceae	13/420	3.10
壳斗科 Fagaceae	21/700	3.00
桑科 Moraceae	26/1100	2.36
马鞭草科 Verbenaceae	20/950	2.11
苋科 Amaranthaceae	11/750	1.47
旋花科 Convolvulaceae	18/1600	1.25
蓼科 Polygonaceae	13/1100	1.18
樟科 Lauraceae	33/2850	1.16
紫金牛科 Myrsinaceae	14/1225	1.14
禾本科 Gramineae	103/9500	1.08
莎草科 Cyperaceae	46/4350	1.05
蔷薇科 Rosaceae	22/2825	0.78
芸香科 Rutaceae	13/1800	0.72
锦葵科 Malvaceae	13/1800	0.72
夹竹桃科 Apocynaceae	12/1850	0.65
大戟科 Euphorbiaceae	51/8100	0.63
蝶形花科 Papilionaceae	67/12150	0.55

科	田头山种数/世界种数	占世界区系比例/%
茜草科 Rubiaceae	51/10200	0.50
天南星科 Araceae	11/2550	0.43
爵床科 Acanthaceae	13/3450	0.38
含羞草科 Mimosaceae	11/2950	0.37
茄科 Solanaceae	10/2950	0.34
桃金娘科 Myrtaceae	15/4620	0.32
玄参科 Scrophulariaceae	15/5100	0.29
菊科 Compositae	60/22750	0.27
唇形科 Labiatae	15/6700	0.22
野牡丹科 Melastomataceae	11/4950	0.22
荨麻科 Urticaceae	10/550	1.82
兰科 Orchidaceae	20/18500	0.10

统计结果显示，山矾科（Symplocaceae）、山茶科（Theaceae）、冬青科（Aquifoliaceae）、壳斗科（Fagaceae）、桑科（Moraceae）、马鞭草科（Verbenaceae）、苋科（Amaranthaceae）、旋花科（Convolvulaceae）、紫金牛科（Myrsinaceae）、樟科等在世界植物区系里占有较大的比重，可以看作是田头山植物区系的表征科。除苋科外，其他科均为热带、亚热带分布的科，它们不但是构成田头山南亚热带常绿阔叶林的重要成分，而且反映了该地植物区系的性质。山矾科、山茶科、壳斗科、冬青科及樟科等均为华夏植物区系的表征科，它们在田头山区系中占有重要的地位，说明田头山植物区系是华夏植物区系的重要组成部分。

3.2.3.3 种子植物区系地理成分

1）种子植物的组成

田头山自然保护区的野生裸子植物种类较少，只有4科4属5种，如买麻藤科（Gnetaceae）的罗浮买麻藤（*Gnetum lofuense*）、小叶买麻藤（*Gnetum parvifolium*）为南亚热带常绿阔叶林子遗的特征种。而松科（Pinaceae 的马尾松（*Pinus massoniana*）喜光、喜温，多分布于山地及丘陵坡地的下部、坡麓及沟谷，对土壤要求不严，能耐干燥瘠薄的土壤，喜酸性至微酸性土壤，而在土层深厚、肥沃、湿润的丘陵山地生长迅速，适应性强，造林容易，是广东省重要的先锋造林树种和主要用材林树种。红豆杉科（Taxaceae）的穗花杉（*Amentotaxus argotaenia*）为我国特有树种，分布在田头山海拔300米以上地带的荫湿溪谷两旁或林内，群落中个体稀少，属偶见种；它的树形秀丽，种子成熟时假种皮呈红色，很美观，是优美的庭园观赏树种，木材材质细密，可供雕刻、器具及细木加工。罗汉松科（Podocarpaceae）的百日青（*Podocarpus neriifolius*）为稀有植物，生长在田头山海拔400米以上的山地阔叶林中，只是数量稀少；木材可做家具、乐器、文具及雕刻，也可做庭园观赏树种。

另外，田头山自然保护区的野生被子植物丰富，有151科627属1166种，其中，禾本科、蝶形花科、菊科、茜草科、大戟科、莎草科、樟科、桑科、蔷薇科、山茶科、壳斗科、兰科、马鞭草科等科种类丰富，占的比例较大。

2）种子植物属的区系地理成分分析

如表3-27所示，为田头山植物区系地理成分的分布区类型组成，其特点简述如下。

表3-27　深圳田头山自然保护区种子植物属的分布区类型*

分布区类型 Areal-types	属数 No. of genera	占属总数的百分比/% （Percent occupied total of genera）
1 世界分布	47	扣除
2 泛热带分布	187	32.02
3 热带亚洲及热带美洲间断分布	26	4.45
4 旧世界热带分布	62	10.62
5 热带亚洲至热带大洋洲分布	78	13.36
6 热带亚洲至热带非洲分布	24	4.11
7 热带亚洲分布	97	16.61
8 北温带分布	36	6.16
9 东亚及北美间断分布	19	3.25
10 旧世界温带分布	12	2.05
10-1 地中海区至西亚（或中亚）和东亚间断分布	1	0.17
11 温带亚洲分布	1	0.17
12-3 地中海区至温带—热带亚洲、大洋洲和北美南部至南美洲间断分布	2	0.34
14 东亚分布	24	4.11
14-2 喜马拉雅—日本分布	10	1.71
15 中国特有分布	5	0.86
总计	631	100.00

*　本表仅包括田头山自然保护区野生（Native）种子植物总属数，不包含归化种和逸生种。

世界广布属有47属。主要为苔草属（Carex）、莎草属（Cyperus）、蓼属（Polygonum）、悬钩子属（Rubus），其中苔草属主产区为我国，蓼属主要分布于北温带。

泛热带分布属数量最多，达187属，占田头山非世界属总数的32.02%，表明田头山地区受热带区系的强烈影响。其中榕属、冬青属、山矾属的数量最多，其他泛热带分布的属还有紫金牛属Ardisia、马兜铃属（Aristolochia）、紫珠属（Callicarpa）、大青属（Clerodendrum）等。

旧世界热带分布属较多，有62属，占田头山非世界属总数的10.62%，主要包括山姜属（Alpinia）、酸藤子属（Embelia）、野桐属（Mallotus）、鸡血藤属（Millettia）、蒲桃属（Syzygium）等。其中尤以山姜属、鸡血藤属和蒲桃属的种类最为丰富，山姜属在田头山地区为林下常见种类，也是构成草本层的主要成分之一。

热带亚洲至热带大洋洲分布属有78属，占田头山非世界属总数的13.36%，主要有樟属（Cinnamomum）、野牡丹属（Melastoma）、银背藤属（Argyreia）、黑面神属（Breynia）、野扁豆属（Dunbaria）等。

热带亚洲至热带非洲分布属有24属，占田头山自然保护区非世界属总数的4.11%。热带亚洲（即热带东南亚至印度、马来西亚，及热带南和西太平洋诸岛）有97属，占非世界属总数的16.61%。

东亚和北美间断分布属有19属，占非世界属总数的3.25%。此类型间断分布于东亚和北美温带及亚热带地区，是目前生物地理学的研究热点，对探讨被子植物起源及演化有重要的意义。主要有鼠刺属（*Itea*）、八角属（*Illicium*）、菖蒲属（*Acorus*）、楤木属（*Aralia*）、大头茶属（*Gordonia*）、枫香树属（*Liquidambar*）、勾儿茶属（*Berchemia*）；胡蔓藤属（*Gelsemium*）、胡枝子属（*Lespedeza*）、栲属（*Castanopsis*）、络石属（*Trachelospermum*）、木犀属（*Osmanthus*）、漆树属（*Toxicodencron*）、山胡椒属（*Lindera*）、山绿豆属（*Desmodium*）、蛇葡萄属（*Ampelopsis*）、石楠属（*Photinia*）、万寿竹属（*Disporum*）等。

东亚分布属（包括喜马拉雅—日本）共34属，占田头山非世界属总数的5.82%。在田头山地区主要有木姜子属（*Litsea*）和柃属（*Eurya*），其种类较多，其他还有金叶树属（*Chrysophyllum*）、山芝麻属（*Helicteres*）、赛葵属（*Malvastrum*）、泡花树属（*Meliosma*）、猴欢喜属（*Sloanea*）、山香圆属（*Turpinia*）等。

中国特有分布属是指分布区主要限于中国境内的类型，以西南、华南至华中为中心，向东北、东部或西北方向辐射并逐渐减少，主要分布于秦岭至山东以南的亚热带和热带地区，个别可突破国境分布到邻近的缅甸、中南半岛北部。在田头山地区分布有5个属，分别为石笔木属（*Tutcheria*）、箬竹属（*Indocalamus*）、大血藤属（*Sargentodoxa*）、棱果木属（*Barthea*）和马铃苣苔属（*Oreocharis*）。

从以上数据可以看出，田头山自然保护区种子植物区系的组成以热带、亚热带分布的科属为主，热带属占非世界分布属的81.17%，具有较强的热带性；同时温带属在区系中也占有一定的比例，占18.83%，可见田头山自然保护区的植物区系也受到了温带成分的渗透。

田头山自然保护区植物区系保存了一定数量的古老或在系统进化上具有重要地位的科属，如木兰科等。木兰科是亚热带常绿阔叶林的特征科和代表科，在田头山地区木兰科植物只有2属2种，其中木莲属的木莲（*Manglietia fordiana*）为第三纪残遗种。金缕梅科也是较古老的科，我国共有金缕梅科17属76种，而在田头山地区就有金缕梅科5属6种，其中红花荷属（*Rhodoleia*）为该科的原始属之一。同时，田头山地区还具有5个中国特有属，相对其表现面积而言较为丰富。这些古老的科和中国特有属的存在显示了田头山植物区系具有原始性和特有性。

3.2.3.4 栽培植物

田头山自然保护区的栽培植物有56科134属166种，主要隶属于桃金娘科（Myrtaceae）、天南星科（Araceae）、蔷薇科（Rosaceae）、蝶形花科（Papilionaceae）、夹竹桃科（Apocynaceae）、菊科（Compositae）和棕榈科（Palmae）。其中以桃金娘科的大叶桉（*Eucalyptus robusta*）、柠檬桉（*Eucalyptus citriodora*），含羞草科的大叶相思（*Acacia auriculiformis*）、台湾相思（*Acacia confusa*）、马占相思（*Acacia mangium*），无患子科（Sapindaceae）的荔枝（*Litchi chinensis*），芭蕉科的香蕉（*Musa acuminata*）、芭蕉（*Musa basjoo*）和棕榈科的蒲葵（*Livistona chinensis*）、大王椰子（*Roystonea regia*）等几种植物在田头山地区的分布较广。观赏植物方面主要是天南星科（Araceae），如合果芋（*Syngonium podophyllum*）、花叶万年青（*Dieffenbachia sequine*）等和蔷薇科（Rosaceae）的月季（*Rosa chinensis*）等。经济树种主要是种植的果园，即无患子科的荔枝，也是田头山地区人工种植面积最广的经济树种。

3.2.4 小结

田头山自然保护区地处大鹏半岛北端与排牙山毗邻，处于亚洲热带北缘与南亚热带的过渡地带，属于南亚热带海洋性季风气候，反映在植被的性质上，以山矾科、山茶科、壳斗科、冬青科、桑科、马鞭

草科等热带分布的科为优势科和表征科，涉及热带成分的属占非世界分布属的81.17%。无论是组成成分和分布，还是群落的各种特征，都表现出较强的热带性，属于华夏植物区系的组成部分。由于田头山地处热带—亚热带的过渡地区，具有一定的温带成分。表现在植被上，其代表植被类型——南亚热带常绿阔叶林的组成种类、群落外貌和结构特点等特征，均表现出从热带到亚热带过渡的特点。

3.3 珍稀濒危植物

近年来，随着工农业迅猛发展以及人口的剧增，生态系统正在急剧变化，这直接导致生物多样性的加速减少，且其速度趋于加快，越来越多物种趋于灭绝的状况。针对此种情况，对于珍稀濒危植物方面的研究趋于热门。一般定义，珍稀濒危植物是指与人类关系密切、具有重要用途、数量十分稀少或极容易因对其的直接利用和生态环境变化而处于受严重威胁状况的植物，也包括具有重要科研价值的特种。因此，开展珍稀濒危植物的保护、生态保育研究对人类具有重要的战略意义。

田头山自然保护区位于深圳市坪山新区坪山街道，最高峰田心山海拔683 m。其东面相邻惠阳区淡水镇，南面为罗屋田水库。在气候方面，田头山属于南亚热带季风气候，四季温和，雨量充足，日照时间长。夏季受东南季风的影响，高温多雨；冬季受东北季风以及北方寒流的影响，干旱稍冷。全年平均温度为22.4℃，最高温度在7月，平均温度28℃以上；最低温度在1月，平均温度约12℃。其平均降雨量为1933 mm。这种气候条件十分适宜热带、亚热带植物的生长，从而使得田头山自然保护区分布有大面积的次生林和较多珍稀濒危植物，如大黑桫椤、苏铁蕨、金毛狗、土沉香、白桂木等，大都是古老的具有热带属性的植物，其中部分为中国特有种。

3.3.1 珍稀濒危植物选择的标准

从2007年1月到2008年3月，我们对田头山地区的国家珍稀濒危植物、重点保护野生植物进行了较为全面的考察，结果表明田头山共有各类珍稀濒危保护植物共45种，隶属于21科43属（表3-28）。参考标准如下：

（1）根据《国家重点保护野生植物名录（第一批）》（1999），确定国家重点保护野生植物。

（2）参考《广东珍稀濒危植物图谱》（1988）和《广东珍稀濒危植物》（2003）专著中收录的珍稀濒危植物。

（3）参考《中国植物红皮书——稀有濒危植物》（第一册）专著中收录的珍稀濒危植物。

（4）根据IUCN濒危等级标准（3.1版）评估为受威胁的珍稀濒危植物。也包括参考《中国物种红色名录》（第一卷）（2004）进行评估，依据极危（CR）、濒危（EN）及易危（VU）的标准，收集、评估田头山地区的野生种。在本体系中，对灭绝、野外灭绝、地区灭绝以及数据缺乏、不宜评估、未予评估均未作评价。仅对"极危、濒危、易危"进行评价。无危的，亦无需评价。

3.3.2 珍稀濒危植物的种类组成

3.3.2.1 国家重点保护野生植物及省级保护植物

田头山地区有国家重点保护野生植物7种，均为Ⅱ级重点保护，分别为：蚌壳蕨科的金毛狗（*Gbotium barometz*）、乌毛蕨科的苏铁蕨（*Brainea insiginis*）、水蕨科的水蕨（*Ceratopteris thalictroides*）、桫椤科的桫椤（*Alsophila spinulosa*）和黑桫椤（*Gymnosphaera podophylla*）、樟科的樟树（*Cinnamomum* camphora)、瑞香科的土沉香（*Aquilaria sinensis*）。

省级保护植物1种，即茜草科的乌檀（*Nauclea officinalis*）。

3.3.2.2 濒危等级的统计

根据IUCN濒危等级标准（3.1版）进行评估和统计，田头山地区共有各类珍稀濒危植物45种，隶属于21科43属，其中，极危种（CR）1种，濒危种（EN）7种，易危种（VU）37种。这些珍稀濒危植物往往是起源古老或为特有种，或具有良好的经济开发价值等特点，部分植物在田头山还形成了优势群落，且长势良好。

其中，极危（Critically Endangered，CR）种有1种，为紫萁科的粤紫萁（*Osmunda mildei*）。

濒危种（Endangered，EN）植物有7种，分别为瘤足蕨科的华南瘤足蕨（*Plagiogyria tenuifolia*）、壳斗科的栎叶柯（*Lithocarpus quercifolius*），豆科的香港油麻藤（*Mucuna championii*）、华南马鞍树（*Maackia australis*，冬青科的纤花冬青（*Ilex graciliflora*），槭树科的海滨槭（*Acer sino-oblongum*），山茶科的大苞白山茶（*Camellia granthamiana*），兰科的美花石斛（*Dendrobium loddigesii*）。

易危种（Vulnerable，VU）植物有37种，它们是金毛狗、桫椤、黑桫椤、水蕨、苏铁蕨、穗花杉（*Amentotaxus argotaenia*）、罗浮买麻藤（*Gnetum lofuense*、吊皮锥（*Castanopsis kawakamii*）、白桂木（*Artocarpus hypargyraea*）、樟树、香港樫木（*Dysoxylum hongkongense*）、米仔兰（*Aglaia odorata*）、亮叶槭（*Acer lucidum*）、十蕊槭（*Acer laurinum*）、龙眼（*Dimocarpus longan*）、野茶树（*Camellia sinensis* var. *assamica*）、土沉香（*Aquilaria sinensis*）、广东木瓜红（*Rehderodendron kwangtungense*）、乌檀、毛茶（*Antirhea chinensis*）、芳香石豆兰（*Bulbophyllum ambrosium*）、见血青（*Liparis nervosa*）、鹤顶兰（*Phaius tankervilliae*）、建兰（*Cymbidium ensifolium*）以及其他16种兰科植物。

表3-28　深圳田头山地区的珍稀濒危植物

科名	种名	保护级别	濒危程度
紫萁科 Osmundaceae	粤紫萁 *Osmunda mildei* C. Chr.		CR
瘤足蕨科 Plagiogyriaceae	华南瘤足蕨 *Plagiogyria tenuifolia* Cop.		EN
蚌壳蕨科 Dicksoniaceae	金毛狗 *Cibotium barometz* L. J. Sm.	II	VU
桫椤科 Cyatheaceae	刺桫椤 *Alsophila spinulosa* Wall.	II	VU
桫椤科 Cyatheaceae	黑桫椤 *Gymnosphaera podophylla*（Copel.）Ching	II	VU
水蕨科 Parkeriaceae	水蕨 *Ceratopteris thalictroides* Brongn.	II	VU
乌毛蕨科 Blechnaceae	苏铁蕨 *Brainea insignis*（Hook.）J. Sm.	II	VU
红豆杉科 Taxaceae	穗花杉 *Amentotaxus argotaenia*（Hance）Pilger		VU
买麻藤科 Gnetaceae	罗浮买麻藤 *Gnetum lofuense* C. Y. Cheng		VU
樟科 Lauraceae	樟 *Cinnamomum camphora*（L.）Presl.	II	VU
瑞香科 Thymelaeaceae	土沉香 *Aquilaria sinensis*（Lour.）Gilg.	II	VU
山茶科 Theaceae	野茶树 *Camellia sinensis* var. *assamica*（Mast.）Kitam.		VU
山茶科 Theaceae	大苞白山茶 *Camellia granthamiana* Sealy		EN
豆科 Leguminosae	华南马鞍树 *Maackia australis*（Dunn）Takeda		EN

科名	种名	保护级别	濒危程度
豆科 Leguminosae	韧荚红豆 *Ormosia indurata* L. Chen		EN
豆科 Leguminosae	香港油麻藤 *Mucuna championii* Benth.		EN
壳斗科 Fagaceae	吊皮锥 *Castanopsis kawakamii* Hayata		VU
壳斗科 Fagaceae	栎叶柯 *Lithocarpus quercifolius* Huang et Y. T. Chang		EN
桑科 Moraceae	白桂木 *Artocarpus hypargyraea* Hance		VU
冬青科 Aquifoliaceae	纤花冬青 *Ilex graciliflora* Champ.		EN
楝科 Meliaceae	米仔兰 *Aglaia odorata* Lour.		VU
楝科 Meliaceae	香港樫木 *Dysoxylum hongkongense*（Tutch.）Merr.		VU
无患子科 Sapindaceae	龙眼 *Dimocarpus longan* Lour.		VU
槭树科 Aceraceae	亮叶槭 *Acer lucidum* Metc.		VU
槭树科 Aceraceae	十蕊槭 *Acer laurinum* Hassk.		VU
安息香科 Styracaceae	广东木瓜红 *Rehderodendron kwangtungense* Chun		VU
茜草科 Rubiaceae	巴戟天 *Morinda officinalis* How		VU
茜草科 Rubiaceae	乌檀 *Nauclea officinalis*（Pierre ex Pitard）Merr. et Chun	省级	VU
茜草科 Rubiaceae	钟萼粗叶木 *Lasianthus trichophlebus* Hemsl.		EN
茜草科 Rubiaceae	毛茶 *Antirhea chinensis*（Champ. ex Benth.）Forbes et Hemst.		VU
兰科 Orchidaceae	竹叶兰 *Arundina graminifolia*（D. Don）Hochr.		VU
兰科 Orchidaceae	芳香石豆兰 *Bulbophyllum ambrosium*（Hance）Schltr.		VU
兰科 Orchidaceae	广东隔距兰 *Cleisostoma simondii* var. *guangdongense* Z. H. Tsi		VU
兰科 Orchidaceae	钩距虾脊兰 *Calanthe graciliflora* Hayata		VU
兰科 Orchidaceae	建兰 *Cymbidium ensifolium*（L.）Swartz.		VU
兰科 Orchidaceae	春兰 *Cymbidium goeringii*（Rchb.f.）Rchb.f.		VU
兰科 Orchidaceae	墨兰 *Cymbidium sinense*（Andr.）Willd.		VU
兰科 Orchidaceae	美花石斛 *Dendrobium loddigesii* Rolfe		EN
兰科 Orchidaceae	白绵毛兰 *Eria lasiopetala*（Willd.）Ormerod		VU
兰科 Orchidaceae	见血青 *Liparis nervosa*（Thunb. ex Murray）Lindl.		VU
兰科 Orchidaceae	紫纹兜兰 *Paphiopedilum purpuratum*（Lindl.）Stein		EN
兰科 Orchidaceae	苞舌兰 *Spathoglottis pubescens* Lindl.		VU
兰科 Orchidaceae	鹤顶兰 *Phaius tankervilliae*（Banks ex L'Herit.）Bl.		VU
兰科 Orchidaceae	云叶兰 *Nephelaphyllum tenuiflorum* Bl.		VU
兰科 Orchidaceae	香港带唇兰 *Tainia hongkongensis* Rolfe		VU

注：表中Ⅱ表示国家Ⅱ级重点保护野生植物；CR表示极危；EN表示濒危；VU表示易危。

3.3.3 田头山珍稀濒危植物的生物地理学特点

3.3.3.1 保存有大量古老孑遗的种系

田头山地区的珍稀濒危植物中保存有许多古老、孑遗的种类。如蚌壳蕨科起源于古生代石炭纪，杪椤科植物在中生代初期就已经出现，起源于4亿年前的志留纪，幸存至今，是世界上最古老的活化石。裸子植物中的红豆杉科在侏罗纪就已经存在，第三纪得到延续和繁衍，穗花杉就是典型的第三纪残遗种。多心皮的木兰科植物通常被认为是被子植物中较原始古老的植物类群，田头山有濒危植物香港木兰（*Magnolia championii*）的分布。此外，桑科的白桂木也是古老的残遗种。

3.3.3.2 特有现象较为突出

田头山地区45种珍稀濒危植物中，有25种为中国特有种，占所有种数的一半以上，如华南瘤足蕨、穗花杉、罗浮买麻藤、栎叶柯、白桂木、长叶马兜铃、香港油麻藤、韧荚红豆及广东木瓜红等。尤其是华南马鞍树为广东特有种，分布区相当狭窄。

3.3.4 具有重要科研与经济价值

田头山地区的45种珍稀濒危植物其重要意义主要体现在如下四个方面。

（1）有不少是孑遗种和古老种，或是处于植物系统进化位置中的关键点。如蚌壳蕨科、杪椤科植物和红豆杉科植物，其古老的起源及相对稀少的数量，使得它们对于系统进化和区系学的研究具有重要的意义；而木兰科、山茶科、兰科也在系统学研究上也具有重要意义，其分别为系统进化中的起源类群之一、典型中间类群、进化极端类型。

（2）具有重要经济价值的种类，如穗花杉、吊皮锥、白桂木、樟等为优良的木材，巴戟天等为重要的药材，兰科植物很多种类为著名的观赏植物。

（3）重要作物的野生种群或有遗传价值的近缘种，如龙眼和野茶树。

（4）部分种虽没有经济价值，但分布区极为狭小，从保护生物多样性的意义上应加以保护的种类，如华南马鞍树。

3.3.5 重要珍稀濒危植物各论

3.3.5.1 苏铁蕨

苏铁蕨（*Brainea insiginis*）为乌毛蕨科植物，形似苏铁而得名，该种是古生代泥盆纪时代的孑遗植物，在系统学和区系学上具有重要的科研价值。苏铁蕨有直立而粗壮的主干，表面有排排叶痕并密生红棕色长形鳞片。在多年生老干及干基部，常长出不定芽，因而呈现出高低不同的丛生状。树高可达2 m以上，须根系，叶多数簇生于干的顶部。孢子囊沿网眼生长。嫩叶为绯红色，非常美丽，后渐变绿。苏铁蕨树形美观，观赏价值极高，把它作为园林观赏植物应用，效果极佳。苏铁蕨还有着重要的药用价值，民间常用它的茎入药，有清凉解毒、止血散瘀、抗菌收敛的作用，还可治烫伤、感冒和止血。苏铁蕨在我国分布于长江以南，如广东、广西、贵州、福建、云南、台湾地区，国外主要在印度至中南半岛、印度尼西亚等地。目前，广东省已在饶平县设立三门山苏铁蕨自然保护区，主要保护该地的苏铁蕨群落。

在田头山地区，苏铁蕨分布甚多，主要分布于海拔中低部的次生阔叶林中，一般较为零散，但是在部分地区能形成生长良好的群落，如田心村至田心山的次生阔叶林中，除了甚多零散分布的苏铁蕨，在小溪流经或低洼处水资源较丰富地带，会形成长势良好的群落，并沿小溪呈现带状分布。分布的林型在低海拔，以柯群落为主，在中海拔以短序润楠群落为主。

3.3.5.2 黑桫椤

黑桫椤（*Gymnosphaera podophylla*）是白垩纪时期遗留下来的树形蕨类植物，高可达1~3m。叶簇生，叶柄栗褐色至暗紫红色，基部有褐棕色、线状披针形鳞片；叶片长2~3m，二回羽状深裂；羽片多数，互生，有柄，长圆状披针形，长达60cm；小羽片约20对，互生，线状披针形，顶端尾状渐尖，基部截形，有短柄，边缘有疏钝锯齿或波状圆齿。叶脉羽状，小脉3~4对成1组。孢子囊群圆形，沿中脉两侧各排成2~3行，无囊群盖。

黑桫椤植物群落主要位于田头山的北部沟谷中，其他地区有少量的分布，偶尔形成一定面积的群落。对于沟谷中最大的黑桫椤群落，从重要值上看，该群落以假苹婆和山油柑为主，从垂直结构上看，林中乔木层基本分为两层，第一亚层主要包括水翁、毛叶嘉赐树等物种的大树，但数量较少，其多度和频度较小。第二亚层以假苹婆和山油柑居多，并有较多的物种存在，如鼠刺、鸭脚木、水团花、黄牛木、小叶胭脂、常绿荚蒾、谷木、粗毛野桐等。林下灌木和草本较多，蕨类丰富，特别是兰科和苦苣苔科植物，因靠近水边在样地及其周边较为丰富，如石仙桃、唇柱苣苔等的良好生长。林中藤本较多，有绿花崖豆藤、小叶海金沙等存在。

3.3.5.3 金毛狗

金毛狗（*Cibotium barometz*）为蚌壳蕨科金毛狗属的大型陆生蕨类，根状茎粗壮肥大，直立或横卧在土表生长，其上及叶柄基部都密被金黄色长茸毛，看上去就像一只玩具金毛狗，惹人喜爱。它的叶丛生，在比较适合其生长的自然环境中，叶长可达2m，阔卵状三角形，三回羽状分裂，叶近革质，上端绿色而富光泽，下端灰白色，孢子囊群盖两瓣，形如蚌壳。此植物分布于热带及亚热带地区，我国华东、华南及西南地区皆有分布。生长在山沟及溪边林下酸性土中，喜温暖和空气湿度较高的环境，畏严寒，忌烈日，对土壤要求不严，在肥沃排水良好的酸性土壤中生长良好。其根茎可入药，有补肝肾、利尿等功效。植株上金黄色的茸毛，是良好的止血药，中药名为狗脊。如伤口流血处，粘上金毛狗的茸毛，立刻就能止血。根状茎还可作工艺品，是著名的室内观赏蕨。因大量挖掘其根状茎入药或作工艺品，而遭受严重破坏，现已被列入国家Ⅱ级重点保护野生植物。

金毛狗在田头山地区甚常见，尤以在田头山北坡海拔400~580m的山地常绿阔叶林中分布最为密集，在草本层的盖度达95%以上，群落中的主要优势乔木为香花枇杷（*Eriobotrya fragrans*）、浙江润楠、鸭公树和绒楠等，伴生草本植物主要有华山姜、山菅、石韦（*Pyrrosia lingua*）和阴石蕨等。

3.3.5.4 土沉香

土沉香（*Aquilaria sinensis*）是我国特有而珍贵的药用植物，为国家Ⅱ级重点保护野生植物。属常绿乔木，分布于广东、海南、广西等地区海拔400m以下雨林或半常绿季雨林。为弱阳性树种，幼时尚耐阴，生长较慢，10年后生长加快。3~5月开花，果熟9~10月。枝叶青翠，花芳香，树姿优美，为极佳的观赏植物，可作行道树及庭院栽植。土沉香具有药用价值，也可以做香料的原料。然而，作为原料的普通土沉香木片售价并不高，盗伐获利甚少。但是一些发生特殊化学变化的土沉香形成的香脂，在市场上售价高昂，因此土沉香成已为被大量采伐的对象。

在田头山地区的低地和低山常绿阔叶林中，现存土沉香的大树很少，考察中更发现在田心村周边的低海拔柯林中，有被砍伐树桩的土沉香，树桩上已开始萌发新枝；而且当地山民为扩大荔枝、桉树等经济树种种植的面积，不断的砍伐山腰之下的原生植被，也严重威胁到土沉香及其他珍稀物种的生存。同时考察中也发现有少量土沉香的幼苗存在，长势尚好。希望能进一步对该种植物进行保护，特别应限制其交易。

3.3.5.5 樟树

樟树（*Cinnamomum camphora*）已有大量的栽培，但是为了防止种质退化，需要收集大量具有遗传多样性的种群进行繁殖和栽培，这就要求在野外要保护野生居群。

樟树在田头山地区的低海拔和中海拔常绿阔叶林中时有见到，还有部分巨大的植株长势良好，其胸围可达150 cm左右。但其未见形成群落，且林下甚少见其幼苗和小树，其种群的年龄结构可能呈现一定的衰退。

3.3.5.6 兰科植物

兰科植物（Orchidaceous plants）是被子植物的大科之一，全世界约有700属近20000种，广泛分布于除两极和极端干旱沙漠地区以外的各种陆地生态系统中，特别是在热带地区，兰科植物具有极高的多样性。我国兰科植物有171属1247种，与菊科、禾本科、豆科并列为国产被子植物四大科之一。

兰花具有重要的科研价值和经济价值，一方面，兰花是被子植物中最为进化的科之一，花的结构十分复杂，出现了雌雄合体的蕊柱和花粉块，高度特化的繁殖器官与适应于昆虫传粉的精巧结构，使生物学家们对其产生了浓厚兴趣。达尔文生前留下的若干巨著中，就包括一部有关兰花传粉的著作；另一方面，我国对兰花的栽培具有悠久的历史和意味，但近年来由于巨大的经济利益驱使，更是使野生兰科植物遭到破坏的主要原因。而一些大宗利用的兰科植物，如制药用的石斛，由于人工培育很难满足需要，便大量采挖野生资源。此外，森林过度采伐和土地开垦等使许多兰科植物分布区收缩并破碎化，破坏了其必要的生存环境。

兰花多为珍稀濒危植物，在受保护的濒危物种中占有很大比例。1973年由IUCN（自然保护联盟）建议各国政府联合制定的《野生动植物濒危物种国际贸易公约》(简称CITES)中，我国被列入重点保护的植物约1300种，而兰科则占了1200余种，达90%以上，是植物保护中的"旗舰"类群。鉴于兰花的重要性，不少国家和地区将本地区所有野生兰科植物置于法律保护范围。但在我国，兰花的破坏非常严重，除了生境的破坏和丧失以及人为过度采集原因外，我国尚未将野生兰科植物列入《国家重点保护野生植物名录》也是一个原因。兰科植物的保护在我国尚缺乏法律依据，这给实际保护和管理带来许多困难。

兰科在田头山虽然种类较多，但是数量很少，部分种类更是只见1～2株，广东隔距兰、见血青、竹叶兰、芳香石豆兰、石仙桃、香港带唇兰等均为常见种，数量稍多。而这些兰科植物分布区域多样化，生境有较大不同，如竹叶兰较多生长于山顶的大头茶—桃金娘灌丛中，而广东隔距兰和石仙桃等较多生长于水边的岩壁、老树皮上，见血青常见于较为湿润的平泥地上。

3.3.6 珍稀濒危植物受威胁的原因

普遍认为，导致物种濒危的主要原因包括自然和人为的因素，其中自然因素又包括自身的原因和受其他生物影响的原因；而人为因素又包括几以几点：①社会的快速发展尤其是城市化进程的加快。这些都导致物种的生境丧失，或至少其生境被割裂，产生片断化。②动植物资源的过度开发利用，无节制的开发利用自然资源，使物种多样性遭受破坏，直接导致物种减少并威胁其生存。③大气污染、土壤酸化、水资源的破坏等导致生态系统受损，如酸雨的产生、大气污染对植物的直接毒害作用等。④外来种的入侵，这会直接加剧环境压力，并对本地种产生强烈的竞争作用。⑤大尺度上的全球变化。如在全球范围内产生的温室效应，这种气温上升，会导致环境的变化并使得需要很长适应时间的植物受到威胁。

首先，在田头山低海拔地区受到人类活动的干扰较大，尤其是种植荔枝等果树时对山林的开垦，严重破坏了当地珍稀濒危植物的生境，使其生境呈现破碎化的趋势，威胁到它们的生存。这是田头山珍稀

濒危植物的生存受到威胁的主要原因。还有一些珍稀濒危植物具有药用、观赏、用材等价值，如土沉香、金毛狗等，所以多被过分砍伐或采挖，也是导致其濒危的原因之一。

其次，有些物种的分布区较为狭窄、分散、自身繁殖更新困难，等也是导致该物种濒危的原因之一。如香港马兜铃在田头山相当稀少，难以形成一个稳定的种群。

再次，自然灾害和地质变迁往往给物种带来毁灭性打击，即使幸存的稀有物种也只能呈孤立残遗分布，如古生代孑遗的桫椤科植物和第三纪孑遗植物穗花杉等。

3.3.7 珍稀濒危种的保育对策

（1）根据珍稀濒危植物资源的生存状况、分布特点，开展有效的"就地保护、迁地保育、离体保护"研究，建立实际可行的管理措施，抢救性地保护各种有保护价值的原生特有种及其原生地，建立种质资源基因库。

（2）在现有的基础上，继续加强对珍稀濒危植物的种群状况调查，可选取一些关键地区作为生物多样性的全面、准确考察，以期对濒危种建立预警机制。

（3）开展珍稀濒危植物的结构生物学、进化生物学研究，从生理生态、群体遗传、发育演化、生殖等方面深入探讨濒危物种的致濒机制。

（4）加大宣传力度，加强法制观念，提高人民群众对珍稀濒危物种的保护意识。

（5）封山育林，保护自然植被，促进自然生态系统的恢复，强化就地保护，对一些自然繁殖力很弱的种类，可进行迁地保护。由于田头山面积较小，加之周边村庄较多，人为干扰现象严重。如人们为了获得经济利益而大肆采伐某种植物资源，或者因栽种果树等经济活动导致对森林的砍伐。邻近村庄的山体在山腰以下，除一些风水林和水库保护区保存有较原始林外，大都曾经或已经被人为砍伐种果树或经济林。由于受到人为活动影响，导致一些物种的数量急剧减少，使这些植物赖以生存的天然生境遭受破坏，并收缩变窄。而一些植物与森林植被又有明显的依存关系，这样形成效应循环，加剧珍稀濒危植物的减少。故对这些植物的保护，根本在于禁止森林的砍伐，尽快停止毁林种果的行为，有关园林部门也应该采取相应措施，防止自然生境的破坏。

3.4 资源植物及其可持续利用

田头山自然保护区具有丰富的自然资源，特别是在植物方面。部分学者相信全球至少有8万种可食植物，而其中大米、大豆、小麦和粟米等30种植物便构成我们营养来源的90％。大米更是全球一半人口的主要食粮。一方面，大自然为我们提供不同的食用动植物，可惜人类并没有加以善用。现代农业趋向使用单一、高产和开发成熟的物种。另一方面，全球过半人口使用野生动植物研制的药物治疗疾病。以我国为例，入药的动植物物种超过10000种；在亚马逊河西北流域的人则采用2000多个物种入药。西方医药的情况也不相伯仲，美国约有四分之一的处方药物含有萃取自植物的活性成分。阿司匹林和其他多种合成药物最初的原料也是源自野生植物。此外，全球约一半人口依靠木材取暖、生火和煮食，这些木材大部分来自砍伐野外的树林。这些都说明了植物在人类的生活中扮演了重要的角色，而具体到田头山自然保护区，丰富多样的自然资源蕴含其中，更是有待我们人类进行开发。

3.4.1 资源植物的类型

田头山自然保护区植物资源非常丰富，按其用途可分为用材树种、药用植物资源、食用资源、淀粉植物资源、油脂植物资源、芳香植物资源、鞣料植物资源、纤维植物资源、观赏植物资源和饲料植物资源。

3.4.1.1 用材树种

本文以润楠属植物为例进行评价，该属隶属樟科，100余种，分布于东南亚或东亚，其中我国有68种，产于西南、中南部至台湾，北达山东、湖北、甘肃和陕西南部。本属多优良用材树种，可供建筑、贵重家具和细工用料。田头山有分布的如华润楠（*M. chinensis*），有一些种类的木材含有黏液，可作黏合剂，如田头山有分布的泡花润楠（*M. pauhoi*），该属的其他作用也很多。

本类资源植物，具有一定群落能进行开发利用的约有50种，例如，黄樟（*Cinnamomum parthenoxylon*）、黄果厚壳桂（*Cryptocarya concinna*）、浙江润楠（*Machilus chekiangensis*）、红楠（*Machilus thunbergii*）、绒毛润楠（*Machilus velutina*）、野漆（*Toxicodendron succedaneum*）、冬青（*Ilex chinensis*）、虎皮楠（*Daphniphyllum oldhamii*）、柿（*Diospyros kaki*）、重阳木（*Bischofia polycarpa*）、馒头果（*Cleistanthus tonkinensis*）、乌桕（*Sapium sebiferum*）、甜楮（*Castanopsis eyrei*）、水青冈（*Fagus longipetiolata*）、柯（*Lithocarpus glaber*）、樟（*Cinnamomum camphora*）、山鸡椒（*Litsea cubeba*）、石楠（*Photinia serrulata*）、黄檀（*Dalbergia hupeana*）、美丽胡枝子（*Lespedeza formosa*）等，可作家具、建筑、工艺、文具、农具、乐器、运动器械、军工、船舶、桥梁等用材。

3.4.12 药用植物资源

中国中医学博大精深，药用植物也极为丰富。此类资源植物总数最多，且药效成分各种各样，存在于植物体的各部分。

（1）发散表邪，治疗表症为主的药，又可分为发散风热和发散风寒两类。主要有野葛（*Pueraria lobata*）紫苏（*Perilla frutescens*）、苍耳（*Xanthium sibiricum*）、谷精草（*Eriocaulon buergerianum*）、黄花蒿（*Artemisia annua*）、矮蒿（*Artemisia feddei*）、牡蒿（*Artemisia japonica*）、水蜈蚣（*Kyllinga brevifolia*）等。

（2）清解里热，治疗里热症为主的药，按功效和主治症的差异，又可分为清热泻火、清热燥湿、清热凉血、清热解毒和清虚热药五类。这类药种类和数量在所有种类中占第一位。主要有爵床（*Rostellularia procumbens*）、山绿豆（*Phaseolus minimua*）、冬青、杏香兔儿风（*Ainsliaea fragrans*）、水蓑衣（*Hygrophila salicifolia*）、地稔（*Melastoma dodecandrum*）、夏枯草（*Prunella vulgaris*）、蒲公英（*Taraxacum mongolicum*）、鬼针草（*Bidens bipinnata*）、金挖耳（*Carpesium divaricatum*）、半边莲（*Lobelia chinensis*）、狼杷草（*Bidens tripartita*）、射干（*Belamcanda chinensis*）、淡竹叶（*Lophatherum gracile*）、下田菊（*Adenostemma lavenia*）、野菊（*Dendranthema indicum*）、泥胡菜（*Hemistepta lyrata*）、一年蓬（*Erigeron annuus*）、蒲儿根（*Senecio oldhamianus*）、千里光（*Senecio scandens*）、苣荬菜（*Sonchus brachyotus*）、南天竹（*Nandina domestica*）、金银花（*Lonicera japonica*）、藜（*Chenopodium album*）、水竹叶（*Murdannia triquetra*）、佛甲草（*Sedum lineare*）、垂盆草（*Sedum sarmentosum*）、毛棉杜鹃（*Rhododendron moulmainense*）、粗糠柴（*Mallotus philippensis*）、叶下珠（*Phyllanthus urinaria*）、油桐（花）（*Vernicia fordii*）等。

（3）能引起腹泻，或润滑大肠，促进排便的药。主要有蝴蝶花（*Iris japonica*）等。

（4）能祛除寒湿邪，治疗风湿痹症为主的药。主要有楤木（*Aralia chinensis*）、树参、马尾松（*Pinus massoniana*）、威灵仙（*Clematis chinensis*）、枫香、络石（*Trachelospermum jasminoides*）、豨莶（*Siegesbeckia orientalis*）、兔儿伞（*Syneilesis aconitiflia*）、苍耳、南蛇藤（*Celastrus orbiculatus*）、及己（*Chloranthus aerratus*）、谷精草、地锦（*Euphorbia humifusa*）、青灰叶下珠（*Phyllanthus*

glaucus）、油桐（根）等。

（5）气味芳香，性偏温燥，以化湿运脾为主要作用的药，主要有金钱蒲（Acorus gramineus）等。

（6）能通利水道，渗泄水湿，治疗水湿内停症为主的药，按药用的作用特点和临床应用的不同，又可分为利水消肿、利尿通淋和利湿退黄三类。主要有垂盆草、叶下珠、车前（Plantago asiatica）、牛筋草（Eleusine indica）、一点红（Emilia sonchifolia）、白鼓钉（Eupatorium lindleyanum）、琉璃草（Cynoglossum zeylanicum）、半边莲、鸭跖草（Commelina communis）、碎米莎草（Cyperus iria）、两歧飘拂草（Fimbristylis dichotoma）等。

（7）以温里祛寒，治疗里寒症为主的药。主要有野艾（Artemisia lavandulaefolia）、姜（干姜）（Zingiber officinale）等。

（8）以疏理气机为主要作用，治疗气滞或气逆症的药物。主要有乌药（Lindera aggregata）、香附子（Cyperus rotundus）、山姜（Alpinia japonica）、香丝草、黄鹌菜（Youngia japonica）、赤瓟（Thladiantha dubia）、柿等。

（9）以消化食积为主要作用，主治饮食积滞的药。主要有大叶三七（Panax pseudo-ginseng）、小叶三点金（Desmodium microphyllum）、鸡矢藤（Paederia scandens）、野茼蒿（Gynura crepidioides）等。

（10）以驱除或杀灭人体内寄生虫，治疗虫症为主的药，有龙芽草（芽）（Agrimonia pilosa）、油桐等。

（11）以制止体内外出血，治疗各种出血症为主的药，主要有柏木、檵木（Loropetalum chinense）、棕榈（Trachycarpus fortunei）、龙芽草、茜草（Rubia cordifolia）等。

（12）以通利血脉，促进血行，消散淤血为主要功效，用于治疗淤血病症的药。主要有益母草（Leonurus artemisia）、接骨草（Sambucus chinensis）、泽兰（Eupatorium japonicum）、山莴苣（Lactuca indica）、凤仙花（Impatiens balsamina）、卫矛（Euonymus alatus）、草珊瑚（Sarcandra glabra）、映山红（Rhododendron simsii）、米饭花（Vaccinium sprengelii）、重阳木、白背叶（Mallotus apelta）、山乌桕（Sapium discolor）等。

（13）能祛痰或消痰，制止或减轻咳嗽和喘息为主的药，又可分为温化寒痰、清化热痰和止咳平喘三类。主要有石胡荽、香青（Anaphalis sinica）、牛蒡（Arctium lappa）、北美独行菜（Lepidium virginicum）、日本蛇根草（Ophiorrhiza japonica）、鼠麴草（Gnaphalium affine）、白酒草（Conyza japoniea）、百部（Stemona japonica）、华泽兰（Eupatorium chinense）、羊乳（Codonopsis lanceolata）、栝楼（Trichosanthes kirilowii）、荸荠（Eleocharis dulcis）、牛毛毡（Eleocharis yokoscensis）等。

（14）能安定神志，治疗心神不宁症为主的药。主要有合欢（Albizia julibrissin）、山合欢（Albizia kalkora）、乌饭（Vaccinium bracteatum）等。

（15）以平肝潜阳或息风止痉为主，治疗肝阳上亢或肝风内动病症的药。主要有野大豆（Glycine soja）、白背叶、钩藤（Uncaria rhynchophylla）等。

（16）能补虚扶弱，纠正人体气血阴阳虚衰的病理偏向，以治疗虚症为主的药，按性能、功效及适应症的不同，又可分为补气药、补阳药、补血药、补阴药四类。主要有朱砂藤（Cynanchum officinale）、槲蕨（Drynaria fortunei）、萝藦（Metaplexis japonica）、构树（Broussonetia papyrifera）等。

（17）能收敛固涩，用于治疗各种滑脱病症为主的药。主要有梅（乌梅）、豆梨（Pyrus calleryana）、金樱子（Rosa laevigata）、香椿（Toona sinensis）、盐肤木（Rhus chinensis）等。

（18）能促使呕吐，治疗毒物、宿食、痰涎等停滞所致病症为主的药物。主要有井栏边草（Pteris multifida）等。

（19）以攻毒疗疮，杀虫止痒为主的药。主要有野芋（Colocasia antiquorum）、鳢肠（Eclipta

prostrata）、狗脊蕨（*Woodwardia japonica*）、土荆芥（*Chenopodium ambrosioides*）、山乌桕、醉鱼草（*Buddleja lindleyana*）、满山红（*Rhododendron mariesii*）、乌桕、油桐（叶）等。

3.4.1.3 食用植物资源

该类资源在田头山自然保护区也甚为丰富。例如，慈姑、野豌豆、芋（*Colocasia esculenta*）、楤木、树参、牛蒡、茵陈蒿、野艾、香丝草、东风菜、一点红、白鼓钉、宽叶鼠麴草（*Gnaphalium adnatum*）、鼠麴草、野茼蒿、向日葵、菊芋、泥胡菜、马兰、山莴苣、堆莴苣（*Lactuca sororia*）、苣荬菜、蒲公英、荠（*Capsella bursa-pastoris*）、碎米荠、沙参、羊乳、桔梗、黄花菜、藜、水竹叶、番薯（*Ipomoea batatas*）、费菜、荸荠、柿、宜昌胡颓子、木半夏、映山红、乌饭树、锥栗（*Castanea henryi*）、板栗（*Castanea mollissima*）、甜槠、苦槠、多穗柯（*Lithocarpus litsefolius*）、薄荷（*Mentha haplocalyx*）、牛至（*Origanum vulgare*）、紫苏、野生紫苏（*Perilla frutescens*）、野木瓜（*Stauntonia chinensis*）、山鸡椒等。

3.4.1.4 淀粉植物资源

淀粉是高分子的碳水化合物，是植物的储藏物质，多存在于种子、根、根茎和块根中。板栗是落叶乔木。板栗的果实——栗子，含有丰富的淀粉、蛋白质、脂肪和糖分等，营养价值很高，是受人喜爱的干果。除此之外，此类资源还有慈姑、野葛、野豌豆、芋、沙参、番薯、栝楼、锥栗、茅栗、甜槠等。这些植物中的淀粉除了供人类食用外，还可应用于纺织业、发酵工业、医药业等。

3.4.1.5 油脂植物资源

油脂是指脂肪酸甘油酯的复杂化合物。按照所含各种脂肪酸的饱和度不同，分为干性油、半干性油和非干性油三类。各种油脂都是植物体内的储存物质，主要储存于种子和果实中。油脂植物的果实、种子、花、茎和叶等器官中都含有油脂，主要成分为脂肪酸。例如，南酸枣（*Choerospondias axillaris*）、盐肤木、野漆、苍耳、虎皮楠、重阳木、白背叶、野桐（*Mallotus japonicus*）、山乌桕、白木乌桕、乌桕、油桐、水青冈、枫杨、紫苏、樟、山胡椒（*Lindera glauca*）、三桠乌药、山鸡椒、石楠、云实（*Caesalpinia decapetala*）等。茶油、橄榄油等可为人类食用，乌桕等可提炼油漆，山鸡椒适用于提炼表面活性剂。

3.4.1.6 芳香植物资源

芳香油又叫精油，是芳香植物组织经过水蒸气蒸馏等方法得到的挥发性成分的总称。其主要组成为单萜及倍半萜类化合物。这些挥发性物质大多具有发香团，因而具有香味。芳香油主要存在于植物的茎、叶、花、果中。6000多年来，天然植物精油的价值，一直以它们独特的疗效、清洁和防腐效果，以及令人愉快的香味而为大众所认可。今日这些特质在我们回顾过去的古文明，同时追寻今日生活中消失的均衡时，又重新被发掘出来。在现今社会中，人们所面对的压力、污染、垃圾食物以及狂热却缺乏体力活动的生活方式，都会对我们的身体和精神产生负面的影响。芳香疗法的艺术，就是在具有香味的植物花朵和树脂中，提炼出所孕育的精纯本质，并借由最重要的嗅觉和触觉，来恢复身体与精神的平衡。例如，野漆、冬青、天名精、岩柃（*Eurya saxicola*）、薄荷、牛至、紫苏、回回苏（*Perilla frutescens*）、樟、山鸡椒、红楠等，这些植物也可提炼制作成香料、香精、香油。

3.4.1.7 鞣料植物资源

鞣料是多元酚的衍生物，多含于木本植物的树皮、枝条、树叶和草本植物的茎秆中，特别是在树皮中含量最高。例如，盐肤木、野漆、络石、冬青、厚叶冬青、小果冬青、五加、泽兰、甜槠、罗浮栲（*Castanopsis fabri*）、栲树、刨花楠、石楠、云实等。这些鞣料植物可提炼出单宁，广泛应用于皮革制造、编织印染、医药、石油、化工等行业。

3.4.1.8 纤维植物资源

富含纤维的植物叫纤维植物。植物纤维按其存在于植物体部位的不同，可分为韧皮纤维、叶纤维、茎秆纤维、种子纤维、木材纤维、果壳纤维和根纤维。例如，白背叶、野桐、苎麻等。从这些植物中提取的纤维是人造纤维、人造棉和造纸的重要原料，广泛应用于化学工业、国防工业、电气工业与建筑工业等。

3.4.1.9 观赏植物资源

（1）绿化树种及观花灌木。有马尾松、杨梅（*Myrica rubra*）、朴树（*Celtis tetrandra*）、榔榆（*Ulmus parvifolia*）、樟、天竺桂、合欢、山合欢、乌桕、交让木、虎皮楠、无患子、厚皮香（*Ternstroemia gymnanthera*）、白瑞香（*Daphne papyracea*）、赤楠（*Syzygium buxifolium*）、香港四照花（*Dendrobenthamia hongkongensis*）、毛棉杜鹃（*Rhododendron latoucheae*）、映山红、吊钟花（*Enkianthus quinqueflorus*）、香港杜鹃（*Rhododendron hongkongense*）、乌饭树、朱砂根（*Ardisia crenata*）、小果柿（*Diospyros vaceinioides*）、山矾（*Symplocos caudata*）、苦竹（*Pleioblastus amarus*）等。

（2）盆景树种。有阔叶十大功劳（*Mahonia bealei*）、台湾榕（*Ficus formosana*）、檵木（*Loropetalum chinense*）、野山楂、卫矛、雀梅藤（*Sageretia thea*）、紫薇（*Lagerstroemia india*）、厚皮香、白瑞香、蔓胡颓子、胡颓子、赤楠、毛棉杜鹃、乌饭树、朱砂根等。

（3）草本花卉。铁线莲属（*Clematis*）、毛茛（*Ranunculus japonicus*）、佛甲草、金丝桃（*Hypericum monogynum*）、元宝草（*Hypericum sampsonii*）、堇菜（*Viola verecunda*）、中华秋海棠（*Begonia sinensis*）、珍珠菜（*Lysimachia clethroides*）、星宿菜（*Lysimachia fortunei*）、双蝴蝶（*Tripterospermum chinensis*）、千里光、建兰（*Cymbidium ensifolium*）、春兰等。

（4）荫生植物。有卷柏属植物、华中瘤足蕨（*Plagiogyria euphlebia*）、乌蕨（*Stenoloma chusana*）、凤尾蕨（*Pteris nervosa*）、狗脊蕨、贯众（*Cyrtomium fortunei*）、镰羽贯众（*Cyrtomium balansae*）、石韦（*Pyrrosia Lingua*）、赤车（*Pellionia radicans*）、蔓赤车（*Pellionia scabra*）、冷水花属（*Pilea*）、细辛属（*Asarum*）、佛甲草、垂盆草、虎耳草、中华秋海棠、麦冬属（*Liriope*）、蝴蝶花、建兰、春兰、斑叶兰等。

（5）藤本植物。有海金沙（*Lygodium japonicum*）、小构树（*Broussonetia kazinoki*）、构棘（*Cudrania cochinchinensis*）、糯米团（*Gonostegia hirta*）、马兜铃（*Aristolochia debilis*）、火炭母（*Polygonum chinense*）、杠板归（*Polygonum perfoliatum*）、威灵仙、山木通（*Clematis finetiana*）、木通（*Akebia quinata*）、大血藤（*Sargentodoxa cuneata*）、南五味子（*Kadsura longipedunculata*）、小果蔷薇（*Rosa cymosa*）、金樱子、山莓（*Rubus corchorifolius*）、白叶莓（*Rubus innominatus*）、空心泡（*Rubus rosaefolius*）、云实、藤黄檀、香花崖豆藤（*Millettia dielsiana*）、葛（*Pueraria*）、南蛇藤、扶芳藤、清风藤（*Sabia japonica*）、多花勾儿茶（*Berchemia floribunda*）、雀梅藤、蛇葡萄属（*Ampelopsis*）、乌蔹莓属（*Cayratia*）、异叶爬山虎（*Parthenocissus heterophylla*）、爬山虎（*Parthenocissus tricuspidata*）、三叶崖爬藤（*Tetrastigma hemsleyanum*）、毛葡萄（*Vitis quinquangularis*）、双蝴蝶、络石、牛皮消、鸡矢藤、毛鸡矢藤（*Paederia scandens*）、茜草、钩藤、绞股蓝、栝楼、千里光、菝葜（*Smilax china*）、土茯

苓（*Smilax glabra*）、日本薯蓣（*Dioscorea japonica*）、薯蓣（*Dioscorea polystachya*）等。

3.4.1.10 饲料植物资源

如松针叶营养丰富，含粗蛋白11.39%、脂肪10.3%、18种氨基酸及丰富的维生素、微量元素和矿物质，另外还含有大量的促生长激素、植物抗菌素及其他一些未知的生物活性物质，是一种极好的天然饲料添加剂。在蛋鸡配合饲料中添加5%松针粉，产蛋率可提高13.8%，节约饲料5%～9%；肉仔鸡日粮中添加5%，虽然增重不明显，但肌体品质好，可节省饲料8.4%；在猪饲料中添加1.5%～5.5%，可提高增重15%～40%。在饲料中添加松针粉，还可防治畜禽的某些疾病，如缺硒症、各种维生素缺乏症等。除此之外，类似的还有泡桐属（*Paulownia*）、天名精、野茼蒿、苦荬菜、山莴苣、苍耳、藜、野桐、青灰叶下珠、小二仙草等。发展饲料植物资源，来源广、成本低、效益好，若能将其科学利用，则可大大降低饲料成本，提高养殖业的经济效益。

3.4.2 资源植物及其可持续利用

田头山资源植物极其丰富，蕴藏大量植物种质资源，为重要的植物种质资源库。

3.4.2.1 种质资源开发

田头山拥有大量药用植物资源，加强对药用植物资源的开发和栽培活动，发展重点种类，可为制药业以及对当地经济结构带来有益帮助，丰富当地产业结构。

3.4.2.2 开展科学研究

对资源植物的持续有效利用的重要手段是对该区域的生物资源开展科学研究，内容包括四个方面：①进行资源植物的本底调查，包括植物种类、生境、数量、分布、用途等方面，并将重点放在野生药用植物的深入研究。②对保护区内的珍稀植物和经济植物进行引种栽培研究。③对野生资源植物进行驯化，扩宽生境，便于大规模培植。④研究生态旅游对资源植物的影响。我国已有58.5%的自然保护区开展了旅游，其中有22%的自然保护区因开展旅游而遭受破坏，11%的保护区出现旅游资源退化现象，大部分自然保护区没有对游客数量进行控制。研究旅游对资源植物的影响，对保护当地植物资源特别是珍稀濒危植物是十分重要的。

3.4.2.3 加大宣传力度，提高保护意识

景区人员流动密度大，流动性强，在景区设置宣传标志，加强游客的环境保护意识，对景区的资源保护起重要作用。不仅让游客可以看到各种资源植物，而且可以了解它所适应的生态环境，提升景区旅游价值，深化旅游主题。在建设和开发过程中，必须做好对被引种栽培种类的养护管理，对一些珍稀植物和珍贵药材应相对集中移植，采取合理的保护措施，避免游客擅自采挖。同时做好药用植物种类的挂牌工作，把植物的名称、分布和资源价值等介绍给游客。

3.4.3 重要资源植物各论

整体基础调查表明，种类如假苹婆、山油柑、鼠刺、鸭脚木、厚壳桂、黄樟、猴耳环、大头茶、豺皮樟、毛棉杜鹃、荷木、桃金娘、樟树、青皮竹、浙江润楠、短序润楠、亮叶冬青、马尾松、子凌蒲桃、柯等具有发展前景。而黑桫椤则为珍稀植物。本书在此对这些植物进行简单的介绍（参考《中国高等植物图鉴》《中国植物志》、http://www.cvh.org.cn）。

3.4.3.1 黑桫椤 *Gymnosphaera podophylla*（Copel.）Ching 桫椤科

形态特征：树形蕨类植物，植株高1～3 m。无地上主干（或有时有短主干），顶部生出几片大叶。叶簇生；叶柄亮栗黑色，基部有褐棕色狭披针形厚鳞片，向上光滑或略粗糙；叶片长2～3 m，纸质，沿叶轴和羽轴上面有棕色鳞毛，一至二回羽状深裂；羽片矩圆披针形，长30～55 cm，中部宽10～18 cm，互生，有柄；小羽片互生，披针形或条状披针形，基部截形，边缘有疏浅齿或波状圆齿，有短柄。叶脉两面隆起，侧脉斜上，小脉单一，有3～4对，相邻两侧的基部1对小脉顶端通常联结成三角形网眼，并向叶边延伸出一条小脉（有时和第二对小脉再联结）。孢子囊群圆形，着生在小脉近基部的隆起的囊托上，无盖。

分布：分布于浙江、广东、广西、福建、台湾和云南南部；印度支那，泰国也有。生长在密林下、沟谷或溪边，海拔350～700 m处。

中国境内现状：易危(VU)。国家二级保护野生植物。

用途：栽培观赏。

3.4.3.2 假苹婆 *Sterculia lanceolata* Cav. 梧桐科

别名：赛苹婆、鸡冠皮、山木棉。

形态特征：双子叶植物。乔木高2～7 m，小枝幼时被毛。叶具柄，近革质，椭圆形、披针形或椭圆状披针形，长9～20 cm，宽3.5～8 cm，全缘，顶端急尖，基部钝或近圆形，上面无毛，下面几乎无毛，叶柄长1.5～3.5 cm；侧脉每边7～9条，弯曲。花杂性；圆锥花序腋生分枝多，瓣缺；萼片5枚，淡红色，仅于基部连合，向外开展呈星状，外面被柔毛。雄蕊柱长2～3 mm，花药10，生雄蕊柱顶端呈球形；子房近球形，具短柄，密生短柔毛。蓇葖果鲜红色，长卵形或长椭圆形，长5～7 cm，宽2～2.5 cm，顶端有喙，基部渐狭，密被短柔毛，有黑褐色的种子2～7，椭圆球形。花期4月。

用途：园林绿化；庭园绿化，树冠开展，浓绿，观果植物；既是速生树种，也是抗污染及抗尘能力较强的树种；寺庙绿化常见植物。茎皮纤维可代麻用。种子炒熟可食，又可榨油；叶药用，治跌打损伤、淤血疼痛、青紫、肿胀等症。

分布：分布于广西、广东、贵州、四川、云南的南部。中南半岛也有。喜生长于山谷溪旁。

3.4.3.2 山油柑 *Acronychia pedunculata*（L.）Miq. 芸香科

别名：紫藤香、降真、降香、山油柑、降香檀、花梨母。

形态特征：常绿乔木，高约10 m，树皮平滑，小枝绿色。单叶对生，纸质，矩圆形至长椭圆形，长6～15 cm，宽2.5～6 cm，两端狭尖，全缘，上面表绿色，光亮，网脉两面浮凸；叶柄顶端有1结节。聚伞花序腋生，常生于枝的近顶部，花两性，青白色，花柄长4～8 mm，近无毛；萼片4；花瓣4，条形或狭矩圆形，两侧边缘内卷，内面密被毛；雄蕊8，花丝中部以下两侧边缘被毛；子房密被毛，花柱细长。核果黄色，平滑，半透明，直径8～10 mm，味甘。种子黑色，有肉质胚乳。

用途：园林绿化；观赏植物；抗污染及抗尘能力较强的树种；寺庙绿化常见树种；果可食，叶及枝富含芳香油类，可作化妆品香料原料；树皮可提炼栲胶；根、叶、果及木材入药，能行气活血、健脾止咳、化瘀止血、治疗痈疽疮肿、风湿腰腿痛、心胃气痛等。

分布：分布于广东、广西、云南；中南半岛、缅甸、印度、马来西亚、菲律宾等地。生长在常绿阔叶林中。

3.4.3.4 鼠刺 *Itea chinensis* Hook. et Arn. 鼠刺科

别名：老鼠刺、中国拟铁。

形态特征：常绿灌木或小乔木，高2～5m，幼枝有时有微柔毛。叶互生，薄革质，倒卵形或矩圆状倒卵形，长7～13cm，宽3～6cm，近全缘或上半部多少有小锯齿，两面无毛，侧脉5对；叶柄长1～2cm。总状花序腋生，长3～7cm，花序轴和花梗通常有微柔毛；花两性，白色；花萼5裂，裂片狭披针形，长约1mm；花瓣5，长约2.5mm；雄蕊5，长于花瓣；子房上位，有白色短柔毛，2室。蒴果狭披针形，长7～9mm，顶端有喙，2瓣裂。

用途：园林绿化；木材为散孔材，干燥少开裂，供制造小农具；根、花入药，花可治咳嗽及喉干；根治风湿、跌打，亦为滋补药。

分布：福建、湖南、广东、广西、云南西北部及西藏东南部。印度东部、不丹、越南和老挝也有分布。生长于林下或灌丛中。

3.4.3.5 鸭脚木 *Schefflera octophylla*（Lour.）Harms 五加科

别名：手树、鹅掌柴、公母树。

形态特征：双子叶植物，乔木，高达15m，胸径达60cm以上，枝叶树皮有香气。小枝、叶、花序、花萼幼时密被星状短柔毛，后毛渐脱落。掌状复叶有小叶6～9片；小叶纸质至厚纸质，卵状椭圆形，长9～17cm，宽3～5cm，全缘或先端有数个疏锯齿。伞形花序聚生组成大型圆锥花序；花白色，芳香；萼齿5～6；瓣5；雄蕊5；子房下位，花柱合生，粗短；花盘平坦。浆果球形，熟时黑色，有棱。花期冬春；果期12月至翌年1月份。

用途：园林绿化；观叶植物；速生树种；寺庙绿化常见树种；木材轻软，纹理细密，作家具等用材；花为冬季蜜源；树皮嫩枝含挥发油；根皮、茎皮及叶可入药，有舒筋活络、消肿止痛及发汗解表之效。

分布：分布华南各省区和台湾。原产大洋洲、我国广东、福建等亚热带雨林，日本、越南、印度也有分布。现广泛植于世界各地。为低山地区阔叶林和针阔混交林中常见树种之一。

3.4.3.6 厚壳桂 *Cryptocarya chinensis*（Hance）Hemsl. 樟科

别名：铜锣桂、香果。

形态特征：乔木，高20m，小枝初被灰棕色毛，后渐脱落。叶互生或对生，革质，矩圆形，长7.5～10cm，宽3.5～5cm，无毛，中脉上面凹下，下面隆起，具离基三出脉，基部侧脉自距叶基2～5mm处分出，中脉上部有侧脉2～3对；叶柄长约1cm。圆锥花序腋生或顶生，长约3cm，有黄褐色绒毛；花两性，花被片6，几乎相等，卵形，长约1.5mm，早落；能育雄蕊9，花药2室，第三轮雄蕊花药外向瓣裂并各具2腺体。果实球形，长7.5～9mm，直径9～12mm，熟时黑色，约有纵棱15条。

用途：木材结构细致，材质硬而稍重，加工容易，含油或黏液多，适于作建筑、梁、柱、家具及器具等用材；此外木材刨片浸水所溶出的黏液可作发胶等用，叶尚含樟油。

分布：分布于福建、台湾、广东。生长于低海拔阔叶林中。

3.4.3.7 黄樟 *Cinnamomum parthenoxylon*（Jack）Meissn. 樟科

别名：香樟、香叶子树、油樟。

形态特征：双子叶植物。常绿乔木，高达10～20m，胸径可达40cm。树皮灰白色或暗灰褐色，上部为灰黄色，深纵裂，内皮带红色，具有樟脑气味。枝条绿褐色，小枝具棱。枝条粗壮，圆柱形，绿褐色。顶芽卵形，覆宵圆形鳞片，被绢状毛。叶互生，革质，通常椭圆形卵状至长椭圆形卵形，先端通常急尖

77

或短渐尖，基部楔形或阔楔形，长6～12 cm，宽达3～6 cm，上面深绿色，有光泽，下面色稍浅或带粉绿色，两面无毛；脉羽状，侧脉6～8对，与中脉两面侧脉脉腋上面不明显凸起，下面无明显的腺窝，细脉和小脉网状；叶柄长1.5～3 cm，腹凹背凸，无毛。圆锥花序或聚伞花序，长度变化颇大；花小，绿白色；花被片6，卵形，长1.8 mm，内面被短柔毛，能育雄蕊9，花药4室，第三轮雄蕊花药外向瓣裂。果实球形，黑色，直径6～8 mm；果托倒圆锥状，红色，有纵长条纹。

用途：园林绿化树种和行道树；根、干及叶是提取芳香油的原料；种子可供榨油；木材纹理通直细致，稍重而韧，易于加工，且能耐腐，是优良的家具用材；根入药，有舒筋活血之效。

分布：分布于我国南方的广东、广西、福建、江西、湖南、湖北、贵州、四川和云南等省份，印度、马来半岛、印度尼西亚也有。生长在海拔1500 m以下的常绿阔叶林或灌木丛中，常利用野生乔木辟为栽培的樟茶混叶林。

3.4.3.8 猴耳环 *Archidendron clypearia*（Jack）Nielsen 含羞草科

形态特征：乔木，高3～10 m；小枝有显明的棱角，疏生黄色短细柔毛。二回羽状复叶，羽片4～6对；总叶柄具四棱叶柄中部以下，具有一个腺体；在叶轴上每对羽片间具有一个腺体；小叶轴上面通常在3～5对小叶间具有一个腺体；小叶革质，6～16对，对生，近不等的四边形，长1.3～8.5 cm，宽7～32 mm，先端渐尖或急尖，基部近截形，偏斜。头状花序排列成聚伞状或圆锥状，腋生或顶生；花萼钟状，花具柄，白色或淡黄色，连雄蕊长约1.5 cm；花萼与花瓣有柔毛。荚果条形，旋转呈环状，外缘呈波状，在种子间缢缩。种子黑色皱缩，8～9个，椭圆形，长约1 cm，种柄丝状。花期2～6月，果期4～8月。

用途：背景林；行道树，树干挺直；树皮含单宁；可提制栲胶。叶药用，清热解毒、去湿敛疮。

分布：分布于华南及浙江、福建、台湾、广东，广西、四川、云南；热带亚洲分布，缅甸，印度尼西亚也有。生长在森林中、山坡平坦处、路旁及河边。

3.4.3.9 大头茶 *Gordonia axillaris*（Roxb.）Dietr. 山茶科

形态特征：灌木或小乔木，高达8 m。树皮光滑，呈深灰色，成块状脱落。叶互生，叶厚革质，倒披针形至矩圆形，长6～18 cm，宽2～6 cm，全缘或顶部有浅齿，两面无毛；叶柄粗壮，长7.5～15 mm。花两性，整齐排列，于每年10月至翌年2月开花。花乳白色，较大，直径7～12 cm，单生或簇生小枝顶端；小苞片与萼片覆瓦状排列，革质，宿存；花瓣5～6，宽倒心形，顶端深裂；雄蕊多数，花丝仅基部合生；子房5室，花柱顶端分裂蒴。蒴果矩圆形，5棱，棱长至3.5 cm；种子顶端有翅。

用途：观赏植物；园林绿化；木材质地坚硬，可作建筑材料；茎、皮及果实可入药，治风湿腰痛、跌打损伤、腹泻。树皮含鞣质，可提制栲胶；种子可榨油。

分布：分布于云南、四川、广西、广东、台湾。生长在海拔500～3000 m的山谷、溪边、林地。

3.4.3.10 豺皮樟 *Litsea rotundifolia* var. *oblongifolia*（Nees）Allen 樟科

别名：大灰木、百叶仔、白柴、香叶子。

形态特征：樟科常绿灌木或小乔木，高达5 m。叶互生，革质，长3～7 cm，宽1.5～2.8 cm，中脉隆起，叶柄密有褐色柔毛。雌雄异株，伞形花序，花被片6，有疏毛，能育雄蕊9，花药4室，内向瓣裂。果球形，直径约6 mm。

用途：园林绿化。种子含脂肪油63.8%，可供工业用。叶、果可提取芳香油，根入药，可祛风除湿，行气止痛，活血通经。治跌打损伤、消化不良、风湿性关节炎、腰腿痛、痛经、胃痛、腹泻、水肿等。

分布：分布于广东、广西、江西、湖南、贵州。生长于山下灌木丛或疏林中。

3.4.3.11　毛棉杜鹃 *Rhododendron moulmainense* Hook. 杜鹃花科

形态特征：常绿灌木至小乔木，高1～7 m；小枝长，无毛，往往3枝轮生。叶轮生，革质，卵状椭圆形，长6～7.5 cm，宽2.5～4 cm，顶端短渐尖，无毛，叶脉不明显；叶柄长约1 cm，无毛。花序腋生，花单一，即每1腋生花芽生出花1朵；花芽鳞在花期宿存，外面无毛，边缘几乎无毛；花梗长约1 cm，无毛；花萼短，裂片不发达；花冠狭漏斗状，粉红色，长4.5 cm，外面无毛；雄蕊10，伸出，花丝近基部有柔毛；子房无毛，花柱比雄蕊略长，长约3 cm，无毛。蒴果圆柱形，长约3 cm，粗4 mm，无毛。

用途：观赏植物，育种用。

分布：分布于福建、浙江、江西、广东、湖北、湖南、广西、四川和贵州。生长于海拔1000～2000 m丘陵或低山杂木林中。

3.4.3.12　荷木 *Schima superba* Gardn. et Champ. 山茶科

别名：荷树

形态特征：乔木，高8～18 m；幼小枝无毛，或近顶端有细毛。叶革质，卵状椭圆形至矩圆形，长10～12 cm，宽2.5～5 cm，两面无毛；叶柄长1.4～1.8 cm。花白色，单独腋生或顶生成短总状花序；花梗长1.2～4 cm，通常直立；萼片5，边缘有细毛；花瓣5，倒卵形；子房基部密生细毛。蒴果直径约1.5 cm，5裂。

用途：木材坚硬，供建筑用；树皮磨粉可毒鱼。可作为行道树，树干挺直或背景林，是抗污染及抗尘能力较强的树种，为速生树种。

分布：分布于安徽、浙江、福建、江西、湖南、广东、台湾、贵州、四川。生海拔150～1500 m的山谷、林地。

3.4.3.13　桃金娘 *Rhodomyrtus tomentosa*（Alt.）Hassk. 桃金娘科

别名：稔子、山稔、岗稔、桃娘、唐莲、多莲、当梨根、山旦仔、稔子树、豆稔。

形态特征：双子叶植物，常绿小灌木，高0.5～2 m；幼枝有短绒毛。叶对生，革质，椭圆形或倒卵形，长3～6 cm，宽1.5～3 cm，下面披短柔毛，有离基三出脉。侧脉7～8对；叶柄4～7 mm。聚伞花序腋生，有花1～3朵。花紫红色，小苞片2，卵形；萼筒钟形长5～6 mm，萼裂片5，圆形；花瓣5，倒卵形，长约1.5 cm；雄蕊多数；子房下位，三室。浆果卵型，熟时暗紫色。

用途：观赏灌木；观花植物；果可食；全株供药用，有活血通络、收敛止泻、补虚止血的功效。桃金娘果含黄酮甙、酚类、氨基酸、有机酸、糖类等。性味甘涩平，具有养血、止血、涩肠、固精的功效。治血虚、吐血、鼻衄、便血、痢疾、脱肛、耳鸣、遗精、血崩、带下等。

分布：分布于我国长江以南各省，福建、台湾、广东、广西、云南、贵州、湖南，台湾均有。印度、菲律宾、日本南部也有。生长于红黄壤丘陵上。

3.4.3.14　樟树 *Cinnamomum camphora*（L.）Presl 樟科

别名：香樟、木樟、乌樟、芳樟、番樟、香蕊、樟木子。

形态特征：常绿性乔木，高可达50 m，枝和叶都有樟脑味。树皮幼时绿色，平滑，老时渐变为黄褐

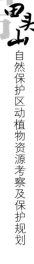

色或灰褐色纵裂，冬芽卵圆形。叶互生，薄革质，卵形或椭圆状卵形，长5～10 cm，宽3.5～5.5 cm，顶端短尖或近尾尖，基部圆形，离基三出脉，近叶基的第一对或第二对侧脉长而显著，背面微被白粉，两面无毛，脉腋有腺点。花小，淡黄绿色，春天开花，圆锥花序腋出，又小又多。花被片6，椭圆形，长约2 mm，内面密生短柔毛，能育雄蕊9，花药4室，第三轮雄蕊花药外向瓣裂，子房球形，无毛。球形的小果实成熟后为黑紫色，直径约0.5 cm；果托杯状。花期4～5月，果期10～11月。灰褐色的树皮有细致的深沟纵裂纹。樟树全株具有樟脑般的气味，叶互生，纸质或薄革质，树干有明显的纵向龟裂，极容易辨认。据说因为樟树木材上有许多纹路，像是大有文章的意思，所以就在"章"字旁加一个木字作为树名。

用途：树冠硕大，为优良的园林风景树、行道树；速生树种；园林和寺庙绿化常见树种；存活期长，可以生长为成百上千年的参天古木，有很强的吸烟滞尘、涵养水源、固土防沙和美化环境的能力。此外，具有抗海潮风及耐烟尘和抗有毒气体能力，并能吸收多种有毒气体，较能适应城市环境。本种为亚热带地区（西南地区）重要的材用和特种经济树种，根、木材、枝、叶均可提取樟脑、樟油，供医药香料和工业使用。全株具有樟脑气味，樟树的木材耐腐、防虫、致密、耐水湿有香气，是建筑、造船、橱箱、家具、雕刻的良材。根、果、枝、叶入药，有祛风散寒、强心镇痉、杀虫等效。种子含油量约40%，供工业用油；樟脑供医药、塑料、炸药、防腐、杀虫等用，有强心解热、杀虫之效。樟油可作农药、选矿、制肥皂、假漆及香精等原料。樟树为国家Ⅱ级重点保护野生植物，渐危种。

分布：主要生长于亚热带土壤肥沃的向阳山坡、谷地及河岸平地；分布于长江以南及西南，生长区域垂直海拔可达1000 m，尤其以四川省宜宾地区和江西樟树市生长面积最广。日本也有。樟树被推选为四川宜宾市的"市树"和江西樟树市的"市树"，享有两市"市树"的美誉，江西樟树市以"樟树"命名，以"树"扬名，成为中国药都樟树之传说，樟树也是宜宾地区的主要林木。

3.4.3.15 青皮竹 *Bambusa textilis* McCl. 竹亚科

形态特征：丛生竹，竿高达9～12 m，径3～5 cm。竿直立，节间甚长，竹壁薄，近基部数节无芽，箨环倾斜。箨鞘初有毛，后无之，箨耳小，长椭圆形，不甚相等，箨舌略呈弧形，中部高约2～3 mm，箨叶窄三角形，直立。出枝较高，基部附近数节不见出枝，分枝密集丛生达10～12枚。每小枝上叶片8～14枚，长10～25 cm。笋期5～9月。

用途：优良编织材料，又可开篾作搭棚架及桥梁缚扎用。药用秆内分泌液燥后的块状物，清热祛痰，凉心定惊。另外可作园艺观赏。

分布：主产于广东、广西、福建、湖南、云南南部亦有栽培。好生于土壤疏松、湿润、肥沃的立地；河岸溪畔、平原、丘陵、四旁均可生长。适生于温暖湿润的气候环境中。

3.4.3.16 浙江润楠 *Machilus chekiangensis* S. Lee 樟科

形态特征：常绿乔木，高度可达40 m，树冠呈尖塔形，冠层厚而浓密，树皮呈灰白而带褐色，树干表面有浅而不规则的纵裂纹。树干挺直，于较低位置分枝。小枝披毛，叶对生，单叶，呈广披针形或倒卵形，叶端锐尖，基部渐窄，叶背披有浓密的柔毛；边全缘，聚生于枝条末端。花两性，整齐排列，于每年12月至翌年1月开花。花细小，于小枝条基部聚生成圆锥花序。雄蕊基部有腺体，花柱披毛。球形核果，基部有宿存的萼片，成熟时转为黑色。

用途：浙江润楠的木材，木质结构细致，容易加工，加工后纹理光滑美丽；木材经久耐用，带有清雅而浓郁的香味，有很强的杀菌功效，是优良的建筑材料。

分布：原产于中国浙江省，在山谷或河边等地较为常见。

3.4.3.17 短序润楠 *Machilus breviflora*（Benth.）Hemsl. 樟科

形态特征：常绿乔木，高约8 m，树皮灰褐色。小枝咖啡色。芽卵形，芽鳞有绒毛。叶略聚生于小枝先端，倒卵形至倒卵状披针形，长4～5 cm，宽1.5～2 cm，先端钝，基部渐狭，叶革质，两面无毛，中脉上面凹入，下面凸起，侧脉和网脉纤细。圆锥花序3～5个，顶生，无毛，有长总梗。花梗短，花绿白色，长约7～9 mm。第一二轮雄蕊长约2 mm，第三轮雄蕊稍较长，腺体具短柄。退化雄蕊箭头形，有柄，柄上有小柔毛。雌蕊长约1.8 mm。花期7～8月，果期10～12月，果球形。

用途：园林绿化；背景林。

分布：原产广东、海南、广西和香港。生长在次生林中、山地、山谷阔叶林混交林或生于溪边。

3.4.3.18 亮叶冬青 *Ilex viridis* Champ. ex Benth. 冬青科

形态特征：常绿灌木或小乔木，高1～6 m；小枝四棱形或具条纹。叶革质，长椭圆形，长3～7 cm，宽1.5～3 cm，边缘有圆锯齿，上面有光泽，下面有腺点；叶柄长4～5 mm。花白色，雌雄异株；雄花1～5朵排成腋生聚伞花序，总花梗长3～5 mm；雌花单生叶腋，有较长（1～1.5 cm）的花梗。果球形，直径约7 mm，熟时黑色；分核4颗，背部仅具隆起的条纹，两侧平滑，内果皮木质或厚纸质。

用途：根叶可入药，有凉血解毒、通络止痛之功效，可主治热毒疮肿、痢疾、跌扑闪挫、淤血作痛、风湿热痹等。树皮可提树脂，并含少量橡胶。

分布：分布于安徽、浙江、江西、福建、广东。生于低山或丘陵地区疏林中。

3.4.3.19 马尾松 *Pinus massoniana* Lamb. 松科

别名：青松、松树、山松。

形态特征：常绿乔木，高达45 m，胸径1 m，树冠在壮年期呈狭圆锥形，老年期内则开张如伞装；干皮红褐色，呈不规则裂片；一年生小枝淡黄褐色，无毛轮生；冬芽圆柱形，褐色，针叶2针一束，罕有3针1束，长12～20 cm，质软，叶缘有细锯齿；树脂脂道4～8，边生。叶鞘宿存。球果卵圆形或圆锥状卵形，长4～7 cm，径2.5～4 cm，有短柄，成熟时栗褐色，脱落而不突存树上种鳞的鳞盾平或微肥厚，微具横脊；鳞脐微凹，无刺尖；种子长卵圆形，长4～6 mm，种翅长1.6～2 cm。子叶5～8。花期4月；果次年10～12月成熟。

用途：有重要的经济价值。植株各部均能入药，有祛湿通络、活血消肿、止血生肌之效，并可治夜盲等症。松节油祛风除湿，散寒止痛，活血消肿。马尾松是我国南部主要木材用树种。松木是工农业生产上的重要用材，主要供建筑、枕木、矿柱、制板、包装箱、火柴杆、胶合板等使用。树干较直，含树脂，耐水湿，握钉力强。木材极耐水湿，有"水中千年松"之说，特别适用于水下工程。木材含纤维素62%，脱脂后为造纸和人造纤维工业的重要原料。马尾松也是我国主要产脂树种，树干为采割松脂，提炼松香和松节油的主要原料。叶可提芳香油。松香是许多轻、重工业的重要原料，主要用于造纸、橡胶、涂料、油漆、胶粘等工业。松节油可合成松油，加工树脂，合成香料，生产杀虫剂，并为许多贵重萜烯香料的合成原料。松针含有0.2%～0.5%的挥发油，可提取松针油，供作清凉喷雾剂，皂用香精及配制其他合成香料，还可浸提栲胶。树皮可制胶黏剂和人造板。松籽含油30%，除食用外，可制肥皂、油漆及润滑油等。球果可提炼原油。松根既可提取松焦油，也可培养贵重的中药材——茯苓。花粉可入药。松枝富含松脂，火力强，是群众喜爱的薪柴，供烧窑用，还可提取松烟墨和染料。由于木材纤维长，是造纸和人造纤维板的重要原材料。马尾松对土壤要求不严格，喜微酸性土壤，但怕水涝，不耐盐碱，在石砾土、沙质土、黏土、山脊和阳坡的冲刷薄地上，以及陡峭的石山岩缝里都能生长。幼年稍耐阴蔽，能在杂草丛中生长，3～4年后穿出杂草逐渐郁闭成林，为我国长江流域各省重要的荒山造林树种，也是江南及华南自然风景区和普遍绿化及造林的重要树种。

分布：分布于淮河流域和汉水流域以南，西至四川中部、贵州中部和云南东南部；越南北部有人工林。分布极广，北自河南及山东南部，南至长江流域以南各省，东至台湾。西至四川中部及贵州，遍布于华中华南各地。一般在长江下游海拔600～700 m以下，中游约1200 m以上，上游约1500 m以下均有分布。

3.4.3.20 子凌蒲桃 *Syzygium championii* (Benth.) Merr. et Perry 桃金娘科

形态特征：灌木至乔木，嫩枝有4棱，干后灰白色。叶片革质，狭长圆形至椭圆形，长3～6 cm，宽1～2 cm，先端急尖，常有不及1 cm的尖头，基部阔楔形，上面干后灰绿色，不发亮，下面同色，侧脉多而密，近于水平斜出，脉间相隔1 mm，边脉贴近边缘。叶柄长2～3 mm。聚伞花序顶生，有时腋生，有花6～10朵，长约2 cm。花蕾棒状，长1 cm，下部狭窄。花梗极短。萼管棒状，长8～10 cm，萼齿4，浅波形。花瓣合生成帽状。雄蕊长3～4 mm，花柱与雄蕊同长。果实长椭圆形，长12 mm，红色，干后有浅直沟。种子1～2颗。花期为8～11月。

用途：花色漂亮，用作观赏。

分布：产广东及其沿海岛屿、广西等地。生于中海拔的常绿林里。分布于越南。

3.4.3.21 柯 *Lithocarpus glaber* (Thunb.) Nakai 壳斗科

别名：石栎、白楣椆树、椆木。

形态特征：常绿乔木，高7～15 m，小枝密生灰黄色绒毛。叶长椭圆状披针形或披针形，长8～12 cm，宽2.5～4 cm，两端渐狭，先端短尾尖，基部楔形，全缘或近顶端有时具有几枚钝齿，下面老时无毛，略带灰白色，侧脉6～8对；叶柄长1～1.5 cm。雄花序轴有短绒毛。果序比叶短，轴细，有短绒毛；壳斗杯形，近无柄，包围坚果基部，直径0.8～1 cm，高0.5～0.6 cm；苞片小，有灰白色细柔毛；坚果卵形或倒卵形，直径1～1.5 cm，长1.4～2.1 cm，略被白粉，基部和壳斗愈合；果脐内陷，直径3～5 mm。

用途：种子含淀粉和油脂；壳斗含鞣质。收敛止泻，治疗腹泻。

分布：分布于广东、福建和浙江；日本也有。生长在山坡林中。

第四章　田头山自然保护区的动物区系与动物资源

摘要：经初步调查，田头山自然保护区有陆生脊椎动物186种，其中两栖动物16种，爬行动物38种，鸟类111种，哺乳动物21种。根据生境类型，动物分布类型可分为山地森林动物群、山麓林地动物群和水域疏林动物群。本区域哺乳类、鸟类、爬行类和两栖类多数为东洋界物种，广布种和古北界种类较少。区内有国家Ⅰ级保护动物1种，Ⅱ级保护动物15种，广东省重点保护动物15种。

4.1 动物区系的组成

田头山自然保护区有陆生脊椎动物4纲、27目、67科、129属、186种，见表4-1。

表4-1　田头山自然保护区陆生脊椎动物各纲、目、科、属、种数

动物类群	目数	科数	属数	种数
两栖纲	2	5	8	16
爬行纲	3	11	29	38
鸟　纲	16	38	75	111
哺乳纲	6	13	17	21
总　计	27	67	129	186

4.2 陆生脊椎动物珍稀濒危种现状

田头山自然保护区陆生野生动物中有国家Ⅰ级保护动物1种，Ⅱ级保护动物15种，广东省重点保护动物15种，见表4-2。

表4-2　田头山自然保护区重点保护陆生野生动物名录及种数

动物类群	国家Ⅰ级保护种	国家Ⅱ级保护种	广东省重点保护种
两栖纲		虎纹蛙1种	沼蛙、棘胸蛙2种
爬行纲	蟒蛇1种	大壁虎1种	平胸龟1种
鸟　纲		鸢、凤头鹰、雀鹰、普通鵟、游隼、红隼、草鸮、领鸺鹠、斑头鸺鹠、褐翅鸦鹃、小鸦鹃11种	绿鹭、池鹭、牛背鹭、白鹭、夜鹭、黑水鸡、红嘴鸥、紫寿带、黑头蜡嘴9种
哺乳纲		穿山甲、小灵猫2种	豹猫、豪猪、红颊獴3种
总　计	1种	15种	15种

4.3 动物区系特征

根据我国动物地理区划，田头山自然保护区地处东洋界、中印亚界，华南区、闽广沿海亚区，目前所记录到哺乳类、鸟类、爬行类和两栖类多数为东洋界物种，两广布种和古北界种类较少。

4.3.1 哺乳类

在21种哺乳类中，东洋型种类有15种，占种数的71.5%，而广布型有2种，占种数的9.5%。古北型有4种，占种数的19.0%，其种类组成较明显地表现出以东洋界种类为主的特点。在田头山东洋型的种类中，红颊獴、赤麂、白花竹鼠、板齿鼠4种华南区的特有种。

4.3.2 鸟类

田头山自然保护区111种鸟类有东洋型种类59种，约占总数的53.2%；广布型种类有30种，占28.8%；古北型种类有20种，约占18.0%。在69种当地繁殖鸟类中，东洋种为53种，所占比率为76.8%。因此，田头山鸟类物种的组成，东洋种具有明显的优势。

4.3.3 爬行动物

已记录的38种爬行动物中，有35种属于东洋界的种类，约占种数的92.1%。有2种是分布于东洋界和古北界的广布种，约占种数的5.3%。巴西龟为分布在新北界的外来种，占种数的2.6%。因此，田头山的爬行动物组成中东洋物种占绝对优势。

4.3.4 两栖类

田头山自然保护区的16种两栖动物，都是适应东洋界华南区温湿多雨的南亚热带季风气候的种类。其中14种是东洋界种类，约占种数的87.5%。2种是东洋界和古北界广泛分布的种类，约占种数的12.5%。但以上两个广布种类（泽蛙和饰纹姬蛙），分布区的最北限在古北界的南缘，其主要分布区在东洋界。

4.4 动物分布的生态类型

田头山自然保护区最高的山峰（田心山）海拔683 m，其余多数山体都在海拔500 m以下。现以记录的动物种类都有较宽的垂直分布范围（0~900 m）。因此，野生动物垂直分布现象不甚明显，其生态分布主要的影响因素是自然生态条件，即条件不同的自然生境，栖息着生活习性和食性与其相适应的不同类型的动物。田头山的生境可分为海拔较高地带由天然次生林组成的山地森林；海拔较低地带由天然次生林、人工林（包括果林）、乔灌疏林组成的山麓林地；由水库及各类大小水体与其周边灌草植被、农田等组成的水域疏林。由于以上三个生境自然条件不同，动物分布的种类组成也不同，田头山陆生脊椎动物分布可划分为以下三个生态类型。

4.4.1 山地森林动物群

田头山自然保护区山地地形陡峭复杂，植被繁茂，天然次生林发育良好，水源较丰富，虽然许多地表径流为季节性水源，但亦有多条地表径流常年流水潺潺。这里几乎没有人为活动，是各种珍稀野生动物的主要分布区。分布的种类主要有穿山甲、小灵猫、豪猪、赤麂等兽类，隼形目、鸮形目、鹃形目、䴕形目、夜鹰目、雨燕目等多种鸟类，蟒蛇、大壁虎、平胸龟、香港瘰螈、棘胸蛙、小棘蛙、大头蛙等两栖爬行类。该动物群具有以下特点：动物分布面积较大，种群数量较少，呈随机状态的分布，优势种不甚明显，大中型哺乳动物的种类多分布于该区域。

4.4.2 山麓林地动物群

山麓林地海拔较低，地势较平缓，生境多样性高，边缘效应的作用明显，但由于接近城市功能区，人类活动较多，对野生动物（特别是大型兽类）的分布带来不利影响。主要分布的兽类有豹猫、黄鼬、红颊獴、果子狸、野猪等翼手目和各种啮齿目种类。鸟类有鸠鸽目、鸡形目、鹃形目、雀形目的鹎科、卷尾科、伯劳科、椋鸟科、鸫科、画鹛科、莺科、文鸟科、绣眼鸟科等种类。爬行类有多种蛇类和蜥蜴类。两栖类有大绿蛙、台北蛙、花狭口蛙、花姬蛙等种类。该动物群的特点是：种类较多，数量较大，物种多样性较高，优势种明显，特别是小型兽类（啮齿目）种类和个体数量都较多。

4.4.3 水域疏林动物群

主要分布的种类为对水环境依赖性较强的动物，如哺乳类食虫目的臭鼩和各种鼠类，鸟类的小䴙䴘、普通鸬鹚、红嘴鸥、池鹭、白鹭、夜鹭、白腰草鹬、矶鹬、扇尾沙锥、白胸苦恶鸟、黑水鸡、小翠鸟、白胸翡翠、蓝翡翠等水鸟。爬行类的有乌龟、巴西龟、铅色水蛇、黑斑水蛇、滑鼠蛇、渔游蛇、乌游蛇、红脖游蛇、翠青蛇等种类。两栖类的有黑眶蟾蜍、虎纹蛙、沼蛙、斑腿树蛙、泽蛙、粗皮姬蛙、花细狭口蛙等。由于山地森林和山麓林地的各种动物也常出现在该区域，使该区域动物表现出对水环境依赖型的动物种群数量相对稳定，而其他类型的动物种群数量不稳定，随着气候和环境条件的变化，具有波动较大的特点。

4.5 田头山自然保护区陆生野生动物物种编目

4.5.1 两栖纲 AMPHIBIA

4.5.1.1 有尾目 CAUDATA

1）蝾螈科 Salamandridae

    1. 香港瘰螈 *Paramesotriton hongkongensis* Myers and Leviton

4.5.1.2 无尾目 ANURA

2）蟾蜍科 Bufonidae

    2. 黑眶蟾蜍 *Bufo melanostictus* Schneider

3）蛙科 Ranidae

    3. 小棘蛙 *Rana exilispinosa* Liu and Hu

    4. 沼蛙 *Rana guentheri* Boulenger △

    5. 大头蛙 *Rana kuhlii* Tschudi

    6. 泽蛙 Rana *limnocharis* Boie

    7. 大绿蛙 *Rana livida* Blyth

    8. 棘胸蛙 *Rana spinosa* David △

    9. 台北蛙 *Rana taipehensis* Van Denburgh

    10. 虎纹蛙 *Rana tigrina* Wiegmann ○□

4）树蛙科 Rhacophoridae

    11. 斑腿树蛙 *Rhacophorus leucomystax* Gravenhorst

5）姬蛙科 Microhylidae

    12. 粗皮姬蛙 *Microhyla butleri* Boulenger

    13. 饰纹姬蛙 *Microhyla ornate* Dumeril and Bibron

    14. 花姬蛙 *Microhyla pulchra* Hallowell

    15. 花细狭口蛙 *Kalophrynus pleurostigma* Blyth

    16. 花狭口蛙 *Kaloula pulchra* Gray

4.5.2 爬行纲 REPTILIA

4.5.2.1 龟鳖目 TESTUDOFORMES

1）平胸龟科 Platysternidae

    1. 平胸龟 *Platysternon megacephalum* Gray △

2）龟科 Emydidae

    2. 乌龟 *Chinemys reevesii* Gray

    3. 巴西龟 *Trachemys scripta elegans* Wied

3）鳖科 Trionychidae

    4. 鳖 *Trionyx sinensis* Wiegmann

4.5.2.2 蜥蜴目 LACERTIFORMES

4）鬣蜥科 Agamidae

    5. 变色树蜥 *Calotes versicolor* Daudin

5）壁虎科 Gekkonidae

    6. 壁虎 *Gekko chinensis* Gray

    7. 大壁虎 *Gekko gecko* Linnaeus ○

    8. 原尾蜥虎 *Hemidactylus bowringii* Gray

    9. 锯尾蜥虎 *Hemidactylus garnotii* Dumeril and Bibron

6）石龙子科 Scincidae

    10. 光蜥 *Ateuchosaurus chinensis* Gray

    11. 石龙子 *Eumeces chinensis* Gray

    12. 蓝尾石龙子 *Eumeces elegans* Boulenger

    13. 四线石龙子 *Eumeces quadrilineatus* Blyth

    14. 蝘蜓 *Lygosoma indicum* Gray

4.5.2.3 蛇目 SERPENTIFORMES

7）盲蛇科 Typhlopidae

    15. 钩盲蛇 *Ramphotyphlops braminus* Daudin

8）蟒科 Boidae

    16. 蟒蛇 *Python molurus* Schlegel ●

9）游蛇科 Colubridae

    17. 棕脊蛇 *Achalinus rufescens* Boulenger

    18. 横纹钝头蛇 *Pareas margaritophorus* Jan

    19. 钝尾两头蛇 *Calamaria septentrionalis* Boulenger

    20. 三索锦蛇 *Elaphe radiate* Schlegel

    21. 翠青蛇 *Entechinus major* Guenther

22. 细白环蛇 *Lycodon subcinctus* Roie

23. 白眉游蛇 *Amphiesma boulengeri* Gressitt

24. 草游蛇 *Amphiesma stolata* Linnaeus

25. 红脖游蛇 *Rhabdophis subminiata* Schmidt

26. 乌游蛇 *Sinonatrix percarinata* Boulenger

27. 渔游蛇 *Xenochrophis piscator* Schneider

28. 灰鼠蛇 *Ptyas korros* Schlegel

29. 滑鼠蛇 *Ptyas mucosus* Linnaeus

30. 繁花林蛇 *Boiga multomaculata* Reinwardt

31. 黑斑水蛇 *Enhydris bennetti* Gray

32. 铅色水蛇 *Enhydris plumbea* Boie

10）眼镜蛇科 Elapidae

33. 金环蛇 *Bungarus fasciatus* Schneider

34. 银环蛇 *Bungarus multicinctus* Blyth

35. 眼镜蛇 *Naja atra* Cantor

36. 眼镜王蛇 *Ophiophagus hannah* Cantor

11）蝰科 Viperidae

37. 白唇竹叶青 *Trimeresurus albolabris* Gray

38. 竹叶青 *Trimeresurus stejnegeri* Schmidt

4.5.3 鸟纲 AVES

4.5.3.1 䴙䴘目 PODICIPEDIFORMES

1）䴙䴘科 Podicipedidae

1. 小䴙䴘 *Podiceps ruficollis* Pallas

4.5.3.2 鹈型目 PELECANIFORMES

2）鸬鹚科 Phalacrocoracidae

2. 普通鸬鹚 *Phalacrocorax carbo* Linnaeus

4.5.3.3 鹳型目 CICONIIFORMES

3）鹭科 Ardeidae

3. 绿鹭 *Butorides Striatus* Linnaeus △

4. 池鹭 *Ardeola bacchus* Bonaparte △

5. 牛背鹭 *Bubulcus ibis* Linnaeus △

6. 白鹭 *Egretta garzetta* Linnaeus △

7. 夜鹭 *Nycticorax nycticorax* Linnaeus △

4.5.3.4 隼形目 FALCONIFORMES

4）鹰科 Accipitredae

8. 鸢 *Milvus korschun* Gmelin ○

9. 凤头鹰 *Accipiter trevirgatus* Temminck ○

10. 雀鹰 *Accipiter nisus* Linnaeus ○

11. 普通鵟 *Buteo buteo* Linnaeus ○

5）隼科 Falconidae

    12.　游隼 *Falco peregrinus* Linnaeus ○

    13.　红隼 *Falco tinnunculus* Linnaeus ○

4.5.3.5　鸡形目 GALLIFORMES

6）雉科 Phasianidae

    14.　鹧鸪 *Francolinus pintadeanus* Scopoli

    15.　鹌鹑 *Coturnix coturnix* Linnaeus

    16.　环颈雉 *Phasianus colchicus* Linnaeus

4.5.3.6　鹤形目 GRUIFORMES

7）秧鸡科 Rallidae

    17.　白胸苦恶鸟 *Amaurornis phoenicurus* Pennant

    18.　黑水鸡 *Gallinula chloropus* Linnaeus △

4.5.3.7　鸻形目 GRUIFORMES

8）鸻科 Charadriidae

    19.　金眶鸻 *Charadrius dubius* Scopoli

9）鹬科 Scoiopacidae

    20.　白腰草鹬 *Tringa ochropus* Linnaeus

    21.　矶鹬 *Tringa hypoleucos* Linnaeus

    22.　扇尾沙锥 *Capella gallinago* Linnaeus

4.5.3.8　鸥形目 LARIFORMES

10）鸥科 Laridae

    23.　红咀鸥 *Larus ridibnhdus* Linnaeus △

4.5.3.9　鸽形目 COLUMBIFORMES

11）鸠鸽科 Columbidae

    24.　山斑鸠 *Streptopelia orientalis* Latham

    25.　珠颈斑鸠 *Streptopelia chnensis* Scopoli

    26.　绿背金鸠 *Chalcophaps indica* Linnaeus

4.5.3.10　鹃形目 CUCULIFORMES

12）杜鹃科 Cuculidae

    27.　红翅凤头鹃 *Clamator coromandus* Linnaeus

    28.　鹰鹃 *Cuculus sparverioides* Vigors

    29.　四声杜鹃 *Cuculus micropterus* Gould

    30.　八声杜鹃 *Cuculus merulinus* Scopoli

    31.　噪鹃 *Eudynamys scolopacea* Linnaeus

    32.　褐翅鸦鹃 *Centropus sinensis* Stephens ○

    33.　小鸦鹃 *Centropus toulou* P.L.S.Muller ○

4.5.3.11 鸮形目 STRIGIFORMES

13）草鸮科 Tytonidae

34. 草鸮 *Tyto capensis* Smith ○

14）鸱鸮科 Strigidae

35. 领鸺鹠 *Glaucidium brodici* Burton ○

36. 斑头鸺鹠 *Glaucidium cuculoides* Vigors ○

4.5.3.12 夜鹰目 CAPRIMULGIFORMES

15）夜鹰科 Caprimulgidae

37. 林夜鹰 *Caprimulgus affinis* Horsfield

4.5.3.13 雨燕目 APODIFORMES

16）雨燕科 Apodidae

38. 白腰雨燕 *Apus pacificus* Latham

39. 小白腰雨燕 *Apus affinis* J.E. Gray

4.5.3.14 佛法僧目 CORACIIFORMES

17）翠鸟科 Alcedinidae

40. 斑鱼狗 *Ceryle rudis* Linnaeus

41. 翠鸟 *Alcedo atthis* Linnaeus

42. 白胸翡翠 *Halcyon smyrnensis* Linnaeus

43. 蓝翡翠 *Halcyon pileata* Boddaert

18）戴胜科 Hpupidae

44. 戴胜 *Upupa epops* Linnaeus

4.5.3.15 鴷形目 PICIFORMES

19）啄木鸟科 Picidae

45. 蚁鴷 *Jymx torquilla* Linnaeus

4.5.3.16 雀形目 PASSERIFORMES

20）燕科 Hirundinidae

46. 家燕 *Hirundo rustica* Linnaeus

47. 金腰燕 *Hirundo daurica* Linnaeus

21）鹡鸰科 Motacillidae

48. 黄鹡鸰 *Motacilla flava* Linnaeus

49. 灰鹡鸰 *Motacilla cinerea* Tunstall

50. 白鹡鸰 *Motacilla alba* Linnaeus

51. 树鹨 *Anthus hodgsoni* Richmond

52. 红喉鹨 *Anthus cervinus* Pallas

22）山椒鸟科 Campephagldae

53. 灰喉山椒鸟 *Pericrocotus solaris* Blyth

54. 赤红山椒鸟 *Pericrocotus flammeus* Forster

23）鹎科 Pycnonotidae

55. 红耳鹎 *Pycnonotus jocosus* Linnaeus

56. 白头鹎 *Pycnonotus sinensis* Gmelin

57. 红臀鹎 *Pycnonotus cafer* Linnaeus

58. 白喉红臀鹎 *Pycnonotus aurigaster* Vieillot

59. 栗背短脚鹎 *Hypsipetes flavala* Blyth

24）伯劳科 Laniidae

60. 棕背伯劳 *Lanius schach* Linnaeus

25）黄鹂科 Oriolidae

61. 黑枕黄鹂 *Oriolus chinensis* Linnaeus

26）卷尾科 Dicruridae

62. 黑卷尾 *Dicrurus macrocercus* Vieillot

63. 灰卷尾 *Dicrurus leucophaeus* Vieillot

64. 发冠卷尾 *Dicrurus hottentottus* Linnaeus

27）椋鸟科 Sturnidae

65. 灰背椋鸟 *Sturnus sinensis* Gmelin

66. 丝光椋鸟 *Sturnus sericeus* Gmelin

67. 黑领椋鸟 *Sturnus nigricollis* Paykull

68. 八哥 *Acridotheres cristatellus* Linnaeus

28）鸦科 Corvidae

69. 红嘴蓝鹊 *Cissa erythrorhyncha* Boddaert

70. 喜鹊 *Pica pica* Linnaeus

71. 大咀鸦 *Corvus macrorhynchos* Wagler

72. 白颈鸦 *Corvus torquatus* Lesson

29）鸫科 Turdidae

73. 红点颏 *Luscinia calliope* Pallas

74. 红胁蓝尾鸲 *Tarsiger cyanurus* Pallas

75. 鹊鸲 *Copsychus saularis* Linnaeus

76. 北红尾鸲 *Phoenicurus auroreus* Pallas

77. 黑喉石䳭 *Saxicola torquata* Linnaeus

78. 蓝矶鸫 *Monticola solitarius* Linnaeus

79. 紫啸鸫 *Myiophoneus caeruleus* Scopoli

80. 乌鸫 *Turdus merula* Linnaeus

30）画眉科 Timallidae

81. 红头穗鹛 *Stachyris ruficeps* Blyth

82. 黑脸噪鹛 *Garrulax perspicillatus* Gmelin

83. 黑领噪鹛 *Garrulax pectoralis* Gould

84. 黑喉噪鹛 *Garrulax chinensis* Scopoli

85. 画眉 *Garrulax canorus* Linnaeus

86. 红嘴相思鸟 *Leiothrix lutea* Scopoli △

31）莺科 Sylviidae

    87. 鳞头树莺 *Cettia squameiceps* Swinhoe

    88. 短翅树莺 *Cettia diphone* Kittlitz

    89. 山树莺 *Cettia fortipes* Hodgson

    90. 褐柳莺 *Phylloscopus fuscatus* Blyth

    91. 黄眉柳莺 *Phylloscopus inornatus* Blyth

    92. 黄腰柳莺 *Phylloscopus proregulus* Blyth

    93. 长尾缝叶莺 *Orthotomus sutorius* Pennant

    94. 褐头鹪莺 *Prinia subflava* Gmelin

    95. 黄腹鹪莺 *Prinia flaviventris* Delessert

    96. 鸲姬鹟 *Ficedula mugimaki* Temminck

32）鹟科 Muscicapidae

    97. 北灰鹟（阔嘴鹟）*Muscicapa latirostris* Rafflos

    98. 寿带鸟 *Terpsiphone paradisi* Linnaeus

    99. 紫寿带鸟 *Terpsiphone atrocaudata* Eyton △

33）山雀科 Paridae

    100. 大山雀 *Parus major* Linnaeus

34）啄花鸟科 Dicaeidae

    101. 纯色啄花鸟 *Dicaeum concolor* Jerdon

    102. 朱背啄花鸟 *Dicaeum cruentarum* Linnaeus

35）太阳鸟科 Nectariniidae

    103. 叉尾太阳鸟 *Aethopyga christinae* Swinhoe

36）绣眼鸟科 Zosteropidae

    104. 暗绿绣眼鸟 *Zosterops japonica* Temminck et Schlegel

    105. 红胁绣眼鸟 *Zosterops erythropleura* Swinhoe

37）文鸟科 Ploceidae

    106. 树麻雀 *Passer mintanus* Linnaeus

    107. 白腰文鸟 *Lonchura striata* Linnaeus

    108. 斑文鸟 *Lonchura punctulata* Linnaeus

38）雀科 Fringillidae

    109. 黑尾腊咀雀 *Eophona nigratoria* Hartert △

    110. 灰头鹀 *Emberiza spodocephala* Pallas

    111. 小鹀 *Emberiza pusilla* Pallas

4.5.4 哺乳纲 MAMMALIA

4.5.4.1 食虫目 INSECTIVORA

1）鼩鼱科 Soricisae

    1. 臭鼩 *Suncus murinus* Linnaeus

4.5.4.2 翼手目 CHIROPTERA

2）狐蝠科 Pteropodidae

    2. 棕果蝠 *Rousettus leschenaulti* Desmarest

3）蝙蝠科 Vespertilionidae

    3. 普通伏翼 *Pipistrellus abramus abramus* Temminck

4.5.4.3 鳞甲目 PHOLIDOTA

4）穿山甲科 Manidae

    4. 穿山甲 *Manis pentadactyla aurita* Hodgson ○

4.5.4.4 食肉目 CARNIVORA

5）鼬科 Mustelidae

    5. 黄鼬 *Mustela sibirica davidiana* Milne-Edwards

6）灵猫科 Viverridae

    6. 小灵猫 *Viverricula indica* Desmarest ○

    7. 果子狸 *Paguma larvata larvata* Hamilton-Smith

    8. 红颊獴 *Herpestes javanicus* Geoffroy △

7）猫科 Felidae

    9. 豹猫 *Felis bengalensis chinensis* Gray △

4.5.4.5 偶蹄目 ARTIODACTYLA

8）猪科 Suidae

    10. 野猪 *Sus scrofa chirodontus* Heude

9）鹿科 Cervidae

    11. 赤麂 *Muntiacus muntjak vaginalis* Zimmermann

4.5.4.6 啮齿目 RODENTIA

10）松鼠科 Sciuridae

    12. 隐纹花松鼠 *Tamiops swinhoei maritimus* Bonhote

11）豪猪科 Hystricidae

    13. 豪猪 *Hystrix hodgsoni subcristata* Swinhoe △

12）竹鼠科 Rhizomyidae

    14. 银花竹鼠 *Rhizomys rruinosus latouchei* Thomas

13）鼠科 Muridae

    15. 黄胸鼠 *Rattus flavipectus flavipectus* Milne

    16. 黄毛鼠 *R. rattoides exiguus* Howell

    17. 褐家鼠 *R. norvegicus socer* Miller

    18. 社鼠 *R. niviventer confucianus* Milne-Edwards

    19. 针毛鼠 *R. fulvescens huang* Bonhote

    20. 板齿鼠 *Bandicota.indlica nemorivaga* Hodgson

    21. 小家鼠 *Mus musculus* Linnaeus

注：● 国家一级重点保护野生动物；○ 国家二级重点保护野生动物；△ 广东省重点保护野生动物。

第五章 田头山自然保护区的旅游资源

摘要：田头山自然保护区邻近深圳市区，交通便捷，植被丰富，山清水秀，吸引了许多游人来此登山、赏景，并感受深圳早期遗存下来的客家文化氛围。自然景观包括垂直植被景观、稀有植物景观、沟谷景观和湿地景观。保护区内有黑桫椤群落、苏铁蕨群落、金毛狗群落、佳氏苣苔群落等极具观赏特色，让游人观赏到植物界难得一见的奇特景观。山涧沟谷中的奇石、怪树、流水，都呈现出独特的风景，让游人流连忘返。人文景观包括大万世居和谭仙古庙，邻近区域还有大鹏所城和坝光滨海田园风光，体现了深圳客家文化的发展。

5.1 自然旅游资源

5.1.1 植被景观

5.1.1.1 垂直植被景观

田头山自然保护区境内的森林植被类型随着海拔的升高而变化，保护区的最高海拔处为683 m，从山麓至山顶可以观赏到沟谷常绿阔叶林、低地常绿阔叶林、低山常绿阔叶林及山地常绿阔叶林等植被垂直分布景观。这些植被景观是由组成植物种类不同、结构不一、外貌各异而形成的，具有丰富的生物多样性和各类有趣植物现象，可供都市人观赏和科学考察。阔叶林外貌苍绿，林冠重叠稠密，群落层次结构复杂，一般可分为五层。其中，乔木可分为三层，外加灌木和幼树、草本层。乔木的第一亚层，林冠层不连续，呈半球状。这些巨树高大挺拔，粗糙的树皮以及逐显苍老的枝干和树梢，一方面表明它们在森林中唯我独尊，不可替代的长者地位；另一方面也预示着它们经过数百年的沧桑风雨，即将走完自己的生命历程。乔木第二亚层树干挺直，树皮光滑，枝繁叶茂，郁郁葱葱，显示出奋勇争先的勃勃生机，假以时日，它们将取代上层的高大古树。从乔木第三亚层往下，伴随着丰富多彩的层间植物，种类组成复杂繁多，虽比不上热带森林物种的茂密富饶，但却反映了南亚热带常绿阔叶林的原始风貌，具有重要的科学研究价值。每到春夏花期，大量大头茶和荷木开花，其白色而硕大的花布满山区，远看犹如点点白星，具有良好的观赏价值。秋冬季节，野漆、五列木等植物叶子变色，更是形成大量红色斑块，映衬在深绿色的植被上分外鲜艳。

5.1.1.2 稀有植物群落景观

田头山自然保护区共有野生维管植物1289种，其中各类珍稀濒危植物有48种。特别是黑桫椤群落、苏铁蕨群落、金毛狗群落、佳氏苣苔群落极具观赏特色。高达3 m的黑桫椤树蕨，让人犹如进入古代恐龙世界；而大量金毛狗的良好生长，犹如各个金毛小动物趴于地上；佳氏苣苔一到花期，一片石壁上尽是艳丽唇型花，非常奇特而富有美感。附生的兰科植物、巢蕨，藤蔓植物香港油麻藤，堪称一座天然奇特、颜色鲜艳和谐的植物观赏园。徜徉于古林绿海之中，品味"到此已无尘半点，上来更有碧千寻"的意境，令人心旷神怡。那离奇古怪，神秘玄妙的森林景观，会使你回味无穷，流连忘返。那黑的、青的、黄的、

红的，五颜六色，千姿百态的藤蔓植物，有的圆粗如巨蟒，有的扁平如履带，有的则纤细如丝线，它们或卧地而行，或攀岩走壁，绕树而上；似秋千，似绳杆，腾空飞挂于大树之间，纵横交织于林冠之上，无所不在地显示出它们魔高一丈的生存本领。那些老茎生花的植物，多数为雌雄异株，将自己鲜艳的花朵显露于昆虫最易触及的位置，显示了植物对昆虫传粉的一种特殊适应。至此，你不得不惊叹自然界的博大精深。

5.1.2 自然生态系统景观

5.1.2.1 南亚热带沟谷景观

田头山自然保护区有较多景观价值优良的天然沟谷，尤其是南面和北面较多，部分沟谷水量丰沛，植物物种丰富，景观奇特，树形优美，属于典型的南亚热带沟谷林植被。沟谷中奇石、怪树、流水，都呈现出独特的风景。特别是在靠近惠州的北面有一条经过初步开发的沟谷，其植物种类非常丰富，乔木层种类主要有浙江润楠、鸭公树、荷木、山杜英、罗浮柿等，尤其是一些榕属植物的茎花、茎果现象，一串串悬挂在林间，引得多种鸟类来取食，非常有趣且增长见识。而林下的灌木和草本层植物众多，有较多兰科和苦苣苔科植物分布在沟谷石壁、岩石缝隙中，如石仙桃、美花石斛、唇柱苣苔等，一到花期星星点点，映衬在深绿的苔藓植物上分外显眼。又有众多藤本植物缠绕其中，如绿花崖豆藤、苍白秤钩风、刺果藤等，不但形成良好的热带景观，增加趣味，而且到花期果期，串串绿花崖豆藤如禾雀一般悬挂下来，又有刺果藤下各个绿色小刺果，足以吸引旅人瞩目。而且该段有非常有趣的腐生植物红冬蛇菰存在，间或在阴暗处显出一片嫣红。但需要特别注意的是要防止部分人顺手采、拔一些草本植物，特别是兰科和苦苣苔科植物，兰科是整个科都被列入需要保护的植物，且受威胁程度日益加重，其繁殖能力也受到一定限制。

5.1.2.2 湿地水资源与水体景观

田头山自然保护区拥有较多的沟谷，形成了东部几个主要库区。溪流水量随着降雨季节变化而明显，4～9月为丰水期，10月至翌年3月为枯水期，雨季地表径流顺坡而下，流量大增；旱季缺乏地表径流补给，流量减少，部分溪流甚至断流。这使得其具有良好的水资源，不但起到重要的水源涵养作用，还是一道亮丽的风景线。特别是沟谷中的水流对于植被的良好发育，某些特殊种类植物的正常生长是必不可少的，尤其对于珍稀濒危的兰科更是如此，而这些特殊的植物，或悬挂树上，或攀附于岩壁上，都能形成道道风景；再加上流水和良好的植被能吸引来众多动物，如青蛙偶尔蹦出，艳丽的小鸟时而飞过鸣唱，潺潺流水映衬在深绿茂盛的植被中，又成为一道漂亮的景观，特别是在夏天游览时给人舒畅的感觉。因该自然保护区靠近海岸，也就同时拥有了海景景观的潜力。

5.2 人文景观

田头山自然保护区位于深圳市东部，东部与惠州接壤，东南面为大鹏半岛，北面为坪山街道，周边拥有丰富的旅游资源和人文景观资源，具体如下。

5.2.1 大万世居

"大万世居"位于坪山镇坪山墟西南的客家村，坪山新区坪山街道中心西南约1km处，占地面积15000 m²，也在全国最大客家围屋之列，是广东省文物保护单位，深圳市重点文物保护单位。

"大万世居"为曾氏族人所建。整个建筑的平面呈方形，总面宽124.3 m，总进深123.5 m，占地面积

1.5万m²，分为外、内围龙，整体保留尚好。外围龙包括正面的大门楼、两侧门、民居、水井、碉楼和围墙等，装饰讲究。四角与后墙正中的碉楼、大门及侧门均连以壁立的围墙，形成高不可攀、壁垒森严的寨堡。紧贴四周围墙下建有简单的民居，再于其南、北、东面各建有一排三间两伸手带天井的四合院民居。水井在大门与南侧门之间。内围龙位于外围龙内的中前部，四角及后墙正中也设有碉楼。西面有正门和两侧门。正门内两侧靠后设有两对开的横门。正门及门内的"勿替引之"石牌坊已拆毁，面对正门的端义公祠，是内围龙的中心建筑，面宽11.5m，进深33m。现由深圳市文物局管理，已用巨资重修，并对外开放供旅游者参观浏览。通过近来一系列的宣传活动，大万世居知名度飙升。

5.2.2 谭仙古庙

谭仙古庙位于火烧天东南坡的山脚下，属田头山保护辖区内，白沙湾岸边，距离海边的海滨公路有15分钟的步程。通往古庙的路全都由红褐色的石头砌成，古色古香，神韵十足。谭仙古庙不大，只有一座小庙宇，但因其为古代客家人从中原南迁，一路颠沛流离，历尽劫难，搬迁到此地所建立，具有一定的历史意义。20世纪80年代，政府和一些当地的客家人共同出资重新修缮了此庙，现在已成为人们旅游祈福的圣地。

5.2.3 大鹏所城、坝光滨海田园风光

除了上面两个临近的人文景观，开车可在较短时间内到达的还有"大鹏所城"、坝光滨海田园风光等。

"大鹏所城"位于深圳市东部大鹏新区大鹏镇，全称"大鹏守御千户所城"，深圳又名"鹏城"即源于此。它是深圳目前唯一的国家级重点文物保护单位，是我国东部沿海现存最完整的明代军事所城之一，为抗击倭寇而设立，占地11万m²，始建于明洪武二十七年（1394年）。在"深圳八景"中，"大鹏所城"名列八景榜首，是最古老的一个景点，对市民来说有着许多新鲜感。这里可以访古凭吊、领略明清古风，所看得到的，是深圳600多年的历史。

坝光滨海田园风光位于大鹏新区葵涌镇，由18个自然村组成，分布有坝光村、高大村、西乡、井头、盐灶等村庄，还有盐灶水库、坝光水库和坪埔水库等一些中小型水库，白沙湾的海滨还散布有很多海业虾场和养蚝基地，散布在16km的海岸线旁。这里蓝天白云，低丘连绵，山林葱茏，绿野广阔，风景迷人，是游人远离喧闹都市，拥抱自然，领略"采菊东篱下，悠然见南山"的好去处。村里的古树品种繁多，姿态美，树龄在百岁以上的古树比比皆是。沿海岸线还有红树林群落。由于这里地处偏远，过去交通不方便，所以这里水土保持良好，如今仍是山清水秀，果丰林密，海产丰富。在瓜果飘香的季节，满山的荔枝、黄皮、龙眼，伸手可得。访客忙里偷闲，误入悠悠小村，仿佛进入一个梦中的世外桃源。

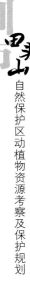

第六章　社会经济状况

摘要：田头山自然保护区位于坪山新区，新区下辖坪山、坑梓两个办事处共23个社区，辖区总面积约168 km²，总人口约60万。坪山新区近年发展很快，被国家民政部列为"全国社区治理和服务创新实验区"和"全国社会工作服务示范地区"。经济方面，坪山新区已拥有世界500强企业11家、境内外上市公司51家，各项经济指标均超额完成，发展势头不减，第一产业稳定跟进，第三产业发展迅速。

6.1 社会经济状况

6.1.1 行政区划与人口

田头山自然保护区位于坪山新区坪山街道办事处。坪山新区于2009年6月30日正式挂牌成立，包括13局（办）、1委、4中心、1大队，下辖坪山、坑梓两个办事处共23个社区。区总面积约168 km²，总人口数约60万，其中户籍人口数约3.6万。

6.1.2 交通便利

田头山自然保护区地理位置优越，交通便捷，距深圳市中心32 km，距离深圳宝安国际机场约60 km，区域板块有深惠高速公路、深汕高速公路、外环快速路、南坪快速路等公路贯穿而过。另外，轨道交通有深圳市东北方向城际线经过。田头山自然保护区周边的城市主干道系统较为发达，分别有东纵路、坪葵路、金田路等与高速公路、快速路连接，这为周边居民及深圳市民前往田头山自然保护区观光游览提供了十分便利的交通条件。

6.1.3 社区发展

2011年坪山新区在23个社区建立了社区服务中心，采取政府购买服务的方式，引入8家社会组织运营，专业社工参与服务。从2012年起，坪山新区开始进行土地整备、环境提升、转型升级等发展建设任务，遵循"一社区一策"的原则，推进社区综合发展规划。针对坪山外来人口众多的特点，坪山还将社区服务的范围扩大到实有人口中来。社区服务中心的服务不仅针对老年人、妇女、儿童等一般人群，还涵盖残疾人、矫正人员等特殊群体；不仅服务本地户籍居民，还为来深建设者提供服务。在工业园区，坪山还设立了"幸福园区"等3个社工项目，为劳务工提供情绪辅导、劳动关系协调等服务，推动了实有人口基本公共服务均等化的发展。坪山的社区（党群）服务中心逐步形成了"一社区一特色"服务品牌，共为居民提供了7大项145小项服务。

2014年1月，坪山新区先后被国家民政部列为"全国社区治理和服务创新实验区"和"全国社会工作服务示范地区"。截至2015年2月底，新区社区（党群）服务中心共开展服务辅导个案1124个，小组1006个，社区活动6074场，孵化社区社会组织110个，发展志愿者3127人，总服务人次达122万。

6.2 周边地区社会经济概况

2014年，坪山新区规模以上工业增加值280亿元。目前，坪山新区已拥有世界500强企业11家、境内外上市公司51家；国家、省、市各类实验室、工程中心、技术中心等创新载体目前已达25家；专利申请总量2599件，同比增长26.97%，高出全市平均水平24.88个百分点。出口加工区申报综合保税区进展顺利，比亚迪、昱科环球、高先电子、村田科技等一大批企业发展态势良好，海川、创捷、振华等战略性新兴产业项目顺利落户坪山。

6.3 社会产业结构

随着保护区工作的深入开展，必然给保护与利用带来新的矛盾，势必会影响周边社区的经济发展和居民的生活水平。这就要求保护区与周边社区共同寻找一条新的经济发展路子，以提高保护区和周边社区的经济收入，达到共同发展。新的经济要求需要新的产业结构，基于保护区与周边社区的基础与要求，选择如下产业结构模式。

6.3.1 生态经济林种植业

随着保护区天然林保护、退果还林等林业生态工程的实施，应以保护为宗旨，以发展集约化经营的林果业（荔枝、龙眼、李子、桔等）为目标，利用当地品牌树种，并引进优质林果种类，通过新技术及新管理经验的应用，实现生态经济林的稳产、高产及生态作用的高效，保证社区的经济发展。

6.3.2 生态旅游和服务业

旅游服务业在快速、有效增加社区群众收入、吸收社区富余劳动力资源方面，有着其他产业不可比拟的优势。同时，旅游服务业关联性强，可以带动其他相关产业的发展，从而更加有力地推动社区全盘经济发展。

根据区域比较优势，结合保护区的实际情况和社区经济现状及发展潜力进行产业结构调整，大力发展第三产业——生态旅游和服务业，稳定优化第一产业——生态经济林种植业。通过社区产业结构调整，形成以自然保护为前提，以生态种植业和生态旅游服务业带动社区共同发展的产业结构模式。

6.4 自然保护区土地资源与利用

田头山自然保护区规划总面积为20.073km²，其中，农用地1829.97万m²，占保护区总面积的91.50%；建筑用地为132.22万m²，占保护区总面积的6.59%；未利用地为45.15万m²，占保护区总面积的1.91%。在农用地中，以林地为主，面积为1448.44万m²，约占农用地面积的79.15%。此外，保护区内规划的水域面积为135.62万m²，生产防护绿地1.00万m²，市政公用设施用地3.10万m²，耕地6.87万m²，规划道路30.95万m²。

自然保护区周边的地块包括田心田头片区、生态农业片区以及中心片区。规划发展为集产业园、综合服务中心、居住区和生态区为一体的新区。

第七章 田头山自然保护区管理和保护规划

摘要：田头山自然保护区现已规划为市级自然保护区。建设目标：①建立健全的组织管理机构、规章制度、保护管理体系，完善基础设施、设备；②进一步开展全面的自然保护、科研和宣传教育工作，使保护区内的生态环境资源得到有效保护，珍稀濒危物种的生存栖息环境得到改善、种群数量增加；③充分发挥保护区的生态效益、社会效益，兼顾经济利益，促进保护区周边社区的经济发展，成为全省市级自然保护区的优秀代表；④在科学管理、基础设施和环境条件上达到省级自然保护区的标准。在条件许可的情况下，按照国家级自然保护区的标准开展科研建设，或联合邻近山地建立国家级自然保护区。

7.1 田头山自然保护区规划的必要性和指导思想

7.1.1 规划建设的必要性及依据

7.1.1.1 存在建立自然保护区的良好天然条件

1）陆地森林生态系统具有代表性和典型性

田头山自然保护区在广东省沿海山地具有较为典型的南亚热带陆地森林生态系统。南亚热带低山常绿阔叶林是保护区内的主要组成植被及代表性植被，优势乔木包括浙江润楠、黄樟、厚壳桂、柯、大头茶、子凌蒲桃、毛棉杜鹃、鼠刺、鸭脚木、山乌桕、鳞苞、绒楠等。其中，大面积分布于田头山主峰西坡的"浙江润楠—子凌蒲桃＋鸭脚木群落"以及靠近惠州一侧，即田头山东面的"黄樟＋厚壳桂—鸭脚木＋猴耳环群落"保存完好，其物种多样性和物种平均值较高，为深圳市保存最为完好的低山常绿阔叶林之一。

其特色植被主要体现在南亚热带沟谷常绿阔叶林中，其中大面积分布着保存良好的苏铁蕨群落，数量多达4000株以上，种群更新良好，具有众多小苗。此外，亦分布有黑桫椤群落，有较多大型植株，最大的黑桫椤可达2.5～3.5 m高，基围可达45 cm。发育良好的"苏铁蕨资源"、"树蕨资源"具有典型性，反映了植被保存良好，整体上物种多样性较高，生物地理成分复杂，大量苦苣苔科、兰科、百合科植物也生长于此，特别是佳氏苣苔，该物种除香港、深圳之外，在其他地区尚未发现。该种一般生长在田头山低海拔的山谷中。

2）具有丰富的生物多样性

在植物区系方面，田头山共有野生维管植物1289种。动物区系方面，田头山自然保护区共分布有陆生脊椎动物4纲、27目、67科、129属、186种。其中，两栖动物2目5科16种，爬行动物3目11科38种，鸟类16目38科111种，哺乳动物6目13科21种。数量相对较为丰富。

3）珍稀濒危物种和特有种较丰富

植物方面，在田头山自然保护区保存有中国特有植物多达302种，广东特有种也有10种。同时，田头山分布有国家重点保护野生植物7种，均为国家Ⅱ级重点保护，有省级保护植物1种。另外，根据IUCN

红色名录，濒危级植物有7种，易危植物有37种。

动物方面，国家一级和二级重点保护陆生脊椎动物分别为1种和15种，省级保护动物10种。全部共计26种。

7.1.1.2 生态环境受到一定程度的破坏，急需加强保护

由于田头山北部为城市建设区，人口密度较大，区域内人为经济活动较频繁，生态环境受到了一定程度的人为干扰和破坏。除导致大面积的原生林被毁外，还直接威胁到一些珍稀濒危物种的生存，如苏铁蕨、香港油麻藤、佳氏苣苔、土沉香及野茶树等。特别在部分低海拔群落中可见国家II级保护植物土沉香的大树残桩（桩上萌发新小叶可辨认），更证明存在个人为经济利益而进行的破坏活动。而该种的濒危原因主要就是来自人类的大量砍伐，急需加强对生物多样性保护。

7.1.1.3 进一步推动深圳市自然保护区的建设工作

1）符合国家和省林业与环保发展的趋势

2003年6月25日，中共中央、国务院做出了《关于加快林业发展的决定》（中发[2003]9号），确定了林业"三生态"（即生态建设、生态安全、生态文明）的战略思想，把改善生态状况作为我国实现可持续发展的根本和切入点，进一步确立了林业在国民经济和社会发展中的战略地位。

2003年8月12日，广东省召开林业局局长会议，学习、贯彻《中共中央国务院关于加快林业发展的决定》，指出应以自然保护区、森林公园为主体进行生物多样性保护和森林景观建设，构筑生态安全体系。

2005年9月，在由广东省环保局牵头，省发展和改革委员会、财政厅、农业厅、国土资源厅、林业局、海洋渔业局等单位共同参与编制的《广东省环境保护与生态建设"十一五"规划（征求意见稿）》中，提出"为建设绿色广东，促进经济社会和环境的协调发展，广东省拟加强自然保护区及森林公园的建设和管理，使自然保护区陆域总面积占全省陆地面积的比例达到8%以上"。

2004年9月1日，中共深圳市委根据《中共中央国务院关于加快林业发展的决定》，做出了《中共深圳市委深圳市人民政府关于加快城市林业发展的决定》（深发[2004]10号）。《决定》提出具体目标："建立自然保护区3个以上，建成森林公园15个以上；全市森林覆盖率达到48%以上……对生物多样性丰富地区、珍稀野生动植物集中分布地区、生态系统典型地区和重要湿地等地区，要及时划建为自然保护区。"

截止到2016年底，全国自然保护区已经发展到2740个，147万km²，约占国土面积的14.83%，已超过世界的平均水平（约12%）。广东省已建自然保护区275个，陆地管护面积107.5万ha，占全省国土面积6%（其中森林、野生动植物和湿地类型205个，陆地面积103.3万ha）。但由于种种原因，深圳市到目前为止仍只有1个自然保护区，即深圳内伶仃岛—福田国家级自然保护区，该保护区建于1984年10月，由内伶仃岛猕猴保护区和福田红树林鸟类保护区两部分组成，主要保护对象为猕猴、鸟类和红树林，总面积约92.2ha。1988年5月被批准为国家级自然保护区，是国家级自然保护区中面积最小的一个，仅占深圳市国土面积的0.5%，远远落后于其他县市。

目前，深圳市已建设了深圳内伶仃岛—福田国家级自然保护区、深圳排牙山市级自然保护区以及多个郊野或森林公园，如马峦山郊野公园、三洲田森林公园、七娘山森林公园、银湖郊野公园及梅林郊野公园等，但远未达到《决定》提出的目标。因此，对把生物多样性丰富地区、珍稀野生动植物集中分布地区、生态系统典型地区和重要湿地等地区及时划建为自然保护区、郊野或森林公园的工作仍然紧迫。田头山地区的生物资源非常丰富，生物区系成分较为复杂及古老，植被类型多样，且是深圳市重要的水源区之一，符合上述划建条件，建立成自然保护区后将有非常重要的社会、经济和科学价值。

2）符合深圳市加快绿地建设的精神

为了指导深圳市绿化建设项目的安排，加强全市绿化工作的规划管理，2004年11月12日，深圳市人民政府出台了《深圳市绿地系统规划（2004—2020）》。根据这一《规划》，深圳绿地系统分为市域生态绿地系统、建成区绿地系统及建筑本体绿地系统三个主要部分。市域生态绿地系统规划包括全市建设8处区域绿地，不同区域采取不同保护方式；建设18条城市大型绿廊，作为城市生物通道和通风走廊；构建全市干道网络绿色通道、生物通道、河流水系廊道；全市划定21片森林、郊野公园建设控制区；在东部海岸建设观光公园和地貌公园；在河流流域建设湿地公园等。建成区绿地系统包括：规划新建城市公园108个，其中宝安58个，龙岗50个；按照社区功能建设一批社区公园；生产绿地规划不应低于城市建设总用地的2%；建设沿海红树林防护带、卫生防护带。田头山自然保护区的建设将极大地促进这两个绿地系统的建设。

2005年10月17日发布的《深圳市基本生态控制线管理规定》（深圳市人民政府令第145号），明确指出深圳市的基本生态控制线的划定应包括：一级水源保护区、风景名胜区、自然保护区、集中成片的基本农田保护区、森林及郊野公园；坡度大于25%的山地、林地以及特区内海拔超过50 m、特区外海拔超过80 m的高地；主干河流、水库及湿地；维护生态系统完整性的生态廊道和绿地；岛屿和具有生态保护价值的海滨陆域以及其他需要进行基本生态控制的区域，并由市政府统一设立基本生态控制线保护标志。根据这一规定，拟建中的田头山自然保护区的几乎全部范围均位于基本生态控制线内。开展田头山自然保护区的建设工作将对深圳市的生态系统安全起到较大的推动作用。

7.1.1.4 进行总体规划的必要性和依据

总体规划是指导自然保护区今后建设、管理和保护工作的纲领性文件，它阐述了保护区规划的指导思想和原则、规划的期限和总目标，对保护、科研、宣传教育、生态旅游、多种经营和行政管理等作出了规划，并对这些规划提出了效益评估和保证措施等。为此，必须编制拟建田头山自然保护区的总体规划方案，以规范该保护区的申报和今后的建设和管理工作。

规划建设的依据主要有：

（1）中华人民共和国国务院令（第167号），《中华人民共和国自然保护区条例》，1994年12月1日。

（2）第九届全国人民代表大会常务委员会第二次会议通过，《中华人民共和国森林法》，中华人民共和国主席令第三号公布，1998年4月29日。

（3）中华人民共和国国务院批准，《森林和野生动物类型自然保护区管理办法》，1985年7月6日。

（4）《中华人民共和国陆生野生动物保护实施条例》，1992年3月1日。

（5）《中华人民共和国野生植物保护条例》，1997年1月1日。

（6）中华人民共和国林业部批准，《自然保护区工程总体设计标准》，LY/J126～88。

（7）《中国自然保护区发展规划纲要》，1996—2010。

（8）中共中央、国务院，《中共中央国务院关于加快林业发展的决定》（中发[2003]9号），2003年6月25日。

（9）国家林业局，《自然保护区工程项目建设标准》（试行）（林计发[2002]242号），2002年10月16日。

（10）中华人民共和国行业标准，《自然保护区工程设计规范》（LY/T5126～04），2004年9月1日实施。

（11）广东省人民政府，《转发广东省人民代表大会常务委员会关于加快自然保护区建设的决议的通知》（粤府[2000]1号），2000年1月6日。

（12）广东省人民政府，《广东生态公益林体系建设规划纲要》，1994年。

（13）《广东省森林保护条例》，1994年4月30日。

（14）原广东省林业厅、广东省林业勘测设计院，《广东野生动植物保护建设工程规划》，1998年。

（15）广东省第九届人民代表大会常务委员会第二十六次会议通过，《广东省重点保护陆生野生动物名录（第一批）》，2001年5月31日。

（16）广东省机构编制委员会办公室、广东省财政厅，《关于广东省自然保护区管理体制和机构编制等问题的意见》（粤机编办 [2001] 387号）。

（17）深圳市人民政府第145号令，《深圳市基本生态控制线管理规定》，2005年11月1日实施。

（18）《中共深圳市委深圳市人民政府关于加快城市林业发展的决定》（深发[2004]10号），2004年9月1日。

（19）《深圳市生态公益林条例》，2002年4月26日。

（20）《中华人民共和国森林法》，1984年9月20日第六届全国人民代表大会常务委员会第七次会议通过，1985年1月1日实施。1998年再次修改。

7.1.2 规划建设的指导思想和原则

本建设策略的总体指导思想是：认真贯彻"全面保护自然环境，积极开展科学研究，大力发展生物资源，为国家和人类造福"和"加强资源保护，积极繁殖驯养，合理经营利用"的方针，以保护南亚热带珠江三角洲田头山常绿阔叶林和红树林为宗旨，全面保护自然资源和优良的自然环境，大力开展科学研究和科普研究，探索自然资源的合理利用。同时，科学地开展生态旅游和多种经营，提高保护区自我发展的能力，带动周边社区经济发展，实现保护区的可持续发展，把田头山自然保护区建成一个生态环境优美、内容丰富、设备完善、管理科学的市级自然保护区。

根据规划的指导思想，拟遵循如下规划原则：

（1）坚持保护为主，合理利用的原则。建设内容必须坚持以保护自然生态环境资源为主，保持保护区的生物多样性特征；在切实做好保护的前提下，合理利用生物、水和景观等资源。

（2）坚持统一规划，分期实施及重点突出的原则。统一规划以使保护区各项建设内容相互协调与衔接；分期实施亦即根据保护区的建设条件、保护目的等循序渐进，稳步推进。同时要根据田头山自然保护区的特点，突出保护该地区的自然环境、南亚热带常绿阔叶林及其珍稀濒危动植物。

（3）坚持合理布局，社区协调发展的原则。保护区的建设要有利于促进社区和周边地区的经济发展，取得周边单位和群众的支持，实行社区共管，彼此协调发展。

7.2 田头山自然保护区的性质与功能区规划

7.2.1 保护区的性质、类型、对象

7.2.1.1 保护对象

田头山自然保护区的主要保护对象是南亚热带常绿阔叶林及珍稀濒危动植物，以及湿地生态系统。

7.2.1.2 保护区的性质、类型

根据田头山自然保护区的自然环境和社会经济状况，确定其性质为：以保护南亚热带常绿阔叶林、珍稀濒危动植物为主，集生态系统保护、水源保护、自然景观保护、科学研究、科普教育及生态旅游等功能于一体的综合型自然保护区。

根据中华人民共和国国家标准《自然保护区类型与级别划分原则》（GB/T 14529～93），深圳田头山市级自然保护区的类型应为"自然生态系统类"，包括"森林生态系统类型"，即以陆地森林生态系统为

101

主，内陆水库湿地生态系统为辅的自然保护区。

7.2.2 规划目标

7.2.2.1 总体目标

根据总体规划的指导思想和基本原则，确立田头山自然保护区的总体目标为：力争在规划期内（2017—2032年），建立健全的组织管理机构、规章制度、保护管理体系，完善基础设施、设备，开展全面的自然保护、科研和宣传教育工作，使保护区内的生态环境资源得到有效保护，珍稀濒危物种的生存栖息环境得到改善、种群数量增加，充分发挥保护区的生态效益、社会效益和兼顾经济利益，促进保护区周边社区的经济发展，成为全省市级自然保护区的样板，并力争在科学管理、基础设施和环境条件上达到省级甚至是国家级自然保护区的标准。

7.2.2.1 近期、中期和远期目标

1）近期目标（2017—2022年）

（1）建立高效的保护区组织管理机构。

（2）完成保护区重点基础设施的设计和建设，主要有保护区管理处和管理站、车行道、步行游览道、安全护栏、公共服务设施（如休息亭廊、餐厅、停车场、公厕及垃圾转运站等）。

（3）初步建立安全保卫措施，招募并培训全职护林人员和保安，防止山火发生和保障游客安全。

（4）开展保护区本底资源清查，例如，昆虫区系研究；对重点群落按特殊种群进行调查，对珍稀动植物（苏铁蕨、黑桫椤等）按国家有关标准进行分布、数量、生存状况调查。

（5）与高等学校、科研机构合作，建立珍稀植物辅育园；开展内陆库区湿地生态系统研究，对湿地生物多样性进行监测研究。

整体上，达到省级自然保护区建设标准，并在未来申报成为广东省自然保护区。

2）中期目标（2023—2027年）

（1）完善所有工程设施、设备的建设，主要有科普宣传和教育设施、医疗服务站、实验室及实验设备、野生动物救护站及主题广场等。

（2）建立森林博物馆和展览馆以及生物资源的档案和信息系统。

（3）建立科研基地，引进专业人员，培养和造就保护区自己的科研力量；完成保护区各项本底资源清查，如昆虫区系研究；完成主要珍稀动植物的分布、数量、生存状况调查。

（4）进一步完善管理体系和安全保障系统。

（5）合理适度的开发部分自然景观资源，开展生态旅游；开展林分改造；完善珍稀植物辅育园，辅育珍稀植物数1～2 hm²。完成保护区内湿地生物多样性的调查。

（6）在以上基础上，将田头山建设成为国家级自然保护区。

3）远期目标（2028—2032年）

（1）全面开展科学研究和实验，建立永久性的监测、研究和教育实习基地。

（2）丰富标本馆的馆藏，采集一整套保护区的高等植物标本并拍摄野生植物的花果图片，拍摄一整套保护区陆生脊椎动物的图片以及相关的录影工作。

（3）开展野生动植物的救护工作，建立野生植物的繁育基地，积极拯救珍稀濒危动植物，开发本地园林树种；开展生物多样性专题研究。

（4）进一步开展生态旅游和多种经营活动，提高保护区和周边社区的自养能力。

（5）在以上基础上，将田头山建设成为管理完善、运作良好、具有一定国内外影响的省级、国家级自然保护区，并进一步建设成好国家级及国际生态监测网络站。

7.2.3 功能区划

7.2.3.1 划分原则、依据

1）划分原则

根据自然环境、主要保护对象的分布、保护区的现状以及保护经营目的进行区划；坚持保护好主要保护对象，兼顾一般的原则；坚持因地制宜，合理布局的原则；从总体性、适宜性和连续性进行划分。

2）划分依据

按国家、广东省、深圳市有关自然保护区的法规和规定进行划分。

（1）中华人民共和国国务院令（第165号），《中华人民共和国自然保护区条例》，1994年10月9日。

（2）国务院批准，《森林和野生动物类型自然保护区管理办法》，1985年6月21日。

田头山自然保护区总面积20.073 km²，根据上述功能区划原则，将保护区划分为核心区、缓冲区及实验区三个功能区。

7.2.3.2 核心区

核心区包括水源保护区及重要林地，面积共9.293 km²，占自然保护区总面积的46.30%。受现状和规划快速路的切割，田头山自然保护区的核心区包括赤坳水库周边山体、田头山、寨顶、燕子尾等周边山体。

核心区注重对植物资源的保护，保护植物资源所应遵循的原则是：加强保护现有植被类型、物种及其生态环境，通过栽种乡土树种来不断发展稳定南亚热带常绿阔叶林生态系统，扩大珍稀濒危植物的种群数量。

1）植被的保护和恢复

对保护区内的各种自然植被，尤其是南亚热带常绿阔叶林应严加保护。特别是对于低海拔地区的保护，尤其珍稀濒危种土沉香已发现有被砍伐的树桩较多，该种的濒危原因就是来自人类的大量砍伐，这更需要对其严加看管。对于林相单一的人工植被，如各村落周边的桉树林，应加以改造，对可移栽速生的乡土阔叶树种，如荷木、大头茶等促进植被的恢复和更新。在移栽中还可以适当补充一些珍稀濒危种类，如木兰科植物、土沉香、白桂木等，这部分植物的小苗现部分苗圃都能提供。

2）珍稀濒危植物的保护

保护区内共有各类珍稀濒危植物（含国家重点保护野生植物和省级保护植物）共45种，必须严加保护，不断扩大其种群数量。特别在保护区东部的山地沟谷一带中，分布有大面积的黑桫椤群落，是目前在深圳市乃至珠三角地区发现面积最大、保存最为完好的黑桫椤群落之一。此外，金毛狗和苏铁蕨群落也在山体中低海拔地区广泛分布，虽然其分布区域较为分散，但这更体现出田头山在整体上非常适合其生长，植被保存良好，才能广泛的存在。而其他物种，如佳氏苣苔等在深圳其他地区极为罕见，在田头山均有分布，尤其需要对这些种类加以重点保护。

3）古树名木的保护

野外考察表明，田头山自然保护区现有的古树名木较多，尤以在保护区低海拔地段的风水林以及中海拔地区的黄樟群落中最为丰富，如田心村后的浙江润楠风水林中，拥有着大量长势良好的樟树和浙江润楠，其中，浙江润楠其最大胸径120 cm，树高23 m。樟树，胸径100 cm，树高20 m；金龟村中有长势旺盛的古老樟树和铁冬青，其樟树胸径达140 cm，树高27 m；铁冬青，胸径110 cm，树高20 m。这

些古树对研究该地区的区系特征、气候演变、自然灾害等方面具有极高的科学价值，同时还具有较高的观赏价值和人文价值。但由于所处地区海拔较低，或在村落附近，较易受到人为的干扰，需要立即采取有效措施进行保护，如对这些古树名木挂牌，并围以铁栅栏，每棵树均应设立保护负责人，防止其受到人为的破坏和感染病虫害。

拟对核心区实行封禁管护，禁止任何单位和个人进入。因科学研究的需要，必须进入核心区从事科学研究观测、调查活动的，应事先向自然保护区管理机构提交申请和活动计划，并经省有关自然保护区行政主管部门批准。

7.2.3.3 缓冲区

核心区外围可以划定一定面积的缓冲区，缓冲区是位于核心区之外且具有一定面积的区域。缓冲区面积为 5.435 km^2，占保护区面积的 27.08％。

田头山自然保护区的缓冲区部分受到人为干扰，生态环境已受到一定程度的破坏，植被以正在演替前期和中期的次生常绿阔叶林和人工林为主，将这些地段划分为保护区的缓冲区，既可以有效地保护核心区不受干扰，又可以保护缓冲区的植被发育。同时采取退果还林政策，保护区内荔枝园所占的面积较大，主要位于低海拔地区和一些道路边缘，现在保护区内还有部分农村居民仍在砍伐山林，扩大荔枝林的种植范围，严重破坏了原生植被和威胁到珍稀濒危植物的生存。应立即采取措施，制止乱砍滥伐的行为，并与当地政府协商，制订退果还林的计划，以利于区内原生植被、珍稀濒危植物和生态环境的保护。在缓冲区内只准从事科学研究活动，禁止开展旅游和生产经营活动。

7.2.3.4 实验区

实验区在缓冲区外围，可以进行从事科学试验、教学实习、参观考察、旅游以及驯化、繁殖珍稀濒危野生动、植物等活动。实验区受人为干扰较为严重，基本上是人工种植的桉树林、相思林和荔枝林，还有一些村庄附近的风水林。实验区面积共 5.345 km^2，占保护区总面积的 26.62％。

为了解决恢复植被和珍稀濒危植物种群恢复工程所需的苗木，规划在实验区内建设一座苗圃基地，培育的对象主要为乡土树种，包括大头茶、黄樟、浙江润楠等；观赏价值较高的种类，特别是苏铁蕨和金毛狗这两种具有观赏价值的珍稀植物；区内的珍稀濒危植物，以黑桫椤和土沉香为主；先锋树种，包括荷木、杜英等。特别需要对现在苗圃中还未能大规模生产的珍贵、或能产生经济效应的种类进行繁殖实验，如黑桫椤、苏铁蕨、金毛狗这类蕨类植物，一方面能填补现在国内的空白，一方面可能产生良好的经济效应。

7.2.3.5 自然保护区规划面积

根据田头山自然保护区各功能区的规划面积判读，核心区面积为 9.293 km^2，占总面积的 46.30％，缓冲区面积为 5.435 km^2，占总面积的 27.08％，实验区面积为 5.345 km^2，占总面积的 26.62％。根据自然保护功能区划分的有关规定，田头山自然保护区的面积区划基本符合设计需要。

7.3 可持续发展规划

7.3.1 基础设施保护规划

7.3.1.1 处址、站址规划

田头山自然保护区建立后，将按照国家、广东省、深圳市有关自然保护机构和行政管理办法等，选

址设立处址、站址、哨卡，以及建设相关基础设施，包括办公房、宣传教育中心、实验室、展览馆、防火指挥及森林治安管理室、职工食堂、车库、仓库、配电房等。

7.3.1.2 界碑、界桩和指示牌规划

为了明确保护区范围和功能分区界线，需要设置界碑、界桩和指示牌，以显示保护区界，阐明保护区的规章制度，提示警告和表达信息等。界碑、界桩和指示牌规划可按有关标准进行。

7.3.1.3 道路设施规划

内部车行道路系统主要是为了满足自然保护区管理、巡护、防火救援和施工车辆进入的需要。规划的车行道应位于实验区内，避免对核心区内的生态环境造成破坏。巡逻步道，在不方便进入的区域，可开辟新的小道。道路宽应不超过1m，路面采用砂石等材料，尽量不破坏生态环境。

7.3.1.4 交通设施和生活设施规划

交通设施和生活设施规划应按照有关规定执行。

7.3.2 保护规划

7.3.2.1 保护原则和目标

1）保护原则

（1）坚持依法保护的原则，认真贯彻落实国家有关自然资源保护的方针政策、法律、法规和地方政府的有关规定，制定切实可行的保护管理措施，系统地对保护区内各种生物资源和生态系统实行严格保护。

（2）根据不同保护对象的生物学特性，制定不同的保护措施，有针对性的保护原则。

（3）坚持保护与利用相结合的原则，在保护好生物资源及其生态环境的前提下，合理利用自然资源进行科学实验、多种经营和生态旅游等。

（4）保持区内常绿阔叶林生态系统的完整性和稳定性，为保护对象创造良好的生态环境。

（5）坚持以人为本的原则，认真贯彻落实科学发展观。

2）保护目标：通过保护区的保护管理建设，使自然生态环境和自然资源得到有效的保护，珍稀濒危动植物得到恢复和发展并力争发展成为广东省自然保护区的典范。

7.3.2.2 保护措施

1）建立健全保护管理体系

实行保护区管理处、保护区管理站两级管理体系，并设立护林哨卡形成保护管理体系网络。

2）建立健全的规章制度

拟根据《中华人民共和国自然保护区条例》《中华人民共和国森林法》《中华人民共和国野生动物保护法》和《中华人民共和国环境保护法》等有关法律法规并结合田头山自然保护区的实际情况，制定《深圳田头山市级自然保护区管理办法》及《深圳田头山市级自然保护区岗位职责管理制度》，并建立出入区登记制度、入山检查登记制度和护林员巡山制度。

3）加强保护区执法建设

设立森林公安派出所，坚决打击破坏自然环境、自然资源的违法活动，维护保护区的正常秩序。

4）加强自然保护宣传

通过树立宣传牌、发放宣传手册以及举办科普展览和教育活动，宣传保护区的保护价值，形成全民保护自然资源的局面。

5）加快兴建保护设施、设备

为尽快地让保护管理人员进行保护管理、巡护工作，应立即进行基础设施、设备的建设，使保护管理工作进入正常的轨道。

6）检验、调整总体规划的准确性

自然保护区作为一个自然海岸半岛，较容易通过道路、海路的设置，应控制车辆、行人的流通，控制对生态环境的影响。

7.3.2.3 生物多样性保护

1）植物资源的保护

保护植物资源所应遵循的原则是：加强保护现有植被类型、物种及其生态环境，通过栽种乡土树种来不断发展稳定南亚热带常绿阔叶林生态系统，扩大珍稀濒危植物的种群数量。

（1）植被的保护和恢复。严格执行自然保护区规定，执行深圳市生态控制线规定，管控天然林，利用乡土树种，积极营造人工生态公益林。

（2）珍稀濒危植物的保护。以黑桫椤、金毛狗、苏铁蕨、佳氏莴苣等群落为重点，确定保护监测点，同时关注其他珍稀植物。

（3）古树名木的保护。重点关注黄樟、浙江润楠、铁冬青、大叶臭椿等古树群落。其他按照国家古树保护规定严格执行。

（4）重要野生植物的培育与繁殖。为了解决恢复植被和珍稀濒危植物种群恢复工程所需的苗木，规划在实验区内建设一座苗圃基地，培育的对象主要为乡土树种，包括大头茶、黄樟、浙江润楠等；观赏价值较高的种类，特别是苏铁蕨和金毛狗这两种具有观赏价值的珍稀植物；区内的珍稀濒危植物，以黑桫椤和土沉香为主；先锋树种，包括荷木、杜英等。特别需要对现在苗圃中还未能大规模生产的、或能产生经济效应的珍贵种类进行繁殖实验，如黑桫椤、苏铁蕨、金毛狗这类蕨类植物，一方面能填补国内的空白，另一方面可能产生良好的经济效应。

（5）退果还林。保护区内荔枝园所占的面积较大，主要位于低海拔地区和一些道路边缘，同时，区内仍有部分农村居民在砍伐山林，扩大荔枝林的种植范围，严重破坏了原生植被和威胁到珍稀濒危植物的生存。应立即采取措施，制止乱砍滥伐的行为，并与当地政府协商，制定退果还林的计划，以利于区内原生植被、珍稀濒危植物和生态环境的保护。

2）动物资源的保护

（1）珍稀濒危动物的保护。对区内的珍稀濒危动物采取严格的保护措施，禁止任何形式的狩猎活动（包括制作标本为由的狩猎活动），对保护区内的群众采取禁枪、禁猎，加强科普宣传和法制教育等措施，达到珍稀濒危动物自然繁衍，种群不断增长的目的。

（2）栖息地保护。根据保护区内野生动物的分布、生长、繁殖和栖息等特点，规划出需要加以重点保护的野生动物栖息地和自然繁殖区域。

（3）设立野生动物救护、繁育中心。对于野外巡逻发现的受伤动物，执法中没收的野生动物，需要设立专门的救护中心，并对区内部分极度濒危的动物进行驯养繁育，以便拯救和恢复野生种群。

7.3.2.4 防火规划

从某种意义上说，火灾是森林保护中最大的困难，应本着加强管理"预防为主，积极消灭"的原则，利用先进的科学管理技术措施，搞好森林防火体系和基础设施建设，防患于未然。

1）建立健全护林防火组织

在保护区内，建立护林防火指挥机构，配备专职人员负责护林防火工作，以管理处工作人员为核心，与周边社区政府共同组建防火、灭火队伍，配备相应的扑火设备和装备，并定时对护林防火人员进行防火和灭火技术培训，争取建立一支训练有素、高警惕性和机动性的防火、灭火队伍。

2）建立防火基础设施

保护区在规划建设时，应选择适当的位置建设好防火基础设施，主要包括瞭望台、防火标志、防火通信工具、防护隔离带（主要种植荷木）、灭火工具、林火监测系统等。

3）合理制定规章制度并严格执行

根据《中华人民共和国森林法》《中华人民共和国自然保护区条例》及《中华人民共和国森林防火条例》，并结合田头山自然保护区的实际情况，与当地人民政府协商，共同制定出《深圳田头山市级自然保护区森林防火条例》，并对保护区内和周边社区的人民群众进行森林防火宣传，实现全民参与的局面，表彰护林防火的好人好事，并依法严惩火灾肇事人。

7.3.2.5 有害生物及病虫害防治

有害生物、病虫害防治应坚持"预防为主，防治结合"，"以生物和物理防治为主，化学防治为辅"和因害设防的原则。根据保护区病虫害的实际情况，防治规划如下：

1）建立预测预报系统

对保护区内的病虫害种类、发生面积、危害程度等基本情况进行摸底调查，进行定点、定位、定时观测，对主要害虫生活史、生物学习性以及发生、发展规律进行系统研究，从而建立起病虫害预测预报系统。

2）加强动植物检疫工作

对于从外地引种的种子、苗木和动物等，必须按照规定进行严格的检疫，防止病虫害的侵入和传播。

3）配备防治、监测病虫害的设备

为了做好病虫害的防治工作，保护区内应配备有防病检查车、喷雾器等工具，并培养专、兼职防治技术人员。

7.3.3 科研规划

7.3.3.1 任务和目标

田头山自然保护区的科研任务主要是进一步查清保护区的本底资源；对苏铁蕨进行进一步的研究和调查，并开展引种工作；摸清珍稀濒危动植物的生存方式、栖息地状况、适应环境的能力及其活动规律、生活习性，为其种群恢复提供科学依据；研究区内南亚热带常绿阔叶林生态系统的结构与功能、生态系统与生态环境之间的相互作用规律。

通过上述科研工作的进行，拟达成如下目标：为自然保护区的管理、保护和合理利用自然资源提供科学依据；为有效地保护、拯救珍稀濒危动植物资源，为生态环境建设、生态旅游及可持续发展提供有效的方法和途径。

7.3.3.2 科研、监测项目

1）本底自然资源调查研究。在已进行的综合科学考察的基础上，组织相关的科研人员，继续对生物资源、土地资源、水资源、景观资源等开展全面地调查研究，特别是查清珍稀濒危动植物的分布状况，

并对其进行跟踪调查与监测。

2）珍稀濒危动植物的人工繁育技术研究。这点主要是针对苏铁蕨等珍稀濒危物种，有计划有目的地研究、探索其繁育方法、发育材料（如种子、花粉等）的储存、苗木培育和造林等技术；同时研究珍稀濒危动物的引种、驯化及繁育技术。对田头山自然保护区内的苏铁蕨进行深入的调查，彻查苏铁蕨的分布、数量和生境状况。在保护区内的实验区建立苏铁蕨科研保护站或者成立相应机构，专门负责对苏铁蕨的保护和研究工作，对苏铁蕨植株生长和群落结构进行跟踪调查与监测，开展苏铁蕨的结构生物学、进化生物学研究，从生理生态、群体遗传、发育演化、种群结构、生殖等方面深入探讨苏铁蕨的致濒机制。

3）保护区内森林生态系统的综合性观测。根据保护区的植被类型及分布特点，拟规划在区内设置永久大样地1个，预定总面积为60 hm^2，进行长期监测，监测内容主要包括气象、土壤环境、水环境、植被调查、生物多样性监测、碳循环、生态系统健康监测等。通过定位监测所得数据，分析南亚热带常绿阔叶林生态系统的结构与功能，以便掌握其群落的生产力和生物量、物质循环与能量流动、森林生态系统与生态环境的关系，以及森林生态系统的动态演替等。在此基础上，长期发展成为国家级、省级生态监测网络站，也成为深圳东部生态环境监测、预报和管理站。

4）区内重要资源植物的综合利用研究。从现状来看，主要包括药用植物与观赏植物的开发利用，侧重进行繁殖培育。

5）自然保护区生态旅游的可持续发展研究。

6）自然保护管理研究。要不断总结自然保护管理方面的经验教训，探索、寻求适合该保护区的最佳自然保护管理模式。

7.3.3.3 组织管理

1）科研队伍的组建

在自然保护区建立后，立即着手组建科研队伍，并按照以下原则来操作。

（1）引进专业人才。通过建设和完善科研设施，提供优惠条件等途径，吸引大专院校毕业生和有经验的专业人员到保护区工作。同时，邀请国内外著名的专家、教授来保护区开展科学研究、教学实习和对保护区工作人员进行技术培训。

（2）组建综合性的科研队伍。要把科研队伍组建成为一支综合实力强、业务能力高的队伍，即应有在林学、植物学、动物学、生态学、环境学、保护生物学和地理学等专业各有所长的科研工作人员。具体项目的组织可联合高等学校、科研机构、相关监测单位进行。

（3）制订人才培养计划。有计划地培养保护区的科研力量，以保护区为主体，通过请进来、派出去的方法，不断提高科研人员的业务水平。

（4）制定科技人员的激励机制。即制定科技人员的优惠待遇政策，把个人的工作业绩与切身利益挂钩，把科研成果与职称、职务挂钩，对做出重大贡献的科研人员，给予重奖。

2）科研队伍的管理

保护区的科研工作应在管理处的统一领导下进行，科研任务要落实到组，实行承包责任制。科研组应制订完成计划，定期报上级审批和检查。实行奖惩制度，做到赏罚分明，获得重大成果者给予重奖，未完成任务的给予警告或相关处分。

3）科研课题组织管理

由科研宣传教育科向保护区管理处提出本年度需实施的科研课题，经保护区管理处审定后，向上级主

108

管部门申报拟选课题。课题计划审批下达后，由课题组负责实施。课题完成并经评审或鉴定后，应及时归档，并将研究成果整理成论文在国内核心期刊或国际刊物上发表；对于应用性课题，应尽快组织推广应用。

7.3.3.4 科研档案管理

1）档案内容

（1）科研规划。包括中长期规划和年度计划、专题研究计划和有关文件等。

（2）科研成果。包括常规性研究成果报告和专题性研究报告；公开发表的科研论文和专辑、专刊、专著等。

（3）总结报告。包括有关科研课题、项目和个人的年度总结报告等。

（4）原始记录。包括野外观测及课题的原始记录、统计资料、图纸、照片和声像资料等。

（5）科研合同及协议等。

2）档案管理

（1）档案由专人负责管理，实行档案管理岗位责任制。

（2）建立科研资源信息系统。充分利用电子计算机技术，强化信息系统管理力度，既可规范科研档案管理，又可实现自动检索查询，自动统计和报表打印，还可建立辅助决策系统，指导生产与科研，为保护区管理处和上级主管部门领导的决策提供依据。

（3）建立科研档案建档制度。凡是有关科学研究、科技成果和管理方面的文件、材料、资料等，均应及时归档。

（4）规范档案格式。为了便于档案的保存、借阅，有关档案资料要尽量做到分类保存，并统一形式、统一装订、统一编号。

（5）建立档案借阅登记制度，坚持按章办事，加强档案管理，提高服务质量。

（6）做好档案保密工作。凡是需要保密的档案，一定要按照国家《保密法》的规定，切实做好科技档案保密工作，防止失密、泄密现象的发生。

7.3.4 科普教育规划

7.3.4.1 对参观旅游者的宣传教育

1）在保护区入口处、公路沿线、保护区内外的居民居住区和生态旅游区内，设立永久性保护标志、宣传牌；在核心区周围设置警示牌。

2）在导游图和纪念册上，印制保护区保护对象、保护生态环境的警语和要求，使游客对生态旅游有进一步的了解和认识。

3）通过让游客参观区内的珍稀濒危动植物（图片及实地）、科普展览馆、标本馆以及科研实验室，并介绍保护区的自然地理特点、森林生态系统及水资源等方面的重要意义和功能，使人们充分了解和认识保护区存在和发展的重要意义和对人类生存发展的作用。

4）充分利用广播、电视、录像、画册、墙报、标语等形式，对参观者进行生态环境保护和护林防火知识的宣传教育。

7.3.4.2 对周边群众的宣传教育

1）通过各种形式向保护区周边群众宣传《森林法》《森林法实施条例》《森林防火条例》《自然保护区条例》等有关自然保护和环境保护的方针政策、法律和规章制度，增强保护区职工和社区群众护林防火

的意识，使社区群众充分理解自然保护的重要性与必要性，并自觉配合保护区的自然保护工作。

2）加强保护区与周边社区政府干部及公安民警的交流，积极开展保护区人员定期到社区做报告、开座谈会等活动，促进双方对保护工作的沟通与合作。

7.3.4.3 教学实习

田头山自然保护区不但要保护好自然环境和自然资源，还要利用自身的各种优越条件，为大专院校提供教学实习基地，接受教师、学生到保护区进行科研、论文写作等活动；为开办夏令营、为中小学生提供有关自然保护和生态环境资源保护的知识等活动。

7.3.5 社区共管规划

7.3.5.1 原则目标

自然保护区必须坚持"以保护为目的，以发展为手段，通过发展促进保护"的指导思想，在做好保护区管理的同时，解决好自然保护区与周边社区经济发展的矛盾，吸收社区居民参与保护区的保护工作，有计划、有目的地扶持社区的发展，使保护区和周边社区共同发展。

1）社区共管原则：①坚持有利于保护生态环境资源，实现生态、社会、经济三大效益的原则。②有利于安定团结和经济发展，兼顾双方利益，优势互补的原则。③坚持尊重当地群众的传统文化和传统风俗习惯，发展既有利于资源保护和恢复，又符合社区发展需要和国家与区域产业需求的项目。

2）社区共管目标：通过社区共管的网络建设，协调好自然保护区与社区的关系，取得当地政府的配合和周边社区群众的支持，同心协力使自然保护事业蒸蒸日上，社区群众生活水平明显提高。

7.3.5.2 共管模式

保护区要加强与周边社区和各级地方政府的合作，实现保护区与周边社区在自然资源保护、森林防火、环境保护与治理、社区建设、社区治安等工作的共同管理，提高管理成效。充分发挥保护区与周边社区建立的联合保护委员会的作用，使社区共管落到实处。

1）建立共管委员会

通过建立共管委员会，协调田头山自然保护区与社区政府、群众及其他共同利益者之间的关系，以保证共管措施的有效实施。

2）编制社区资源管理计划

编制社区资源管理计划，可以确定自然资源的管理方式和经济发展项目，提出保护和利用间矛盾的解决方案。共管委员会成员参与示范单位的"参与性评估"调查。通过综合分析调查结果和广泛征求共管委员会成员的意见，由保护区具体编制社区资源管理计划。

3）建立示范项目，提供技术指导

保护区应有针对性地建立多种经营、生态旅游等示范项目，利用自身的技术、人才优势，配合社区政府为社区群众推广实用科研成果，提供科技培训、技术指导，帮助周边社区群众致富，使他们从保护区的发展中得到实惠，进而主动参与到保护行列，真正发挥社区共管职能。

7.3.5.3 周边最佳产业结构模式

大鹏半岛、大亚湾地区生态环境良好，原来的果林地、果蔬地在纳入保护范围后，应妥善处理土地转型问题。未纳入保护范围的，可进行生态公益改造。以农业休闲、观光为目标，配套种植本区域野生小果植物，如：桃金娘、余甘子、猕猴桃，或若干野生花卉，如：野牡丹、杜鹃花、苦苣苔等，为农家乐度假、散居、野营提供健康产业资源。

7.3.6 生态旅游规划

7.3.6.1 生态旅游的理念

（1）生态旅游规划的原则：①坚持保护第一，开发第二的原则。在保护好自然保护区的自然资源和自然环境的前提下，充分发挥景观资源的生态效益、社会效益并兼顾经济效益。②坚持生态旅游，注意区别与传统旅游的原则。以宣传教育和普及自然知识为宗旨，通过生态旅游，使游客增长知识和环保意识，成为集科普考察、宣传教育、观光旅游于一体的生态旅游示范区。③加强宣传，严格法规，科学管理的原则。④ 发挥优势，体现特色，科学利用的原则。

（2）生态旅游规划的指导思想：在有效保护自然资源和自然环境的前提下，合理地开发、利用旅游资源，有计划地建设一个生态旅游特色明显、功能齐全、服务一流、典雅舒适的大自然绿色世界，满足人类对优美的森林生态环境的游憩需求以及回归质朴和谐的自然环境需求，提高人们保护自然、维护生态平衡的自觉性，探求人与自然协调发展的生态旅游模式，充分发挥自然保护区的多种功能，促进实现保护区的可持续发展。

7.3.6.2 旅游景观资源评价

（1）旅游区位优势

田头山自然保护区除本身的优越自然条件外，周边也聚集了众多的风景胜地，如马峦山郊野公园、三洲田森林公园、排牙山森林公园、大鹏半岛国家地质公园、东部华侨城、清林径森林公园等。在田头山自然保护区北面，具有大万世居和谭仙古庙等人文资源，尤其是大万世居，它已成为广东省文物保护单位，近期即可向旅客开发，成为旅客旅游观光的又一好去处。

（2）自然景观资源

自然景观主要围绕沟谷常绿阔叶林景观、（垂直带）植被类型景观、珍稀植物群落景观、山地大头茶林景观、山顶灌丛景观等进行布置，在现有基础上进行一定的开发和维护。野生动物使自然生态景观的空间更加活跃，生动而富有情趣。在保护区内，游客可观赏到溪流和山林中的两栖动物、爬行动物，正在摄食的鸟类，空中的飞禽等。

（3）人文景观资源

大万世居：深圳市重点文物保护单位，坐落在深圳市坪山镇坪山墟西南的客家村，为深圳地区较具规模，保存完整的古堡式客家围龙屋之一。据族谱记载曾氏原籍中原武城，明永乐初年迁至江西吉安永丰吉阳村，后迁福建汀州宁化县石壁村，继迁广东潮州海阳县，再迁兴宁，至十三世简辉公始迁坪山，十五世周公时，于乾隆五十六年（1791年）开始兴建大万世居。自此，曾氏家族便在此地繁衍生息，安居乐业。

整个建筑的平面呈方形，大门额灰塑阳文"端义公祠"四个大字。分前、中、后三堂及前、后廊。内保留有清乾隆、嘉庆年间的"赞政宏才""州司马""急公好义"木匾三块。

谭仙古庙：谭仙为客家人的神仙，他们相信神仙的力量使他们过上美好的生活。所以，一小部分客家人搬迁到此地的时候，便在此处建立了一座谭仙庙来供奉，祈求神灵的保佑。谭仙古庙距离海边的海滨公路有15分钟的步程。通往古庙的路全都由红褐色的石头砌成，古色古香，神韵味道十足。

7.3.6.3 环境容量

环境容量是指单位游览线路长度能够容纳的合理的游人数量，是衡量游览区旅游功能的重要指标之一。自然保护区的生态平衡主要取决于人们对保护区环境和资源影响的方式和强度，以及大自然对这种

影响的消除能力。只有准确地计算环境容量和游客数量，按照科学的合理环境容量控制游客规模，才能达到人与自然的和谐共处。

根据田头山自然保护区规划用地的功能和水源保护区的有关规定，同时考虑到生态旅游区的实际情况，环境容量计算指标初步定为 1 人/1000 m²，初步估算出田头山自然保护区的环境容量约为8400人。

7.3.6.4 旅游项目规划

（1）景区规划

根据田头山自然保护区的性质、生态旅游规划的原则和指导思想，及其生态旅游特点和区位环境分布情况，分三个景区，分别为科研监测区、科普展览区和森林徒步区。

（2）旅游方式

拟分别设立登山游览、森林沐浴、负离子保健、科普展览、库岸垂钓等项目。

（3）旅游接待设施建设

拟增设生态旅游接待站、帐篷、小木屋、小卖部、休息亭阁等接待设施。

7.4 重点建设工程规划

7.4.1 生物多样性保护与保育工程

7.4.1.1 植被保育与恢复

严格按照自然保护规定，在田头山地区进行封山育林，在缓冲区进行生态恢复，在实验区采取退果还林、退耕还林，以及人工林进行乡土树种林分改造的方式促进自然植被、自然生态环境的恢复，保证森林生态系统生态演替过程的自然性。首期重点在古银叶树林区引种种植多种红树林植物，丰富该地区红树林种质资源。

7.4.1.2 苏铁蕨保育园建设

田头山自然保护区的苏铁蕨群落在广东省乃至全国来说，其面积较大，而其种群状况有些生长良好，有些呈现枯萎状态，急需加强保护和恢复。

拟在适当区域，如缓冲区、实验区，规划自然保育园以及人工苗圃，开展苏铁蕨保存和繁育研究。繁育对象包括保护区内其他珍稀濒危植物，即配套在苏铁蕨保育区开辟保育园，建设育苗恢复繁育基地，以及某些重要的植物群落特征种，面积约为3～5 hm²，培育的对象主要为区内的珍稀濒危植物；乡土树种；观赏价值较高的种类；先锋树种。

7.4.1.3 野生动物救护站建设

规划在苗圃基地附近建设1座面积为500 m²的濒危动物救护站。其功能为隔离、抢救、收容、检疫、治疗保护区内及其周边地区的受伤、致病的濒危、珍稀野生动物并为开展珍稀濒危野生动物驯养繁育实验提供场所。

7.4.1.4 巡护设施工程

（1）执法队伍建设：设立森林公安派出所，初步完善工作设施，新购警车、驯养警犬、配备照相机、对讲机等执法办案设备。

（2）巡逻线路建设：车行道规划于实验区内，拟新建2条，绝对避免对核心区内的生态环境造成破坏。步行道以现有为主，不方便进入的区域，开辟新的小道。新建步道宽度不超过1m，路面采用砂石等材料，尽量不破坏生态环境。

7.4.1.5 有害生物与病虫害防治

有害生物、病虫害是森林的大敌，威胁到森林植被的生长发育与存活。保护区内的森林病虫害防治要坚持"预防为主，综合治理"的方针。为此，规划购置若干套病虫害检疫设备，若干套灭虫设备。

7.4.1.6 护林防火工程

（1）完善林火阻隔网络建设，开设防火路，完善防火林带。

（2）充实防火指挥中心，完善林火预测预报系统，配备计算机若干台，配备转讯台、基地台等防火通讯设备若干台（套），管理处配备森防车若干辆，购置摄像机、投影仪等专业设备若干台（套）。

（3）组建2~3组扑火专业队伍，每组10~15人，人员由多方面构成，不一定是保护编制，每组由专业人员培训；购置、配备风力灭火机、灭火弹等灭火专用工具若干台（件）。

（4）新建瞭望台2~3座，并配备通信线路、电视接收设备及高倍望远镜。

7.4.2 科研设施和监测工程

（1）科研监测中心：配合深圳市森林有害生物防治等进行规划。

（2）生态定位观测站：配合水资源管理，东部海岸环境保护等进行规划，目的是开展森林生态系统的结构和功能的动态变化观察，提升自然保护区的科学研究功能。例如，规划在田头山主峰和求水岭主峰建立生态定位观测站各一处。

（3）气象观测站：气象观测站的主要功能是观测记载各气象要素，分析气候对保护区内生物多样性的影响，为森林生态系统和生物多样性的保护提供基础数据。规划在田头山主峰设置一个气象观测站。

（4）水文观测站：水文状况直接影响到森林生态系统的演替趋势，对水文状况的准确掌握有利于保护的分类施策。规划在径心水库附近建一处水文观测站。

7.4.3 生态旅游工程

依据田头山自然保护区的总体规划指导，设置由旅游部或宣传教育部负责的接待中心，面积遵照环境容量要求，以及配合东部海岸旅游和需要建设。其他还包括规划建设旅游线路、旅游小道、环保停车场、生态旅游观景点、景区导游宣传牌、警示标牌、环保公厕、垃圾集中处理站、垃圾桶等。

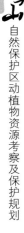

第八章　田头山自然保护区综合评价

摘要：田头山自然保护区现由深圳市城管局主管。保存有华南地区较为典型的南亚热带森林生态系统，以南亚热带常绿阔叶林和珍稀濒危动植物为重点保护对象，尤其是所保存的大面积黑桫椤群落、苏铁蕨群落极具代表性。田头山是深圳市东部生物多样性的核心区，也是生物物种极为重要的栖息地，对龙岗工业区造成的环境损耗将起到缓冲作用，且对周边环境起到很好的调节作用，对东部环境保护和生态旅游能发挥良好的生态效益。

8.1　保护管理历史沿革

田头山自然保护区主要位于坪山新区坪山街道办事处。在申办自然保护区前，由坪山林业办公室和当地社区一起管理，主要有田心、石井、金龟这三个社区。目前，属于田头山自然保护区的范围全部由深圳市野生动植物保护管理处统一管辖。

8.2　自然保护区功能区划评价

8.2.1　面积适宜性

保护区面积的大小与能否有效保护常绿阔叶林生态系统密切相关。一般来说，保护区的面积越大，对于资源的保护越有利，但保护面积过大，则不便管理。田头山自然保护区尽管面积较小，仍然是合适的，因分水岭的东部、东南部为深圳排牙山自然保护区，东北部为惠州，植被为性质相同的天然林区，尽管目前未建自然保护区，但也已是生态公益林保护区。整体上，植被连片面积应超过100 km²。

8.2.2　功能区划评价

8.2.2.1　核心区

核心区包括水源保护区及重要林地，面积共9.293 km²，占自然保护区总面积的46.46%。核心区注重对植物资源的保护，保护植物资源所应遵循的原则是：加强保护现有植被类型、物种及其生态环境，通过栽种乡土树种来不断发展稳定南亚热带常绿阔叶林生态系统，扩大珍稀濒危植物的种群数量。

田头山核心区的价值在于保存有数片苏铁群落、桫椤群落，以及低、中、高海拔形成一定垂直带等。

8.2.2.2　缓冲区

田头山自然保护区的缓冲区面积为5.435 km²。以受干扰的天然林、灌丛、部分人工次生林为特征，目前处于演替的前期、中期阶段，宜以封山育林，加强保护为主。

8.2.2.3　实验区

实验区在缓冲区外围，面积为5.345 km²。以退果还林、退耕还林为特征，人工荔枝林、相思、桉树林可按生态修复的方式进行生态林改造，增加乡土树种，共营林保育过程也有示范意义。

8.3 主要保护对象动态评价

　　田头山自然保护区的主要保护对象是：南亚热带常绿阔叶林，珍稀濒危动植物，如黑桫椤、苏铁蕨、金毛狗、土沉香、野茶树、珊瑚菜、佳氏苣苔、兰科植物、穿山甲、猫头鹰、野龟、蟒蛇等，以及海岸湿地资源。南亚热带低山常绿阔叶林是保护区内的主要组成植被及代表性植被，优势乔木包括浙江润楠、黄樟、厚壳桂、柯、大头茶、子凌蒲桃、毛棉杜鹃、鼠刺、鸭脚木、山乌桕、鳌蕨、绒楠等。其中，大面积分布于田头山主峰西坡的"浙江润楠—子凌蒲桃＋鸭脚木群落"以及靠近惠州一侧，即田头山东面的"黄樟＋厚壳桂—鸭脚木＋猴耳环群落"保存完好，其物种多样性和物种平均值较高，为深圳市保存最为完好的低山常绿阔叶林之一。此外，保护区内大面积分布着保存良好的苏铁蕨群落，数量多达4000株以上，种群更新良好，具有众多小苗；此外，亦分布有黑桫椤群落，有较多大型植株，最大的黑桫椤可高达2.5～3.5 m，基围可达45 cm。发育良好的"苏铁蕨资源"、"树蕨资源"具有典型性，反映了植被保存良好，整体上物种多样性较高，生物地理成分复杂，大量苦苣苔科、兰科、百合科植物也生长于此，特别是佳氏苣苔，数量在400株以上，该物种除香港、深圳之外，在其他地区尚未发现。

　　然而，城市建设致使保护区的生态环境受到了一定程度的人为干扰和破坏，尤以当地居民为扩大果园面积而乱砍滥伐对生态环境所造成的破坏最大。除导致大面积的原生林被毁外，还直接威胁到一些珍稀濒危物种的生存，如苏铁蕨、香港油麻藤、佳氏苣苔、土沉香及野茶树等。在该地区建立自然保护区，整体上加强对生物多样性、典型南亚热带常绿阔叶林以及珍稀濒危动植物的保护已刻不容缓。

8.4 管理有效性评价

　　田头山自然保护区的申报工作从2008年开始。此前，由坪山林业办公室和当地社区一起管理，如田心、石井、金龟这三个社区管理较好。但外围受人为干扰较为严重，基本上是在破坏后种植的桉树林、相思林和荔枝林。

　　目前，建立保护区后，由深圳市野生动植物保护管理处统一管理。在保护区内建设了6处保护管理站，2～3处哨卡，可对区内的植被及动植物资源加以有效保护。

8.5 社会效益

8.5.1 提供科学研究与科普教育基地

　　田头山自然保护区有着得天独厚的自然地理条件、区位优势、丰富的生物多样性、典型的南亚热带常绿阔叶林生态系统，多样的自然景观和人文历史景观，是进行科学研究、科普教育及教育实习的理想基地。

8.5.2 有助于促进保护区及周边地区经济的发展

　　随着保护区建设的实施，将带动保护区及周边地区经济的发展，区内及周边地区的居民生活水平将逐年稳步提高，从而稳定了居民安居乐业的局面，增进了人与大自然的和谐。在增强自身经济实力的同时，相关产业有望得到发展，又可为当地剩余劳动力提供就业机会。

8.5.3 提高全民环保意识，促进精神文明建设

保护区内拥有丰富的生物资源和自然人文景观资源，不但能满足人们向往、回归大自然的愿望，也是对人们进行自然保护、环境保护宣传教育和科普教育的理想场所。保护区的一草一木、一山一水及所有的保护设施，都是对公众进行环保教育的很好材料和课堂，有利于促进身心健康和精神文明建设，有利于激发人们热爱大自然的感情。

8.5.4 是生态旅游的胜地

田头山自然保护区的地理位置优越，自然旅游资源丰富，生态环境优美，是开展生态旅游的胜地，也是人们回归自然的良好去处。

8.6 经济效益

8.6.1 可再生资源的直接经济效益

保护区内野生食用植物、药用植物以及其他资源植物种类繁多，蕴藏量大。通过保护区的建设和总体规划的实施，将使可再生资源得到更好的发展和更加科学合理的利用，直接经济效益将得到进一步提高。

8.6.2 多种经营效益

通过引导、扶持社区经济发展，建立保护区自我运转的经营机制，保护区的建设发展进入良性循环，同时周边社区经济也将迅速发展，村民从单一的荔枝粗放种植转向多种果树集约种植、养蜂业和加工业等多种经营，从单一落后的利用方式转向科学、合理的综合利用。

8.6.3 生态旅游效益

保护区及周边地区优美的自然环境及丰富的景观资源，是开展生态旅游的最佳场所。通过建设保护区和实施总体规划，将推出一系列高层次的专项旅游项目，使保护区的生态旅游经济收益进一步提高。

8.7 生态效益

8.7.1 涵养水源、保持水土

森林具有水土保持的作用，森林植被具有拦截降水，降低其对地表的冲蚀，减少地表径流。有关资料显示，同强度降水时，每公顷荒地土壤流失量为 75.6 t，而林地仅有 0.05 t，流失的每吨土壤中含氮、磷、钾等营养元素相当于 20 kg 化肥。同时森林植被类型不同，其涵养水域的效能亦不一样，阔叶林的蓄水能力最大，平均蓄水为 1773.7 m^3/（hm$^2 \cdot$ a^{-1}）。田头山的森林植被以南亚热带常绿阔叶林为主体，具有极强的蓄水能力。

森林对降水具有再分配作用，并且林地的枯枝落叶层和腐殖质层具有强大的的蓄水功能。据有关资料表明，每公顷林地每年持水量达 2000 m^3。通过植被恢复和发展规划的实施将进一步充分发挥田头山保护区涵水保土，改善水质的生态效益。

保护区内水库密布，较大型的水库有 8 个，保护这些水库的水源涵养林对保证深圳市民的供水有着重要的意义。

116

8.7.2 净化空气和水质，调节气温

据测定，高郁闭度的森林，每年每公顷可释放氧气2.025 t，吸收二氧化碳2.805 t，吸尘9.75 t。茂密的森林对净化空气的作用十分显著，据此计算,保护区每年仅森林释放氧气的价值就高达7000多万元。保护区内的林地对地下径流的过滤和离子交换功能起到了水质净化的效果。

保护区内的大片森林对于调节气温也有着十分显著的作用，森林庞大起伏的树冠，拦阻了太阳辐射带来的光和热，有20%～25%的热量被反射回空中，约35%的热量被树冠吸收，树木本身旺盛的蒸腾作用也消耗了大量的热能，所以森林环境可以改变局部地区的小气候。据测定，在骄阳似火的夏天，有林荫的地方要比空旷地气温低3～5℃。

8.7.3 保护生物多样性

保护生物多样性，是人类为了发展和生存的最佳选择。田头山自然保护区内保存有典型的南亚热带常绿阔叶林生态系统，是天然的物种资源宝库，更包含有多种珍稀濒危野生动植物。通过自然保护和科研规划的实施，将扩大种群数量、增加植物群落结构的多样性，使生态系统更为完整，通过绝对而有效的保护使生态系统的生态过程处于自然状态。

8.7.4 保健疗养效益

田头山自然保护区内森林环境优美，空气清新，含氧量高，细菌含量低，灰尘少，噪音低，空气中负离子含量高，加上区内丰富的景观资源，为广大群众，尤其是深圳市民，提供了良好的旅游环境和极佳的保健疗养场所。

8.8 田头山自然保护区的自然属性和效益分析

8.8.1 自然属性

8.8.1.1 生态系统在华南地区具有较高的代表性和典型性

田头山自然保护区具有在华南地区较为典型的南亚热带森林生态系统，其自然植被主要包括：南亚热带针阔叶混交林、南亚热带沟谷常绿阔叶林、南亚热带低地常绿阔叶林、南亚热带山地常绿阔叶林和南亚热带次生常绿灌木林等众多植被类型。

形成了本地区的特色群落或代表性群落，如浙江润楠群落、毛棉杜鹃群落、苏铁蕨群落、山枇杷群落、佳氏苣苔群落等。

8.8.1.2 具有丰富的生物多样性

田头山自然保护区生物区系成分复杂，共有野生维管植物1289种，约占深圳市和广东省总种数的比例分别为60.2%和23.7%，且其中不乏古老或在系统进化上具有重要地位的代表类群，如罗汉松科、红豆杉科、木兰科、金缕梅科、木通科、大血藤科及山茶科等。动物区系共有陆生脊椎动物4纲、27目、67科、129属、186种。也从侧面反映了该保护区良好的植被保护状况和丰富的陆地森林生态系统类型。

8.8.1.3 珍稀濒危物种和特有种类较丰富

植物方面，广东省是中国特有植物分布较多的地区之一，在田头山自然保护区有分布的中国特有植物多达302种，广东特有种也有10种。同时，田头山地区分布有国家Ⅱ级重点保护野生植物7种，有省级保护植物1种。另外，根据IUCN红色名录，濒危级植物有7种，易危植物有37种。而从各珍稀濒危种的种

群状况来看，与周边地区相比，田头山自然保护区以分布面积较大、保存良好、更新正常的黑桫椤群落、苏铁蕨群落、金毛狗群落、佳氏苣苔群落等最具特色。同时，香港油麻藤、华南马鞍树、佳氏苣苔等都是广东南部沿海地区的特有种，分布范围十分狭小，在田头山地区也均有分布。

动物方面，国家Ⅰ级和Ⅱ级重点保护陆生脊椎动物分别为1种和15种，省级保护动物10种。全部共计26种。

8.8.2 效益分析

8.8.2.1 构成东部生物多样性栖息地的核心区

田头山自然保护区的建立，将成为深圳市东部地区生物多样性保护的核心区。田头山东南部，为排牙山和七娘山，已建成自然保护区或森林公园。西南部，为深圳的大梅沙、小梅沙，为天然清水湾，沙滩良好，已开辟为著名风景旅游区。往北为惠州。

田头山往西，依次为马峦山、三洲田、梧桐山、塘朗山、羊台山、大南山，从而自东向西形成深圳市的山脊线。深圳市西部地区植被、生态环境较差，大南山、羊台山生态环境状况也较差，目前正在恢复，而向东生态环境逐渐变好，至田头山保存较好，成为东部生物多样性的核心区，重要生物物种的栖息地。例如，黑桫椤群落、佳氏苣苔群落、苏铁蕨群落、浙江润楠群落、金毛狗群落、大头茶群落等均富区域特色。而且华南瘤足蕨、穗花杉、长叶马兜铃、香港马兜铃、广东木瓜红等均为重要的植物物种。动物物种方面，有小灵猫、豹猫、穿山甲、鹤、鹭、蟒蛇等。

8.8.2.2 建设田头山苏铁蕨濒危种保育园

苏铁蕨（*Brainea insignis*）属于乌毛蕨科（Blechaceae），是一种大型蕨类植物，被列为国家Ⅱ级保护植物，在华南地区是园林绿化佳品。其根状茎粗短、直立，高可达1 m，有圆柱状主轴，顶端密被红棕色长钻形鳞片。叶革质，多簇生；叶片长圆状披针形至卵状披针形，叶柄长15～30 cm，基部密被鳞片，向上近光滑；不育叶片长约60 cm，宽20 cm，一回羽状；羽片多数，互生或近对生，线状披针形，最长者长达12 cm，宽约1 cm，顶端长渐尖，基部心形，边缘有细密锯齿；叶脉1～2次分叉，近中脉形成网眼；能育叶与不育叶相似，但较小，长约8 cm，宽约0.4 cm，下部满布孢子囊。一般生长于阳光充足、排水良好的地方，适合于温暖气候而不耐寒。

在田头山自然保护区内分布着长势良好的苏铁蕨群落，多达4000多株。苏铁蕨是国家Ⅱ级保护植物，其濒危原因主要来自于人类的大量采伐，将其作为观赏物种出售。而田头山自然保护区在保存着大量苏铁蕨群落的前提下，在国内首先建设田头山苏铁蕨濒危种保育园，对其开展专项的保护、繁殖、调查研究措施，并根据实际情况，前往各地对苏铁蕨的不同居群进行移植，保存其基因的多样性，建立种质资源的储存。这不但对保护该濒危种具有重要意义，而且能在成功进行繁殖实验后，产生良好的经济效益，同时还能缓解市场的需求，更好地保护野生苏铁蕨种群。

8.8.2.3 对龙岗工业区造成的环境损耗将起到缓冲作用

坪山新区位于深圳市东北部，肩负着市委、市政府赋予的建设"科学发展示范区、综合配套改革先行区，深圳新的区域发展极"的历史使命，是深圳未来三十年发展的重要战略支撑地，也是推动深圳新一轮急剧式、突变式增长的重要动力源。辖区总面积约168 km²，总人口约60万，其中户籍人口约3.6万。下辖坪环、六联、马峦、金龟、石井、田头、田心、坪山、坑梓等23个社区。近年来，坪山新区国民经济一直保持健康快速的发展趋势。2015年，全区实现规模以上工业总产值970.15亿元，同比增长8.1%，固定资产投资总额225.84亿元，同比增长19.9%，社会消费品零售总额53.24亿元，同比增长2.4%，进出口总额176.91亿美元，同比增长13.0%。

而在经济高度发展、人口持续增长的同时，必然同时伴随形成一定的空气污染、光污染、水污染等，对深圳的总体环境和个人居住环境将造成一定的负面影响。而在消除这些污染的时候，利用生物净化是最具有经济效益且见效明显的。在生物净化中绿色植物起着重要的作用。其净化作用主要体现在以下三个方面：

第一，绿色植物能够在一定浓度范围内吸收大气中的有害气体。例如，1 hm² 柳杉林每个月可以吸收60 kg 的二氧化硫。

第二，绿色植物可以阻滞和吸附大气中的粉尘和放射性污染物。例如，1 hm² 青冈林一年中阻滞和吸附的粉尘达68 t；又如，在有放射性污染的厂矿周围，种植一定宽度的林木，可以减轻放射性污染物对周围环境的污染。

第三，许多绿色植物如夹竹桃科植物（红花夹竹桃等）、芸香科植物（栽培的橙、柚等；自然植被中的两面针、花椒）等，能够分泌抗生素，杀灭空气中的病原菌。因此，森林和公园空气中病原菌的数量比闹市区明显减少。

总之，绿色植物具有多方面净化大气的作用，特别是森林，净化作用更加明显，是保护生态环境的绿色屏障。而田头山自然保护区的建立，再配合进行的林分改造、生态公益林建设、退果还林、退耕还林改造工作等，利用其良好的植被覆盖、完善的生态系统，从整体上，对改善龙岗区经济快速发展造成的环境损耗将具有明显的缓冲作用。

8.8.2.4 对龙岗区构建生态环保型社区具有辐射作用

自1999年以来，龙岗区各村镇参与创建生态示范区活动的积极性大增。首先，横岗镇西坑村成为深圳市第一个生态示范村。自此，短短4年内，龙岗区的大鹏镇、横岗镇、葵涌镇和横岗镇西坑村、坪山镇江岭村先后成为"广东省生态示范镇"、"广东省生态示范村"，葵涌镇为深圳市第一个"绿色村镇"。龙岗区还乘势编制了《龙岗区生态环境保护与建设规划》，这是广东省第一个、全国第二个县区级生态保护规划。龙岗区在生态环境建设上夺得许多第一，成为广东省生态示范区最密集的行政区域。这也是龙岗区能在首批全国"环境优美乡镇"创建活动中崭露头角的亮点。在首批14个全国"环境优美乡镇"中，龙岗区独占3席。这样的成绩源于龙岗打造"山海龙岗、生态家园"的明确目标。近年来，龙岗的经济持续发展，龙岗的生态环境保护与建设也渐入佳境。伴随着经济发展这根主线，龙岗区委、区政府始终视生态环境保护与建设为区域发展的"灵魂"，利用"生态示范区"和"全国环境优美乡镇"等载体，在区域生态保护与经济建设之间架起了桥梁。以加大投入保证"硬件"（环境基础设施）的质量，以树立典型带动"软件"（居民环保观念）的提升。多年来，龙岗区委、区政府不懈地以这两手，向"山海龙岗，生态家园"的目标逼近。龙岗区先后投入资金约9亿元，建成平湖、横岗等6大污水处理工程，以及龙岗中心城垃圾焚烧发电厂，全区生活污水处理率达到68.22%，使得环境基础设施日臻完善，为经济社会发展奠定了坚实的基础。2006年，龙岗区建立了排牙山市级自然保护区。这是深圳首个以保护南亚热带常绿阔叶林和红树林为主的自然保护区，也是深圳除广东福田—内伶仃岛国家级自然保护区外仅有的自然保护区。这是龙岗区实现"山海龙岗、生态家园"的目标迈出的重要一步。此后，在生物多样性丰富地区划建保护区，将使龙岗的生态环境建设与经济建设相适应，促进龙岗区经济的可持续发展，改善龙岗区的生态环境和人居环境。

在此基础上，把生物多样性十分丰富的田头山地区建设成为自然保护区，将是龙岗区的生态环境建设与经济建设相适应的又一重要举措。

深圳市田头山自然保护区动植物资源考察及保护规划

8.8.2.5 对深圳市东部营造良好的海岸湿地环境有重要意义

根据深圳市的总体规划，东部海滨西冲将建成国际标准生态旅游区。其中2005年10月31日，"西冲旅游度假区概念规划"国际招标通过评审，加拿大DAA设计公司和澳大利亚奥斯派克景观·规划设计有限公司提交的方案中标。项目的开展意味着东部沿岸地区将进一步开发旅游业，一方面将面临巨大的生态环境压力，另一方面也获得一个加强保护的机遇。

东部沿海地区人口稀少，无工业污染，地表覆盖着茂密的植被，能起到很好的净化空气、调节气候的重要作用。空气中的含尘量、含菌量以及二氧化硫、氮氧化合物等有害物质含量均较低，大气质量标准已达到国家标准。

田头山建立自然保护区，将有力地维护东部地区的环境状况，由于田头山受到极好的保护，缓冲区和实验区，都将得到较好的恢复，生态环境的良好效应将起到极好的辐射作用，能够极好的增加该地区的环境容量。特别是在田头山建设自然保护区后，由西至东，形成生态环境的梯度变化，即生物多样性、生态环境形成纵深梯度。深圳的常风通常以东风、东南风为主，东部生态环境的好转，对市区环境的调节可能会产生良好的作用。而且靠近海岸的良好森林生态系统，对相邻的浅海生态系统也具有良好的促进作用，不论是在水源净化还是小气候调节等方面，都将发挥巨大的作用。

120

附录1　深圳市田头山自然保护区野生植物名录

　　调查表明，深圳市田头山自然保护区共有维管植物201科792属1455种。其中野生维管植物191科699属1289种，包括蕨类植物36科68属118种，按秦仁昌系统（1978）排列；裸子植物4科4属5种，按《中国植物志》（1979）排列；被子植物151科627属1166种，按哈钦松系统（1926—1934）排列（附表1-1；中文种名前*表示栽培种，**表示逸生种，***表示对当地生态环境有严重干扰的外来入侵种）。

附表1-1　深圳大鹏半岛自然保护区野生维管植物科属种统计表

项目	科	属	种	备注
蕨类植物	36	68	118	
裸子植物	4	4	5	
被子植物	151	627	1166	
野生维管植物总计	191	699	1289	
栽培植物总计	56	134	166	

附录1.1　蕨类植物名录

P1　Psilotaceae 松叶蕨科

松叶蕨 *Psilotum nudum*（L.）Griseb.

　　可供观赏，也可药用，治疗跌打损伤、内伤出血、风湿麻木。

P2　Huperziaceae 石杉科

蛇足石杉 *Huperzia serratum*（Thunb.）Trev.

　　药用，可治疗荨麻疹。

华南马尾杉 *Phlegmariurus fordii*（Baker）Ching

P3　Lycopodiaceae 石松科

藤石松 *Lycopodiastrum casuarinoides*（Spring）Holud

　　可作为插花用，层间绿化。全草入药，有祛风去湿、舒筋活络、镇咳、利尿之效。

铺地蜈蚣（灯笼草）*Palhinhaea cernua*（L.）Franco et Vasc.

　　可作为插花用，居家绿化。全株入药，有舒筋活络、止血生肌、清肝明目的功效。

P4　Selaginellaceae 卷柏科

二形卷柏 *Selaginella biformis* A. Br. ex Kuhn

薄叶卷柏 *Selaginella delicatula*（Desv.）Alston

　　可用于低层绿化，草坪绿化。

深绿卷柏 *Selaginella doederleinii* Hieron.

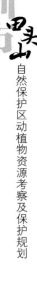

用于低层绿化，草坪绿化。全草药用，治癌症、肺炎、肝硬化、急性扁桃体炎、眼结膜炎、乳腺炎、盗汗、烧烫伤。

兖州卷柏 *Selaginella involvens*（Sw.）Spring

　　药用，有清热利湿、疏肝明目、强筋止血功效。

耳基卷柏 *Selaginella limbata* Alston

江南卷柏 *Selaginella moellendorfii* Hieron.

　　用于低层绿化，草坪绿化。全草入药，清热解毒，利尿消肿，治吐血、痔疮出血等症。

翠云草 *Selaginella uncinata*（Desv.）Spring

　　用于低层绿化，草坪绿化。全草入药，有清热解毒、去湿、利尿、消炎、止血之效。

剑叶卷柏 *Selaginella xipholepis* Bak.

P6 Equisetaceae 木贼科

节节草 *Hippochaete ramosissimum* Desf.

　　用于低层绿化。地上茎药用，功能明目退翳、清风热、利小便。

P11 Angiopteridaceae 莲座蕨科

福建莲座蕨 *Angiopteris fokiensis* Hieron.

　　块茎可提取淀粉。早期曾作为山区一种主要的食粮来源。

P13 Osmundaceae 紫萁科

狭叶紫萁 *Osmunda angustifolia* Ching

粤紫萁 *Osmunda mildei* C. Chr.

华南紫萁 *Osmunda vachellii* Hook.

　　根茎药用，清热解毒。

P14 Plagiogyriaceae 瘤足蕨科

华南瘤足蕨 *Plagiogryia tenuifolia* Cop.

　　濒危种。

P15 Gleicheniaceae 里白科

铁芒萁 *Dicranopteris linearis*（Burm. f.）Underw.

　　酸性土植物。旱山坡绿化。

芒萁 *Dicranopteris pedata*（Houtt.）Nakaike

　　酸性土植物。有保持水土的作用，旱山坡绿化。全草药用，有清热利尿、祛淤止血的功效。

中华里白 *Diplopterygium chinense*（Ros.）De Vol

光里白 *Diplopterygium laevissima*（Christ.）Ching

P17 Lygodiaceae 海金沙科

掌叶海金沙 *Lygodium conforme* C. Chr.

曲轴海金沙 *Lygodium flexuosum*（L.）Sw.

　　可作层间绿化。

海金沙 *Lygodium japonicum*（Thb.）Sw.

　　可作为层间绿化。全草药用，利湿热、通淋，鲜叶捣烂调茶油治烫火伤，孢子为利尿药，并作医药上的撒布剂及药丸包衣；茎叶捣烂加水浸泡，可治柿蚜虫、红蜘蛛等。

小叶海金沙 *Lygodium scandens*（L.）Sw.

　　可作为层间绿化。全草药用，利湿热、通淋，鲜叶捣烂调茶油治烫火伤，孢子为利尿药，并可作医药上的撒布剂及药丸包衣。

P18 Hymenophyllaceae 膜蕨科

南洋假脉蕨 *Crepidomanes bipunctatum*（Poir.）Cop.

团扇蕨 *Gonocormus minutus* van den Bosch

华南长筒蕨 *Selenodesmium siamense*（Christ）Ching et Wang

P19 Dicksoniaceae 蚌壳蕨科

金毛狗 *Cibotium barometz*（L.）J. Sm.

　　为盆栽观赏效果极佳的植物。根状茎含淀粉，可酿酒，也可供药用，有补肝肾、强腰膝的功效。国家 Ⅱ 级重点保护野生植物，渐危种。

P20 Cyatheaceae 桫椤科

桫椤 *Alsophila spinulosa* Wall.

　　可供观赏，也可入药，能祛风除湿，活血祛淤，治疗跌打损伤及预防流行性感冒。国家 Ⅱ 级重点保护野生植物，渐危种。

黑桫椤 *Gymnosphaera podophylla*（Hook.）Cop.

　　国家 Ⅱ 级重点保护野生植物，渐危种。

P22 Dennstaedtiaceae 碗蕨科

华南鳞盖蕨 *Microlepia hancei* Prantl

　　全草入药，有祛湿热的功效。

边缘鳞盖蕨 *Microlepia marginata*（Houtt.）C. Chr.

P23 Lindsaeaceae 鳞始蕨科

剑叶鳞始蕨（双唇蕨）*Lindsaea ensifolium* Sw.

异叶鳞始蕨（异叶双唇蕨）*Lindsaea heterophyllum* Dry.

　　用于低层绿化。

团叶鳞始蕨 *Lindsaea orbiculata*（Lam.）Mett. ex Kuhn

　　用于低层绿化，茎叶药用，可止血镇痛，治痢疾、枪弹伤。

阔片乌蕨 *Stenoloma biflorum*（Kaulf.）Ching

乌蕨 *Stenoloma chusanum*（L.）Ching

　　用于低层绿化。药用有解毒功能。

P25 Hypolepidaceae 姬蕨科

姬蕨 *Hypolepis punctata*（Thunb.）Mett.

清热解毒、收敛止痛。治疗烧伤、外伤出血。

P26 Pteridiaceae 蕨科

蕨 *Pteridium aquilinum* var. *latiusculum*（Desv.）Underw. ex Hell.

嫩叶可食称蕨菜；根状茎供提蕨粉，为滋养食品；全株入药，祛风湿、利尿解热，治脱肛，又可作驱虫剂。

P27 Pteridaceae 凤尾蕨科

粟蕨 *Histiopteris incisa*（Thunb.）J. Sm.

狭眼凤尾蕨 *Pteris biaurita* L.

刺齿凤尾蕨 *Pteris dispar* Kuntz

全草药用。治肠炎、痢疾、流行性腮腺炎、疮毒、跌打损伤。

剑叶凤尾蕨 *Pteris ensiformis* Burm.

能清热、消食、利尿、治痢疾，外敷可治疗腮腺炎、湿疹。

金钗凤尾蕨 *Pteris fauriei* Hieron.

线羽凤尾蕨 *Pteris linearis* Poir.

井栏边草 *Pteris multifida* Poir.

为观叶植物。全草药用，有清热利湿、凉血解毒、强筋活络、治痢止泻等功效。

半边旗 *Pteris semipinnata* L.

为观叶植物。全草药用，味辛涩、性凉，祛风、止血、清热解毒，化湿消肿，治疮疖、痢疾、蛇伤。

蜈蚣草 *Pteris vittata* L.

生长在钙质土或石灰岩上，低层绿化；药用，能祛风、杀虫，消炎解毒，治疖疮、痢疾。

P30 Sinopteridaceae 中国蕨科

薄叶碎米蕨 *Cheilosoria tenuifolia*（Burm.）Trev.

为观叶植物。

隐囊蕨 *Notholaena hirsuta*（Poir.）Desv.

日本金粉蕨 *Onychium japonicum*（Thunb.）Kze.

药用，清热解毒、抗菌收敛。治疗急性肠胃炎、烧伤。

P31 Adiantaceae 铁线蕨科

铁线蕨 *Adiantum capillus-veneris* L.

叶色翠绿，适合盆栽和作花材；全草入药，味淡性凉，能止咳止血、清热解毒、祛风除湿、利尿通淋，治肺热咳嗽、瘰疬等症。

扇叶铁线蕨 *Adiantum flabelluatum* L.

为优美的观赏植物；全草入药，味微辛涩，性凉，清热解毒、舒筋活络、利尿、化痰，治跌打内伤，外敷治烫火伤。

P32 Parkeriaceae 水蕨科

水蕨 *Ceratopteris thalictroides*（L.）Brongn.

药用，活血散瘀。治疗跌打损伤、疮毒。为国家 II 级重点保护野生植物，渐危种。

P33　Hemionitidaceae 裸子蕨科

粉叶蕨 *Pityrogramma calomelanos*（L.）Link

P36　Athyriaceae 蹄盖蕨科

毛轴短肠蕨 *Allantodia dilatata*（Bl.）Ching

江南短肠蕨 *Allantodia metteniana*（Miq.）Ching

淡绿短肠蕨 *Allantodia virescens*（Kunze）Ching

假蹄盖蕨 *Athyriopsis japonica*（Thunb.）Ching

　　药用，消肿毒。

莱蕨 *Callipteris esculenta*（Retz.）J. Sm.

双盖蕨 *Diplazium donianum*（Mett.）Tard.-Blot

　　全草入药，清热利湿、凉血解毒。治疗黄疸肝炎、外伤出血、蛇伤。

单叶双盖蕨 *Diplazium subsinuatum*（Wall. ex Hook. et Grev.）Tagawa

　　全草入药，消炎解毒、健胃利尿，治高热、尿路感染、烧烫伤、蛇伤、小儿疳积。

P38　Thelypteridaceae 金星蕨科

渐尖毛蕨 *Cyclosorus acuminatus*（Houtt.）Nakai

　　用于低层绿化。全草入药，消炎健胃，治烧烫伤、小儿疳积、狂犬咬伤。

毛蕨 *Cyclosorus interruptus*（Willd.）H. Ito

　　可食用，根状茎提供淀粉；入药祛风湿、利尿解热，治疗脱肛，也可作驱虫剂；纤维可制作绳缆，
　　耐水湿。

华南毛蕨 *Cyclosorus parasiticus*（L.）Farw.

　　用于低层绿化；全草入药，治痢疾。

截裂毛蕨 *Cyclosorus truncatus*（Poir.）Farwell

普通针毛蕨 *Macrothelypteris torresiana*（Gaudich.）Ching

金星蕨 *Parathelypteris glanduligera*（Kunze）Ching

　　叶药用。治烫火伤、吐血。

毛脚金星蕨 *Parathelypteris hirsutipes*（Clarke）Ching

新月蕨 *Pronephrium gymnopteridifrons*（Hay.）Hoitt.

单叶新月蕨 *Pronephrium simplex*（Hance）Holtt.

　　低层绿化。全草入药，消炎解毒，治蛇伤、痢疾。

溪边假毛蕨 *Pseudocyclosorus ciliatus*（Wall.）Ching

P39　Aspleniaceae 铁角蕨科

华南铁角蕨 *Asplenium austro-chinense* Ching

大羽铁角蕨 *Asplenium neolaserpitiifolium* Tard.-Blot et Ching

倒挂铁角蕨 *Asplenium normale* Don

　　全草药用。治蜈蚣咬伤、外伤出血、痢疾。

长叶铁角蕨 *Asplenium prolongatum* Hook.

假大羽铁角蕨 *Asplenium pseudolaserpitiifolium* Ching

巢蕨 *Neottopteris nidus*（L.）J. Sm.

P42 Blechnaceae 乌毛蕨科

乌毛蕨 *Blechnum orientale* L.

　　为庭园观赏植物，冠大，高达 2 m。酸性土指示植物。根状茎药用，有清热解毒、活血化淤之效，嫩芽外敷可消炎肿。

苏铁蕨 *Brainea insignis*（Hook.）J. Sm.

　　药用，清热解毒、抗菌收敛。治疗感冒、烧伤，止血。国家Ⅱ级重点保护野生植物，渐危种。

狗脊蕨 *Woodwardia japonica*（L.f.）Smith

　　用于园林绿化。酸性土指示植物。根状茎富含淀粉，可食用及酿酒。

珠芽狗脊蕨 *Woodwardia prolifera* Hook. et Arn.

P45 Dryopteridaceae 鳞毛蕨科

中华复叶耳蕨 *Arachniodes chinensis*（Ros.）Ching

刺头复叶耳蕨 *Arachniodes exilis*（Hance）Ching

镰羽贯众 *Cyrtomium balansae*（Christ）C. Chr.

　　根茎入药，清热解毒，驱虫，治流感、驱肠寄生虫。

阔鳞鳞毛蕨 *Dryopteris championii*（Benth.）C. Chr. ex Ching

　　根状茎药用。治毒疮溃烂、久不收口、目赤肿痛、驱钩虫、便血、气喘，预防流感。

黑足鳞毛蕨 *Dryopteris fuscipes* C. Chr.

柄叶鳞毛蕨 *Dryopteris podophylla*（Hook.）Kuntze

变异鳞毛蕨 *Dryopteris varia*（L.）Kuntze

　　根茎药用。清热止痛。治内热腹痛。

华南耳蕨 *Polystichum eximium*（Mett. ex Kuhn）C. Chr.

P46 Aspidiaceae 三叉蕨科

靠脉肋毛蕨 *Ctenitis costulisora* Ching

沙皮蕨 *Hemigramma decurrens*（Hook.）Cop.

下延三叉蕨 *Tectaria decurrens*（Presl）Cop.

三叉蕨 *Tectaria subtriphylla*（Hook. et Arn.）Cop.

P47 Bolbitidaceae 实蕨科

华南实蕨 *Bolbitis subcordata*（Cop.）Ching

49 Elaphoglossaceae 舌蕨科

华南舌蕨 *Elaphoglossum yoshinagae*（Yat.）Makino

P50 Nephrolepidaceae 肾蕨科

肾蕨 *Nephrolepis auriculata*（L.）Trimen

　　球状块茎入药，治疗肺热咳嗽、肠炎腹泻。

毛叶肾蕨 *Nephrolepis hirsutula*（Forst.）Presl

P52 Davalliaceae 骨碎补科

大叶骨碎补 *Davallia formosana* Hayata

　　药用，散瘀止痛，治疗跌打损伤、腰腿痛、痢疾。

阴石蕨 *Humata repens*（L.f.）Diels

　　药用，活血、散瘀，治疗扭伤、骨折、腰腿痛。

圆盖阴石蕨 *Humata typermanni* Moore

　　药用，活血、接骨、祛风散湿、凉血利尿。治疗扭伤、骨折、血尿、吐血、尿道感染等。

P53 Dipteridaceae 双扇蕨科

中华双扇蕨 *Dipteris chinensis* Christ

P56 Polypodiaceae 水龙骨科

线蕨 *Colysis elliptica*（Thunb.）Ching

　　叶药用。治尿道感染、跌打损伤。

断线蕨 *Colysis hemionitidea*（Wall. ex Mett.）Presl

　　药用，清热利尿。治疗尿道感染。

伏石蕨 *Lemmaphyllum microphyllum* Presl

　　观赏植物，适宜水石盆景配置及布置于假山阴处。药用全草，清热解毒，散瘀止痛，治疗肝脾肿大、痈疮、中耳炎、风火牙痛、跌打损伤等。

抱石莲 *Lepidogrammitis drymoglossoides*（Bak.）Ching

　　全草药用，味甘、淡，性凉，消炎解毒，祛风止咳，治疗黄疸、咳嗽咯血、乳癌、腮腺炎、淋巴结核、风湿骨痛。

骨牌蕨 *Lepidogrammitis rostrata*（Bedd.）Ching

　　全草药用，清热、利尿，治热咳。

瓦韦 *Lepisorus thunbergianus*（Kaulf.）Ching

　　民间药用，治小儿惊风、咳嗽吐血、走马疳。

攀缘星蕨 *Microsorium buergerianum*（Miq.）Ching

江南星蕨 *Microsorium fortunei*（Moore）Ching

　　药用，清热解毒、活血散瘀。治疗跌打、风湿、蛇咬伤、淋巴腺炎。

星蕨 *Microsorium punctatum*（L.）Copel.

瘤蕨 *Phymatosorus scolopendria*（Burm.）Pic. Serm.

贴生石韦 *Pyrrosia adnascens*（Sw.）Ching

　　药用，清热利尿、散结解毒。治疗腮腺炎、蛇咬伤。

石韦 *Pyrrosia lingua*（Thb.）Farw.

　　药用，凉血、止血、清热解毒。治疗肾炎、尿道感染、血尿、支气管炎、闭经。

P57 Drynariaceae 槲蕨科

崖姜 *Pseudodrynaria coronans*（Wall. ex Merr.）Ching

　　药用，可作骨碎补代用品。

P59 Grammtidaceae 禾叶蕨科

短柄禾叶蕨 *Grammitis dorsipila*（Christ）C. Chr. et Tardieu

P60 Loxogrammaceae 剑蕨科

柳叶剑蕨 *Loxogramme salicifolia*（Makino）Makino

    根茎药用。治犬咬伤、尿路感染。

附录1.2 裸子植物名录

G1 Cycadaceae 苏铁科

* 苏铁 *Cycas revoluta* Thunb.

    苏铁为优美的观赏树种，栽培极为普遍，茎内含有淀粉，可供食用。种子含油和丰富的淀粉，微有毒，供食用和药用，有治痢疾、止咳和止血之效。

G4 Pinaceae 松科

马尾松 *Pinus massoniana* Lamb.

    全株药用，松节油祛风除湿，散寒止痛，活血消肿，止血，生肌，并可治夜盲等症；松脂供提炼松香、松节油；种子可供食用；木材供建筑等用。

G5 Taxodiaceae 杉科

* 杉木 *Cunninghamia lanceolata*（Lamb.）Hook.

    树皮、根入药，祛风燥湿，收敛止血。种子含油20%，供制造肥皂；木材供作建筑及造纸、纺织原料。

G6 Cupressaceae 柏科

* 侧柏 *Platycladus orientalis*（L.）Franco

    木材供建筑用。枝叶入药，收敛止血，利尿，健胃，解毒散淤。种子可榨油，入药有滋补强壮、安神、润肠之功效。

G7 Podocarpaceae 罗汉松科

百日青 *Podocarpus neriifolius* D. Don

    木材黄褐色，纹理直，结构细密，硬度中等，比重为0.54～0.62。可供家具、乐器、文具及雕刻等用材，又可作庭园树用。

* 罗汉松 *Podocarpus macrophyllus*（Thunb.）D. Don

G9 Taxaceae 红豆杉科

穗花杉 *Amentotaxus argotaenia*（Hance）Pilger

    木材材质细密，可作雕刻、器具、农具及细木工等用材。叶常绿，种子成熟时假种皮红色，下垂，极美丽，可作庭院树种。渐危种。

G11 Gnetaceae 买麻藤科

罗浮买麻藤 *Gnetum lofuense* Cheng

    藤本。用于庭园等的垂直绿化，既可观果，也可赏叶。茎皮纤维可织麻袋、渔网，制造人造棉。种子可炒食或榨油，供食用或作润滑油，亦可酿酒。树液为清凉饮料，渐危种。

小叶买麻藤 *Gnetum parvifolium* (Warb.) Cheng ex Chun

　　藤本。层间绿化。茎皮纤维坚韧，可作渔网、绳索。种子富含淀粉及蛋白质，煮熟可食或榨油。

附录1.3 被子植物名录

1 Magnoliaceae 木兰科

木莲 *Manglietia fordiana* Oliv.

　　边材淡黄色，可供家具、板料、细工等用。果皮树皮入药，治便秘和干咳。

深山含笑 *Michelia maudiae* Dunn

　　木材纹理直，结构细，易加工，供家具、板料、绘图版、细木工用材。叶鲜绿，花纯白艳丽，为庭园观赏树种，可提取芳香油，亦供药用。

2 Illiciaceae 八角科

厚皮香八角 *Illicium ternstroemiodes* A. C. Smith

3 Schisandraceae 五味子科

黑老虎 *Kadsura coccinea* (Lam.) Sm.

　　根药用，能行气活血、消肿止痛、治胃病、风湿骨痛、跌打瘀痛，并为妇科常用药。果成熟后味甜，可食。

南五味子 *Kadsura longipedunculata* Fin. et Gagn.

　　根、茎、叶、种子均可入药。种子为滋补强壮剂和镇咳药，治神经衰弱、支气管炎等症。茎、叶、果实可提取芳香油。茎皮可作绳索。

8 Annonaceae 番荔枝科

* 番荔枝 *Annona squamosa* L.

　　果能食用，为热带著名水果。树皮纤维可造纸，根可药用，治疗急性赤痢、精神抑郁、脊椎骨病，果实可治疗恶疮肿痛、补脾。

鹰爪花 *Artabotrys hexapetalus* (L.f.) Bhand.

　　绿化植物，花极香，常栽培于公园或屋旁。鲜花含芳香油0.75%～1.0%，可提制鹰爪花浸膏，用于高级香水化妆品和皂用的香精原料，亦供熏茶用。根可药用，治疟疾。

香港鹰爪 *Artabotrys hongkongensis* Hance

酒饼叶（假鹰爪）*Desmos chinensis* Lour.

　　用于园林绿化，花芳香，供观赏。民间有时用其叶制酒饼，故有"酒饼叶"之称。根、叶入药，有祛风、健胃、镇痛的功效。

白背瓜腹木 *Fissistigma glaucescens* (Hance) Merr.

　　根供药用，能活血除湿，可治风湿和痨伤。茎皮纤维坚韧，可作绳索。

瓜馥木 *Fissistigma oldhamii* (Hemsl.) Merr.

　　攀缘灌木，园林绿化。花可提制瓜馥木花油或浸膏，种子油供调制化妆品和工业用油，根供治疗跌打损伤和关节炎用。

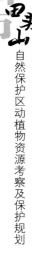

香港瓜馥木 *Fissistigma uonicum*（Dunn）Merr.

嘉陵花 *Popowia pisocarpa*（Blume）Endl.

　　花芳香，可提制芳香油，渐危种。

山椒子 *Uvaria grandiflora* Roxb.

　　可供园林绿化及庭园观赏。

紫玉盘 *Uvaria macrophylla* Champ. ex Benth.

　　园林绿化。根药用，可镇痛、止呕、治风湿，叶可止痛消肿。

11 Lauraceae 樟科

网脉琼楠 *Beilschmiedia tsangii* Merr.

无根藤 *Cassytha filiformis* L.

　　全草药用。治感冒发热、疟疾、急性黄疸型肝炎、咯血、尿血、泌尿系结石、肾炎水肿。外用治皮肤湿疹、多发性疖肿。

毛桂 *Cinnamomum appelianum* Schewe

　　树皮可代肉桂入药。木材作一般用材，并可作造纸糊料。

阴香 *Cinnamomum burmannii*（C. C. et Nees）Bl.

　　树形优美，叶色终年常绿，花朵芳香，为优良的庭园风景树和行道树。抗污染及抗尘能力较强，吸收二氧化碳较多。木材及根、枝、叶是提取樟脑和樟脑油的原料，供工业用油，木材为造船、建筑用材；茎皮入药，可治疗风湿骨痛、腹泻、外伤出血等症。

樟树 *Cinnamomum camphora*（L.）Presl.

　　树冠硕大，为优良的园林风景树、行道树，速生树种。园林和寺庙绿化常见树种。全株具樟脑气味，木材含精油，可供药用或用于建筑、雕刻。根、果、枝、叶入药，有祛风散寒、强心镇痉、杀虫等功效。国家Ⅱ级重点保护野生植物，渐危种。

黄樟 *Cinnamomum parthenoxylon*（Jack）Meissn.

　　园林绿化树种和行道树。根、干及叶是提取芳香油的原料，根入药，有舒筋活血之效。种子供榨油。木材纹理通直细致，稍重而韧，易于加工，且能耐腐，是优良的家具用材。

粗脉樟 *Cinnamomum validinerve* Hance

厚壳桂 *Cryptocarya chinensis*（Hance）Hemsl.

　　木材结构细致，材质硬而稍重，加工容易，含油或黏液多，适于作梁、柱、家具及器具等用材。此外，木材刨片浸水所溶出的黏液可作发胶等用，叶尚含樟油。

硬壳桂 *Cryptocarya chingii* Cheng

　　木材结构细致，材质硬且稍重，加工容易，含油或黏液多，适于作梁、柱、桁、桷、门、窗、农具、一般家具及器具等用材。此外，木材刨片浸水所溶出的黏液可作发胶等用，叶含樟油。

黄果厚壳桂 *Cryptocarya concinna* Hance

　　木材为中等重材，材质颇致密，坚硬而耐湿，不易开裂，可作家具、桶、架等用材。

乌药 *Lindera aggregata*（Sims）Kost.

　　根药用，散寒健胃、祛风消肿、理气。果实、根、叶均可提取芳香油制香皂，根、种子磨粉可杀虫。

香叶树 *Lindera communis* Hemsl.

　　为观赏植物，宜植于园林内的池畔、山旁及林间。种子供工业用油或食用，果皮提取芳香油，枝、叶作熏香料。根、枝、叶入药，有祛风湿、消肿痛的功效。

绒毛山胡椒 *Lindera nacusua*（D. Don）Merr.

尖脉木姜子 *Litsea acutivena* Hay.

山苍子 *Litsea cubeba*（Lour.）Pers.

    木材耐腐不蛀，可供普通家具或建筑用。花、叶和果皮是提制柠檬酸的原料，供医药制品或制造香精等用，种子供工业用油，根、茎、叶、果均可入药，有祛风散寒、消肿止痛之效。果实入药，上海等地称为"毕澄茄"，治疗血吸虫病，效果良好。分枝茂密，树姿优美，为良好的园林风景树和绿化树。木材耐朽，作家具等用。根皮及叶入药，清湿热，消肿毒，治疗腹泻，外敷治疮痈；种子榨油供制肥皂和硬化油。

潺槁树 *Litsea glutinosa* Sm.

华南木姜子 *Litsea greenmaniana* Allen

假柿树 *Litsea monopetala*（Roxb.）Pers.

    用于园林、寺庙绿化及行道树，树干挺直，树冠开展，浓绿，为抗污染及抗尘能力较强的树种。木材可制家具，种子供工业用油。民间用其叶外敷治疗关节脱臼。

豺皮樟 *Litsea rotundifolia* var. *oblongifolia*（Nees）Allen

    用于园林绿化。种子含脂肪油63.8%，可供工业用。叶、果可提取芳香油，根入药，治跌打损伤、消化不良等。

轮叶木姜子 *Litsea verticillata* Hance

    本种萌发力强，材质较坚，常作薪炭材。根、叶甘凉，民间用来治跌打积淤、胸痛、风湿痹痛、妇女经痛，叶外敷治骨折、蛇伤。

短序润楠 *Machilus breviflora*（Benth.）Hemsl.

    用于园林绿化，背景林。

浙江润楠 *Machilus chekiangensis* S. Lee

华润楠 *Machilus chinensis*（Benth.）Hemsl.

    用于园林绿化，背景林，速生树种。木材坚硬，可制家具。

黄心树 *Machilus gamblei* King ex Hook.f.

    茎枝可入药，叶可饲蚕。

黄绒润楠 *Machilus grijsii* Hance

薄叶润楠 *Machilus leptophylla* Hand.-Mazz.

    树皮可提炼树脂，种子可榨油。

刨花润楠 *Machilus pauhoi* Kanehira

    本种的边材易腐，心材较坚实，稍带红色，弦切面的纹理美观，为散孔材，木射线纤细，放大镜下可见。木材供建筑、制家具，刨成薄片叫"刨花"，浸水中可产生黏液，加入石灰水中，用于粉刷墙壁，能增加石灰的黏着力，不易揩脱，并可用于制纸。种子含油脂，为制造蜡烛和肥皂的好原料。

红楠 *Machilus thunbergii* Sieb. et Zucc.

    枝浓叶密，极耐阴，适合作园景树。木材可供建筑、桥梁、制作器具等用。树皮可作褐色染料和熏香原料，入药有舒筋消肿之效；叶可提取芳香油；种子油可制肥皂和润滑油。

绒毛润楠 *Machilus velutina* Champ. ex Benth.

    用于园林绿化，背景林。木材坚硬，耐水湿，可供家具等用。

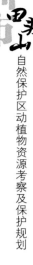

新木姜子 *Neolitsea aurata*（Hayata）Koidz.

　　根供药用，可治气痛、水肿、胃脘胀痛。

香港新木姜子 *Neolitsea cambodiana* var. *glabra* Allen

鸭公树 *Neolitsea chunii* Merr.

　　果核含油量60%左右，油供制造肥皂和润滑等用。

大叶新木姜子 *Neolitsea levinei* Merr.

　　根入药，治妇女白带。

显脉新木姜子 *Neolitsea phanerophlebia* Merr.

13a Illigeraceae 青藤科

宽药青藤 *Illigera celebica* Miq.

15 Ranunculaceae 毛茛科

甘木通 *Clematis filamentosa* Dunn

毛柱铁线莲 *Clematis meyeniana* Walp.

　　全株药用。舒筋驳骨，去瘀止痛。根利尿、发汗、通便。茎消肿利尿、去湿。茎皮纤维可制绳索。

柱果铁线莲 *Clematis uncinata* Champ. ex Benth.

　　藤本，用于层间绿化。根药用，祛风湿、舒筋活络或治外伤出血。

小回回蒜 *Ranunculus cantoniensis* DC.

　　全草含有原白头翁素，捣敷发泡，治黄疸、目疾。

石龙芮 *Ranunculus sceleratus* L.

　　全草含有原白头翁素，有毒，药用能消结核、治痈肿、疮毒、蛇毒和风寒湿痹。

阴地唐松草 *Thalictrum umbricola* Ulbr.

21 Lardizabalaceae 木通科

七叶莲 *Stauntonia chinensis* DC.

　　全株药用，民间记载有舒筋活络、镇痛排脓、解热利尿、通经导湿的作用，可用于治疗腋部生痈、
　　膀胱炎、风湿骨痛、跌打损伤、水肿、脚气等。据研究，对三叉神经痛、坐骨神经痛有较好的疗效。

牛藤果 *Stauntonia elliptica* Hemsl.

倒卵叶野木瓜 *Stauntonia obovata* Hemsl.

22 Sargentodoxaceae 大血藤科

大血藤 *Sargentodoxa cuneata*（Oliv.）Rehd. et Wils.

　　根和茎入药，有活血祛风、散瘀止痛、通经活络的功效，可治风湿骨痛、经痛、阑尾炎、跌打损伤
　　等症。根、茎和叶煎水可作杀虫剂。

23 Menispermaceae 防己科

木防己 *Cocculus orbiculatus*（L.）DC.

　　用于层间绿化。根药用，行水利湿、祛风通络、消肿止痛。

粉叶轮环藤 *Cyclea hypoglauca* Diels

　　根木质，入药称金钥匙，味苦性寒，功能清热解毒、祛风利水。

秤钩风 *Diploclisia affinis*（Oliv.）Diels

　　用于层间绿化。藤、叶入药，清热解毒、活血利尿、祛风去湿，为蛇伤特效药。

苍白秤钩风 *Diploclisia glaucescens*（Bl.）Diels

　　藤叶入药，清热解毒，祛风除湿，为蛇伤特效药。

夜花藤 *Hypserpa nitida* Miers

　　用于层间绿化。

细圆藤 *Pericampylus glaucus*（Lam.）Merr.

　　用于编织藤器。

粪箕笃 *Stephania longa* Lour.

　　层间绿化。全草药用，有清热、利尿的功效。

24 Aristolochiaceae 马兜铃科

广防己 *Aristolochia fangchi* Wu ex Chow et Hwang

　　块根入药，性寒无毒，味苦涩，有祛风、利水的功效，主治小便不利、风湿骨痛等。

大叶马兜铃 *Aristolochia kaempferi* Willd.

28 Piperaceae 胡椒科

石蝉草 *Peperomia dindygulensis* Miq.

　　可作低层绿化。

草胡椒 *Peperomia pellucida*（L.）Kunth

　　花卉，草坪绿化。

小叶爬崖香 *Piper arboricola* C. DC.

华南胡椒 *Piper austrosinense* Tseng

山蒟 *Piper hancei* Maxim.

　　用于层间绿化。全株药用，祛风止痛、行气消肿，治疗风湿性关节炎、腰膝无力、咳嗽气喘等症。

毛蒟 *Piper hongkongense* Hatusima

　　用于层间绿化。全株药用，能行气止痛、活血祛风，治胃痛。

假蒟 *Piper sarmentosum* Roxb.

　　用于低层绿化。根、叶、果穗供药用，能祛风、暖胃、止痛。

29 Saururaceae 三白草科

鱼腥草 *Houttuynia cordata* Thunb.

　　用于低层绿化。全草入药，散热解毒，消痈肿。幼嫩茎可作蔬菜。

三白草 *Saururus chinensis*（Lour.）Baill.

　　全株供药用，具有小毒，内服治尿道感染、尿道结石、脚气、水肿及营养性水肿等症。

30 Chloranthaceae 金粟兰科

多穗金粟兰 Chloranthus *multistachys* Pei

草珊瑚 *Sarcandra glabra*（Thb.）Nakai

　　花卉，低层绿化，楼层绿化。可提取芳香油。入药能接骨祛风、消炎解毒。

133

36 Capparidaceae 白花菜科

广州槌果藤 *Capparis cantoniensis*（Lour.）Merr.

 用于园林绿化。茎叶作土农药，又可治疥癫。

白花菜 *Cleome gynandra* L.

 种子有小毒，但可治疮毒。

赤果鱼木 *Crateva trifoliata*（Roxb.）Sun

39 Cruciferae 十字花科

荠菜 *Capsella bursa-pastoris*（L.）Medic.

碎米荠 *Cardamine hirsuta* L.

 种子油可作润滑油。茎、叶可作野菜和饲料。全草和种子入药，解表止咳、健胃。

圆齿碎米荠 *Cardamine scutata* Thunb.

蔊菜 *Rorippa indica*（L.）Hiern.

 用于低层绿化，种子油可作润滑油。茎、叶可作野菜或饲料。全草和种子入药，有解表止咳、健胃、利水之效。

40 Violaceae 堇菜科

毛堇菜 *Viola confusa* Champ.

 全草入药，治疮疖。

蔓茎堇菜 *Viola diffusa* Ging.

 用于草坪绿化。全草入药，能消肿排脓、清热化痰，治疔痈等。

长萼堇菜 *Viola inconspicua* Bl.

 用于草坪绿化。全草入药，能明目消肿、清热解毒，治结膜炎等。

堇菜 *Viola verecunda* A. Gray

 全草供药用，主治肺热咯血、扁桃体炎、结膜炎、腹泻；外用治疮疖肿毒、外伤出血等。

42 Polygalaceae 远志科

黄花倒水莲 *Polygala fallax* Hemsl.

 根供药用，有滋补强身、散瘀消肿的功效。

金不换 *Polygala glomerata* Lour.

 可作草坪绿化。全草药用，对胸痛咳嗽、百日咳有效。

香港远志 *Polygala hongkongensis* Hemsl.

莎罗莽 *Salomonia cantoniensis* Lour.

 可作草坪绿化。全株入药，治无名肿毒、蛇伤、刀伤。

蝉翼藤 *Securidaca inappendiculata* Hassk.

 茎皮纤维坚韧，可作麻类代用品，如作人造真空棉与造纸的原料。

黄叶树 *Xanthophyllum hainanense* Hu

 木材坚硬密致，作建筑用材。

45 Crassulaceae 景天科

落地生根 *Bryophyllum pinnatum*（Lam.）Kurz.

 叶清热消肿，拔毒生肌，主治跌打损伤、外伤出血、疮痈肿毒、丹毒、急性结膜炎及烫火伤。

佛甲草 *Sedum lineare* Thunb.

　　用于草坪绿化，楼层绿化。肉质多汁植物。全草供药用，治毒蛇咬伤、烫火伤、痈肿疔疮等。

垂盆草 *Sedum sarmentosum* Bge.

　　全草入药，能清热解毒、活血止痛、消肿、接骨，治痨病咳嗽等。

48 Droseraceae 茅膏菜科

锦地罗 *Drosera burmannii* Vahl

　　用于草坪绿化，湿地绿化。全草药用，清热祛湿、凉血、化痰止咳、止痢。

宽苞茅膏菜 *Drosera spathulata* var. *loureirii*（HK. et Arn.）Ruan

53 Caryophyllaceae 石竹科

蚤缀 *Arenaria serpyllifolia* L.

　　用于低层绿化。全草药用，有清热解毒功效。

荷莲豆 *Drymaria cordata*（L.）Willd. ex Roem. et Schult.

　　全草入药，可治肝炎和肾炎。

牛繁缕 *Myosoton aquaticum*（L.）Moench

　　可作低层绿化，也可作野菜或饲料。全草药用，祛风解毒，外敷治疖疮。

白鼓钉 *Polycarpaea corymbosa*（L.）Lam.

　　全草药用，能清热祛湿，主治湿热痢疾、胃肠炎，捣烂可敷治外伤。

雀舌草 *Stellaria alsine* Grimm.

繁缕 *Stellaria media*（L.）Vill.

　　可作低层绿化和草坪绿化。全草入药，消炎抗菌，又可作饲料。

54 Molluginaceae 粟米草科

粟米草 *Mollugo pentaphylla* L.

　　全草药用，能抗菌消炎，治腹痛泄泻。

56 Portulacaceae 马齿苋科

马齿苋 *Portulaca oleracea* L.

　　用于低层绿化。全草入药，清热解毒，治菌痢、蛇虫咬伤、关节炎等，内服、外敷均可；可作野菜，亦可作饲料。

57 Polygonaceae 蓼科

萹蓄 *Polygonum aviculare* L.

　　用于低层绿化。全草药用，有清热、利尿、解毒、驱虫之效。

毛蓼 *Polygonum barbatum* L.

　　用于低层绿化。全草供药用，拔毒生肌，治脓肿等症。

红辣蓼 *Polygonum caespitosum* Bl.

火炭母 *Polygonum chinense* L.

　　用于低层绿化。全草药用，清热解毒。

光蓼 *Polygonum glabrum* Willd.

辣蓼 *Polygonum hydropiper* L.

　　用于低层绿化。全草入药，有消肿解毒、利尿、止痢之效。

大马蓼 *Polygonum lapathifolium* L.

何首乌 *Polygonum multiflorum* Thunb.

　　全草药用，滋补强壮、养血。

尼泊尔蓼 *Polygonum nepalense* Meisn.

杠板归 *Polygonum perfoliatum* L.

　　层间绿化。茎、叶供药用，有清热止咳、散瘀解毒、止痒之效。

腋花蓼 *Polygonum plebium* R.Br.

皱叶酸模 *Rumex crispus* L.

　　根入药，有清热、解毒、通便等功效。嫩叶可作蔬菜食用。

长刺酸模（假菠菜）*Rumex maritimus* L.

　　全株有清热解毒、止血、杀虫、通便之效；有微毒。

59 Phytolaccaceae 商陆科

商陆 *Phytolacca acinosa* Roxb.

　　根有毒，入药能泻水利尿，外敷治痈肿疔疮、跌打损伤。

61 Chenopodiaceae 藜科

土荆芥 *Chenopodium ambrosioides* L.

　　用于低层绿化。全草可提取土荆芥油，药用，能健胃除湿，对驱除绦虫和蛔虫有特效。

地肤 *Kochia scoparia*（L.）Schrad.

　　果实称"地肤子"，为常用中药，功能清热利湿、祛风止痒，用于治皮肤瘙痒、荨麻疹、湿疹、小便不利。嫩苗可食。种子含油15.05%，种子油可食用或供工业用。

63 Amaranthaceae 苋科

土牛膝 *Achyranthes aspera* L.

　　用于低层绿化。根供药用，强筋骨，治跌打损伤。全草是清热解表药，可治感冒发热、喉痛、肾炎水肿等症。

*红草 *Alternanthera bettzickiana*（Regel）Nich.

　　栽培供观赏。

线叶虾钳菜 *Alternanthera nodiflora* R. Br.

**美洲虾钳菜 *Alternanthera paronychioides* St. Hil.

　　可作家畜饲料。

**空心莲子草 *Alternanthera philoxeroides*（Mart.）Griseb.

　　用于湿地绿化。根或全草入药，有清热解毒之效。

虾钳菜 *Alternanthera sessilis*（L.）DC.

　　用于低层绿化。全草药用，能清热、散瘀、拔毒、凉血，治痢疾、疥癣等。

繁穗苋 *Amaranthus hybridus* L.

　　嫩茎叶可作蔬菜，或栽培取种子作粮食用，为古代一种粮食作物，也可栽培供观赏。

小叶凹头苋 *Amaranthus lividus* var. *polygonoides*（Moq.）Thell.

刺苋 *Amaranthus spinosus* L.

　　一年生草本，低层绿化。根、茎、叶供药用，凉血解毒，治菌痢、肠胃炎和毒蛇咬伤。

绿苋 *Amaranthus viridis* L.

　　一年生草本，低层绿化。嫩茎叶可作野菜或作饲料。全草药用，清热解毒。

青葙 *Celosia argentea* L.

　　一年生草本，低层绿化。嫩枝和叶可作蔬菜食用，又可作饲料。花和种子药用，清热止血、治疗痔疮出血等。

杯苋 *Cyathula prostrata*（L.）Bl.

　　全草治跌打损伤。有小毒。

69 Oxalidaceae 酢浆草科

* 杨桃 *Averrhoa carambola* L.

　　南方主要果品之一。果可入药，生津止渴，治风热；叶有利尿、散热毒、止痛、止痒、止血的功效。

酢浆草 *Oxalis corniculata* L.

　　多枝草本，花卉，低层绿化，草坪绿化。全草入药，有清热解毒、利尿、消肿、散瘀止痛的功效。

**红花酢浆草 *Oxalis corymbosa* DC.

　　多年生直立无茎草本，花卉。全草入药，有清热、消肿之效，治口腔炎、肠炎等症。

71 Balsaminaceae 凤仙花科

华凤仙 *Impatiens chinensis* L.

　　一年生草本，花卉。用于湿地绿化。

72 Lythraceae 千屈菜科

耳基水苋 *Ammannia arenaria* HBK.

* 大花紫薇 *Lagerstroemia speciosa*（L.）Pers.

　　观赏植物。

圆叶节节菜 *Rotala rotundifolia*（Roxb.）Koehne

77 Onagraceae 柳叶菜科

水龙 *Ludwigia adscendens*（L.）Hara

草龙 *Ludwigia linifolia*（Vahl）Hara

　　一年生草本，低层绿化。全草药用，清热去湿，拔毒消肿。

毛草龙 *Ludwigia octovalis* var. *sessiflora*（Mich.）Rav.

丁香蓼 *Ludwigia prostrata* Roxb.

　　一年生草本，可作低层绿化、湿地绿化。全草入药，有清热利水的功效。

78 Haloragidaceae 小二仙草科

黄花小二仙草 *Haloragis chinensis*（Lour.）Merr.

小二仙草 *Haloragis micrantha* R. Br. ex Sieb. et Zucc.

全草药用。止咳平喘、清热利湿、调经活血。治咳嗽哮喘、痢疾、小便不利、月经不调、跌打损伤。

81 Thymelaeaceae 瑞香科

土沉香 *Aquilaria sinensis*（Lour.）Gilg.

常绿乔木。可作观赏植物，园林绿化。木质部分泌树脂即"土沉香"，可作香料及药用，能镇静、止痛、收敛、祛风，治胃病及心腹痛等病。树皮纤维供造纸和人造棉原料；种子富含油脂，供工业用。国家 II 级重点保护野生植物，渐危种。

白瑞香 *Daphne papyracea* Wall. ex Steud.

本种的茎皮纤维可制造打字蜡纸、牛皮纸和人造棉。

了哥王 *Wikstroemia indica*（L.）C. A. Mey

灌木，可作以观果为主的观赏植物，园林中可以地栽与其他观赏植物混植，或盆栽作盆景；茎皮纤维可造纸和人造棉；根及叶入药，能破结散瘀、解毒；叶可敷治疮肿；种子富含油脂，可供制肥皂。

北江荛花 *Wikstroemia monnula* Hance

细轴荛花 *Wikstroemia nutans* Champ.

灌木，园林绿化；茎皮纤维供造纸和人造棉。药用全株，消坚破瘀，止血镇痛，拔毒止痒。

83 Nyctaginaceae 紫茉莉科

**紫茉莉 *Mirabilis jalapa* L.

观赏或药用。根有活血解毒、祛湿利尿的功效。叶可治疮毒。

黄细心 *Boerhavia diffusa* L.

宝巾 *Bougainvillea glabra* Choisy

84 Proteaceae 山龙眼科

小果山龙眼 *Helicia cochinchinensis* Lour.

小乔木，园林绿化。种子可榨油和提取淀粉。

网脉山龙眼 *Helicia reticulata* Wang

小乔木，园林绿化。种子可提取淀粉。

85 Dilleniaceae 五桠果科

锡叶藤 *Tetracera asiatica*（Lour.）Hoogl.

木质藤本，叶面粗糙，可供擦锡器和工具，用于层间绿化。药用，可治腹泻、肝脾肿大等症。

88 Pittosporaceae 海桐花科

光叶海桐 *Pittosporum glabratum* Lindl.

小乔木，园林绿化。根有辛辣味，药用，含生物碱，治风湿关节炎，毒蛇咬伤；叶治过敏性皮炎等。

93 Flacourtiaceae 大风子科

箣柊 *Scolopia chinensis*（Lour.）Clos.

全株药用，活血散瘀，治疗跌打肿痛。

广东箣柊 *Scolopia saeva* Hance

乔木，用于园林绿化。木材坚重，耐腐，可供造船、体育器材、工艺品等。

柞木 *Xylosma japonicum*（Walp.）A. Gray

木材坚实，可为农具或发梳材料；树皮供药用。

长叶柞木 *Xylosma longifolium* Clos.

94 Samydaceae 天料木科

嘉赐树 *Casearia glomerata* Roxb.

根叶药用，可治跌打损伤。

毛叶嘉赐树 *Casearia velutina* Bl.

天料木 *Homalium cochinchinense*（Lour.）Druce

小乔木，用于园林绿化。材质坚重，纹理细致，可供家具、雕刻等用。

101 Passifloraceae 西番莲科

龙珠果 *Passiflora foetida* L.

103 Cucurbitaceae 葫芦科

* 黄瓜 *Cucumis sativus* L.

果做蔬菜，种子含油，亦可食用，茎、藤药用。

* 丝瓜 *Luffa acutangula*（L.）Roxb.

做蔬菜，成熟后去瓜肉，剩下纤维为丝瓜络，药用通经脉。

* 苦瓜 *Momordica charantia* L.

做蔬菜，可除邪毒，解困乏、清肝明目；根能清热解毒。

茅瓜 *Solena amplexicaulis*（Lam.）Gandhi

草质藤本，用于层间绿化；果可食；块根或全草药用，能清热解毒、消肿散结、清肝利水。

多型栝楼 *Trichosanthes ovigera* Bl.

老鼠拉冬瓜 *Zehneria indica*（Lour.）Ker.

果味微酸，可食。根和茎、叶药用，有清热利尿、拔毒消肿、除瘀散结的功效。

钮子瓜 *Zehneria maysorensis*（Wight et Arn.）Arn.

104 Begoniaceae 秋海棠科

粗喙秋海棠 *Begonia crassirostris* Trmsch.

紫背天葵 *Begonia fimbristipulata* Hance

叶晒干可作饮料，也可供药用，有清热解毒、润燥止咳、消炎止痛的功效。

裂叶秋海棠 *Begonia laciniata* Roxb.

106 Caricaceae 番木瓜科

* 木瓜 *Carica papaya* L.

107 Cactaceae 仙人掌科

** 仙人掌 *Opuntia dillenii* Haw.

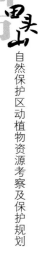

108 Theaceae 山茶科

杨桐 *Adinandra millettii*（Hook. et Arn.）Hance

　　小乔木，用于园林绿化。

香港毛蕊茶 *Camellia assimilis* Champ. ex Benth.

长尾毛蕊茶 *Camellia caudata* Wall.

柃叶茶 *Camellia euryoides* Lindl.

糙果茶 *Camellia furfuracea*（Merr.）Stuart

大苞白山茶 *Camellia granthamiana* Sealy

　　种子可榨油，花供观赏。濒危种。

落瓣油茶 *Camellia kissi* Wall.

油茶 *Camellia oleifera* Abel

　　灌木，观赏灌木，为寺庙绿化常见植物。种子油供食用及工业用；果壳可提制栲胶、皂素、糠醛等；
　　油茶饼可作肥皂和杀虫剂。木材坚硬，可作农具。

柳叶山茶 *Camellia salicifolia* Champ.

* 茶 *Camellia sinensis*（L.）Ktze.

　　嫩叶制成的茶为著名饮料，有兴奋、助消化、强心、利尿等功效；根能清热解毒；种子榨油可食。

野生茶 *Camellia sinensis* var. *assamica*（Mast.）Kit.

　　渐危种。

红淡比 *Cleyera japonica* Thunb.

米碎花 *Eurya chinensis* R. Br.

　　小灌木。在园林绿化中可作绿篱栽培，亦可植于建筑物周围或草坪、池畔、小径转角处，或用以点
　　缀岩石园，富有生气。

二列叶柃 *Eurya distichophylla* Hemsl.

岗柃 *Eurya groffii* Merr.

细枝柃 *Eurya loquaiana* Dunn

黑柃 *Eurya macartneyi* Champ.

格药柃 *Eurya muricata* Dunn

细齿叶柃 *Eurya nitida* Kob.

　　灌木，用于园林绿化。枝、叶、果可作染料；茎、叶和花均可药用，可杀虫、解毒，有治疗口疮溃
　　烂和腹泻的功效。

大头茶 *Gordonia axillaris*（Roxb.）Dietr.

　　乔木，观赏植物，园林绿化。木材质地坚硬，可作建筑材料。茎、皮及果实入药，治风湿腰痛、跌
　　打损伤、腹泻。

荷木 *Schima superba* Gardn. et Champ.

　　乔木，行道树，树干挺直，可作背景林，是抗污染及抗尘能力较强的树种，也是速生树种。

毛荷木 *Schima villosa* Hu

厚皮香 *Ternstroemia gymnanthera*（Wight et Arn.）Spr.

　　种子油供工业用，树皮可提取栲胶。

石笔木 *Tutcheria championi* Nakai

108.5 Pentaphylacaceae 五列木科

五列木 *Pentaphylax euryoides* Gardn. et Champ.

> 木材坚硬，可供建筑、家具或农具用。

112 Actinidiaceae 猕猴桃科

阔叶猕猴桃 *Actinidia latifolia*（Gardn. et Champ.）Merr.

> 藤本，用于层间绿化。果富含维生素 C，可食用；亦可植于庭园供观赏，为垂直绿化的理想材料；茎、叶入药，治咽喉肿痛、湿热腹泻等。

113 Saurauiaceae 水东哥科

水东哥 *Saurauia tristyla* DC.

118 Myrtaceae 桃金娘科

肖蒲桃 *Acmena acuminatissima*（Bl.）Merr. et Perry

岗松 *Baeckea frutescens* L.

水翁 *Cleistocalyx operculatus*（Roxb.）Merr. et Perry

> 固堤树种。果可食，花、树皮、叶可供药用，清热去湿。

* 美叶桉 *Eucalyptus calophylla* R. Br.

> 乔木，园林绿化。观叶植物。

* 赤桉 *Eucalyptus camaldulensis* Dchnh.

> 乔木，园林绿化。行道树。叶或小枝可提取芳香油，树皮可提制栲胶。木材耐腐，适宜作枕木等。

* 柠檬桉 *Eucalyptus citriodora* Hook.f.

> 乔木，园林绿化，行道树，树干挺直；速生树种；枝、叶可提取芳香油。木材供枕木等用；叶及精油供药用，能消炎杀菌、祛风止痛。

* 窿缘桉 *Eucalyptus exserta* Muell.

> 木材坚硬耐腐。

* 大叶桉 *Eucalyptus robusta* Sm.

> 枝叶可提取芳香油；木材供枕木等用；叶及精油供药用，具有消炎杀菌、祛风止痛的功效。

* 巴西樱桃 *Eugenia uniflora* L.

* 白千层 *Melaleuca leucadendron* L.

> 可作行道树及观赏用；树皮及叶可供药用，有镇静神经之效；枝叶含芳香油可作防腐剂及药用.

** 番石榴 *Psidium guajava* L.

> 小乔木，观赏植物。果可食；叶含芳香油，可作芳香原料；树皮含鞣质；叶有健胃功效，树皮为收敛止泻药。

桃金娘 *Rhodomyrtus tomentosa*（Alt.）Hassk.

> 小灌木，观赏灌木，观花植物。果可食。全株供药用，有活血通络、收敛止泻、补虚止血的功效。

华南蒲桃 *Syzygium austro-sinense*（Merr. et Perry）Chang et Miau

赤楠 *Syzygium buxifolium* Hook. et Arn.

> 灌木，园林绿化。果可以食用或酿酒；根味甘，性平，可治浮肿、烧烫伤、跌打损伤；叶味苦，性寒，可治疮疖等。

子凌蒲桃 *Syzygium championii*（Benth.）Merr. et Perry

卫矛叶蒲桃 *Syzygium euonymifolium*（Metc.）Merr. et Perry

轮叶蒲桃 *Syzygium grijsii*（Hance）Merr. et Perry

红鳞蒲桃 *Syzygium hancei* Merr. et Perry

　　乔木，可作背景林，庭园绿化。树冠开展，浓绿；树皮含鞣质，可提制栲胶。

蒲桃 *Syzygium jambos*（L.）Alston

　　乔木，绿化果树，园林绿化，庭园绿化，树冠开展，浓绿。速生树种；果可食或蜜饯，为良好的防
　　风固沙树种。

山蒲桃 *Syzygium levinei*（Merr.）Merr. et Perry

香蒲桃 *Syzygium odoratum*（Lour.）DC.

红枝蒲桃 *Syzygium rehderianum* Merr. et Perry

120 Melastomataceae 野牡丹科

棱果花 *Barthea barthei*（Hance）Krasser

柏拉木 *Blastus cochinchinensis* Lour.

　　药用，可治疗疮疥、产后流血不止、月经过多、跌打损伤、外伤等。

多花野牡丹 *Melastoma affine* D. Don

　　直立灌木，观花植物，观赏灌木。全株入药，消积滞、收敛止血、祛淤消肿，治消化不良、肠炎腹
　　泻、痢疾，外用治刀伤出血。

野牡丹 *Melastoma candidum* D. Don

　　直立灌木，花大色艳，为美丽的观花植物，可用于园林绿化。全株入药，有解毒消肿、收敛止血之
效，治疗肠炎腹泻、痢疾便血。

地稔 *Melastoma dodecandrum* Lour.

　　匍匐状半灌木，低层及湿地绿化，花色彩艳丽，为美丽的观花植物。可作园林地植被植物，地栽或
　　盆栽。全草入药，有解毒消肿、祛淤利湿之效。

展毛野牡丹 *Melastoma normale* D. Don

　　直立灌木，观花植物，园林绿化，酸性土指示植物。果可食。全株有收敛的作用，可治牙痛、消化
不良、腹泻、肠炎等症，也可外敷止血。

毛稔 *Melastoma sanguineum* Sims

　　直立灌木，优良的观花和观果植物，园林绿化。含鞣质；根、叶药用，根可止血、止痛；叶捣烂外
　　敷治刀伤、跌打损伤、毛虫毒等。

谷木 *Memecylon ligustrifolium* Champ.

黑叶谷木 *Memecylon nigrescens* Hook. et Arn.

金锦香 *Osbeckia chinensis* L.

　　药用，可清热解毒、宣肺止咳、去腐生新。治疗肺结核、口腔炎、牙痛、蛇伤、跌打损伤等。

朝天罐 *Osbeckia crinita* Benth.

　　药用，可清热、宣肺、抗癌。治疗肠炎、咯血、肺结核、鼻咽癌、乳腺癌、慢性气管炎等。

121 Combretaceae 使君子科

风车子 *Combretum alfredii* Hance

* 阿江榄仁 Terminalia arjuna（Roxb. ex DC.）Wight & Arn.

* 小叶榄仁 Terminalia mantaly Perrier

123 Hypericaceae 金丝桃科

黄牛木 Cratoxylum cochinchinense（Lour.）Bl.

> 小乔木，可作为园林绿化。花粉红色，美丽，观花植物，寺庙绿化常见植物。嫩叶可作茶。木材浅褐色，结构细匀，硬重，适于雕刻及美术工艺制品。根、树皮入药，能清热解毒、治感冒。

田基黄 Hypericum japonicum Thunb. ex Murray

> 一年生小草本，低层绿化，草坪绿化。全草入药，能清热解毒、止血消肿，治肝炎、跌打损伤及疮毒。

126 Guttiferae 藤黄科

横经席 Calophyllum membranaceum Gerdn. et Champ.

> 根叶药用，去瘀止痛，补肾壮腰，止血。

多花山竹子 Garcinia multiflora Champ. ex Benth.

> 种子含油51.2%。油可制肥皂和作润滑油；果成熟时可食；果皮及树皮均含鞣质，可提取栲胶；木材材质坚重，为家具、工艺、雕刻等的用材；根、果皮及树皮入药，能消肿、收敛止痛。

岭南山竹子 Garcinia oblongifolia Champ. ex Benth.

> 种子含油达63.7%，油可制造肥皂和润滑作用。果成熟时可食；树皮含单宁，既可提取栲胶，又可药用，能消炎止痛；木材可作家具及工艺品用。

128 Tiliaceae 椴树科

田麻 Corchoropsis tomentosa（Thunb）Mak.

假黄麻 Corchorus aestuans L.

> 一年生草本，低层绿化。茎皮纤维可作麻织品和造纸原料；嫩叶可作菜汤，有解暑之效。

破布叶 Microcos paniculata L.

> 小乔木，园林绿化。叶供药用，能清热毒、收敛止泻；种子榨油。

刺蒴麻 Triumfetta rhomboidea Jacq.

> 半灌木，茎皮纤维可制绳索、麻袋。

128a Elaeocarpaceae 杜英科

* 长芒杜英 Elaeocarpus apiculatus Mast.

中华杜英 Elaeocarpus chinensis（Gardn. et Champ.）Hook. f. ex Benth.

> 常绿乔木，背景林。树皮和果皮含鞣质，可提制栲胶；木材可培养白木耳；根入药，有散瘀消肿的功效，主治跌打损伤。

* 水石榕 Elaeocarpus hainanensis Oliver

> 为一雅致小乔木，偶有栽培观赏。果实似橄榄，可食。

日本杜英 Elaeocarpus japonicus Sieb. et Zucc.

山杜英 Elaeocarpus sylvestris（Lour.）Poir.

> 常绿乔木，园景树和行道树。对二氧化硫的抗性较强，易作厂矿区的绿化树种。树皮含鞣质，可提制栲胶；树皮纤维可造纸。

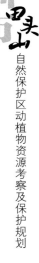

猴欢喜 *Sloanea sinensis*（Hance）Hemsl.

　　常绿乔木，行道树，背景林。

130 Sterculiaceae 梧桐科

刺果藤 *Byttneria aspera* Col.

　　木质藤本，层间绿化。茎皮纤维可制绳索；根、茎入药，有补血的功效，可治风湿骨痛、跌打骨折。

山芝麻 *Helicteres angustifolia* L.

翻白叶树 *Pterospermum heterophyllum* Hance

　　乔木，观叶植物，园林绿化。根供药用，治疗风湿性关节炎，浸酒可治风湿骨痛。

两广梭罗 *Reevesia thyrsoidea* Lindl.

　　常绿乔木，行道树，树干挺直，背景林。树皮纤维可制绳索，或为造纸原料。

假苹婆 *Sterculia lanceolata* Cav.

　　乔木，园林绿化，庭园绿化。树冠开展，浓绿，观果植物。为速生树种和抗污染及抗尘能力较强的树种；寺庙绿化常见植物。茎皮纤维可代麻用；种子炒熟可食，又可榨油；叶药用，治跌打损伤。

苹婆 *Sterculia nobilis* Sm.

　　种子可食，叶可裹粽子，树形美观，繁殖容易，不易落叶，为华南地区良好的行道树。

蛇婆子 *Waltheria indica* L.

　　茎皮纤维可织麻袋，又因其耐旱和耐贫瘠的土壤，在地面匍匐生长，故可作保土植物。

131 Bombacaceae 木棉科

木棉 *Bombax ceiba* L.

　　乔木，花入药，清热除湿，能治菌痢、肠炎、胃痛；根皮祛风湿，治理跌打损伤；树皮为滋补药，亦用于治痢疾和月经过多。果内棉毛可作枕、褥、救生圈等填充材料。种子油可作润滑油、制造肥皂。木材轻软，可用作蒸笼、箱板、火柴梗、造纸等用。花大而美丽，树姿巍峨，可植为庭园观赏树、行道树。

* 美丽异木棉 *Ceiba speciosa* St.-Hih.

132 Malvaceae 锦葵科

黄葵 *Abelmoschus moschatus*（L.）Medic.

　　草本，观赏植物，园林中作背景材料。茎皮纤维可作纺织原料；花可治创伤；果含芳香油，是很好的调香原料。

磨盘草 *Abutilon indicum*（L.）Sweet

　　草本，茎皮纤维为麻类代用品。全草入药，有散风清热之效。

* 吊灯花 *Hibiscus schizopetalus*（Mast.）Hook. f.

　　花美丽，悬垂枝头，若吊灯，可供庭园绿化用。

黄槿 *Hibiscus tiliaceus* L.

　　树皮纤维供制绳索；嫩枝可作蔬菜；木材供建筑、造船及家用等。

赛葵 *Malvastrum coromandelianum*（L.）Garcke

* 悬铃花 *Malvaviscus arboreus* var. *penduliflorus* Schery

　　可作庭院栽培，供观赏。

黄花稔 *Sida acuta* Burm.f.

半灌木，旱生植物，观赏灌木。根和叶药用，能活血消肿，生肌解毒。

桤叶黄花稔 *Sida alnifolia* L.

心叶黄花捻 *Sida cordifolia* L.

半灌木，旱生植物，观赏灌木。

粘毛黄花稔 Sida *mysorensis* Wight et Arn.

白背黄花捻 *Sida rhombifolia* L.

半灌木，旱生植物，观赏灌木。全草入药，有疏风解热、散瘀拔毒之效。

榛叶黄花稔 *Sida subcordata* Span

杨叶肖槿 *Thespesia populnea*（L.）Sol. ex Corr.

肖梵天花 *Urena lobata* L.

半灌木，观赏灌木。茎皮纤维可代麻；根、叶入药，能祛风解毒、行气活血、治痢疾等症。

狗脚迹 *Urena procumbens* L.

半灌木，观赏植物。

136 Euphorbiaceae 大戟科

铁苋菜 *Acalypha australis* L.

一年生草本植物；低层绿化。全草入药，能清热解毒、利水消肿、治痢止泻。

*红桑 *Acalypha wikesiana* Muell.-Arg.

栽培，供观赏。

红背山麻杆 *Alchornea trewioides*（Benth.）Muell.-Arg.

茎皮纤维可作人造棉原料；根叶入药，解毒、除湿、止血、杀虫止痒，治尿道结石或炎症、痢疾等。

*石栗 *Aleurites moluccana*（L.）Willd.

栽培作行道树或庭园绿化树种，种子含油量达26%，系干性油，供工业用。

五月茶 *Antidesma bunius* Spr.

常绿小乔木，庭园绿化。树冠开展，浓绿，作背景林；叶药用，治小儿头疮，根可治跌打损伤，果微酸，供食用、药用。

黄毛五月茶 *Antidesma fordii* Hemsl.

方叶五月茶 *Antidesma ghaesembilla* Gaertn.

酸味子 *Antidesma japonicum* Sieb. et Zucc.

灌木，作园林绿化，绿篱。

小叶五月茶 *Antidesma microphyllum* Hemsl.

银柴 *Aporosa dioica* Muell. Arg.

乔木，可作背景林，园林绿化，为速生树种。

云南大沙叶 *Aporosa yunnanensis*（Pax et Hoffm.）Metc.

秋枫 *Bischofia javanica* Bl.

散孔材，导管管孔较大，直径115～250μm。木材红褐色，心材与边材区别不甚明显，结构细，质重、坚韧耐用、耐腐、耐水湿，气干比重0.69，可供建筑、桥梁、车辆、造船、矿柱、枕木等用。果肉可酿酒。种子含油量30%～54%，供食用，也可作润滑油。树皮可提取红色染料。叶可作绿肥，也可治无名肿毒。根有祛风消肿作用，主治风湿骨痛、痢疾等。

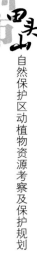

黑面神 *Breynia fruticosa*（L.）Hook. f.

灌木，有毒；观赏植物；枝叶含鞣质，可提制栲胶；根入药，治肠胃炎、咽喉炎等；叶外敷治湿疹、皮炎。

膜叶黑面神 *Breynia vitis-idaea*（Burm. f.）C. E. C. Fischer

全株可药用，有消炎、平喘之效，可治哮喘、咽喉肿痛、湿疹等。

禾串树 *Bridelia balansae* Tutch.

散孔材，边材淡黄棕色，心材黄棕色，纹理稍通直，结构细致，材质稍硬，较轻，气干比重0.6，干燥后不开裂，不变形，耐腐，加工容易，可作为建筑、家具、车辆、农具、器具等材料。

土蜜树 *Bridelia tomentosa* Bl.

小乔木，园林绿化，速生树种。枝叶药用，治疗神经衰弱、跌打骨折等症。

白桐树 *Claoxylon indicum*（Reinw. ex Bl.）Hassk.

乔木，可作背景林，园林绿化。根供药用，治风湿骨痛、支气管炎、脚气、水肿等。

*变叶木 *Codiaeum variegatum*（L.）A. Juss.

常见庭园或公园观叶植物；易扦插繁殖，园艺品种多。

鸡骨香 *Croton crassifolius* Geisel.

根入药，性温、味苦，有理气止痛、祛风除湿之疗效。

毛果巴豆 *Croton lachnocarpus* Benth.

灌木，用于低层绿化。根药用，有小毒，能祛寒祛风、散瘀活血。

巴豆 *Croton tiglium* L.

种子供药用，亦称巴豆，种子的油称巴豆油，其性味辛，热，可有大毒；可作泻药，外用于恶疮、疥癣等。根、叶入药，治风湿骨痛等。民间用枝、叶作杀虫药或毒鱼。

钝叶核果木 *Drypetes obtusa* Merr. et Chun

黄桐 *Endospermum chinense* Benth.

乔木，树形高大，树姿挺拔，用于园林绿化。树皮、叶、根入药，味辛、有毒；舒筋活络，祛瘀生肌、消肿止痛；治风寒湿痹、关节疼痛、四肢麻木、跌打骨折；树皮治疟疾，叶可抗癌，根可治黄疸性肝炎。

**猩猩草 *Euphorbia cyathophora* Murr.

栽培于公园、植物园或温室中，用于观赏。

飞扬草 *Euphorbia hirta* L.

一年生草本植物，用于低层绿化和草坪绿化。全草入药，能收敛解毒、利尿消肿，治肠炎、痢疾、肺炎及疔肿。

通奶草 *Euphorbia hypericifolia* L.

一年生直立草本植物，用于低层绿化和草坪绿化。全草入药，通奶。

铺地草 *Euphorbia prostrata* Ait.

*一品红 *Euphorbia pulcherrima* Willd.

栽培于公园、植物园或温室中，用于观赏。茎叶可入药，有消肿的功效，可治跌打损伤。

千根草 *Euphorbia thymifolia* L.

一年生草本植物，用于低层绿化和草坪绿化。全草入药，治肠炎、菌痢、皮炎、湿疹等。

*红背桂 *Excoecaria cochinchinensis* Lour.

观赏草本。

毛果算盘子 *Glochidion eriocarpum* Champ.

　　灌木，观赏植物。根、叶入药，能收敛止泻、祛湿止痒，解漆毒。

厚叶算盘子 *Glochidion hirsutum*（Roxb.）Voigt

　　灌木，观赏植物。茎皮含鞣质，可提制栲胶。

香港算盘子 *Glochidion hongkongense* Muell.-Arg.

　　灌木，观赏灌木。根皮入药可治咳嗽、肝炎；茎、叶可治腹痛、跌打损伤；茎皮可提取栲胶。

艾胶算盘子 *Glochidion lanceolarium*（Roxb.）Voigt.

算盘子 *Glochidion puberum*（L.）Hutch.

　　灌木，观赏灌木。种子油供制造肥皂及作润滑油；茎、根、叶、果均可入药，能活血散瘀、消肿解毒、治痢止泻；茎皮含鞣质，又可作农药。

白背算盘子 *Glochidion wrightii* Benth.

　　灌木，观赏灌木。

**麻疯树 *Jatropha curcas* L.

　　常栽培作绿篱，种子含油，性质似蓖麻油，可作催吐剂，也可作制造肥皂的原料及农药、肥料；叶作蚕饲料。

鼎湖血桐 *Macaranga sampsonii* Hance

血桐 *Macaranga tanarius* Muell.-Arg.

　　速生树种，木材可供建筑用材，现栽植于广东珠江口沿海地区，作行道树或住宅旁遮荫树。

白背叶 *Mallotus apelta*（Lour.）Muell.-Arg.

　　灌木，背景林，观赏灌木。种子油供制造肥皂及润滑油；茎皮为纤维原料，织麻袋或作混纺；根、叶入药，能清热活血、收敛去湿，治跌打损伤等症。

粗毛野桐 *Mallotus hookerianus* Muell.-Arg.

白楸 *Mallotus paniculatus*（Lam.）Muell.-Arg.

　　木材质地轻软，种子油可作工业用油。

粗糠柴 *Mallotus philippinensis*（Lam.）Muell.-Arg.

　　常绿小乔木，用于园林绿化。种子油供制造肥皂及润滑油用；红色腺点及星状毛茸是绦虫驱除药，并作工业染料；树皮、根皮含鞣质；木材供细木工用。

石岩枫 *Mallotus repandus* Muell.-Arg.

　　灌木，可作背景林。种子油为制油漆、油墨和肥皂的原料。

小盘木 *Microdesmis casearifolia* Pl.

越南叶下珠 *Phyllanthus cochinchinensis* Spreng.

　　灌木，可作低层绿化。全株药用，可清热解毒、消肿止痛，治牙龈脓肿、哮喘。

余甘子 *Phyllanthus emblica* L.

　　落叶小乔木，可作绿化果树或背景林。树皮及叶可提制栲胶，种子可榨油，果可生食或渍制，药用，能止咳化痰；根有收敛止泻作用；叶可治皮疹、湿疹。

烂头钵 *Phyllanthus reticulatus* Poir.

　　灌木，观赏植物。根、叶入药，祛风活血、散瘀消肿，可驳骨、治风湿、跌打损伤。

叶下珠 *Phyllanthus urinaria* L.

　　一年生草本植物，用于低层绿化和草坪绿化。全株药用，有清肝明目、收敛利水、解毒消积的功效。

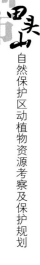

**蓖麻 *Ricinus communis* L.

灌木,观叶植物。种仁含油可高达70%,是重要工业用油原料,为优良的润滑油,也可制造肥皂及印刷油等,在医药上是一种缓泻剂;根、茎、叶均可入药,有祛湿通络、消肿拔肿之效。

山乌桕 *Sapium discolor*(Champ.)Muell.-Arg.

小乔木,用于园林绿化,背景林。速生树种。为吸收二氧化碳量较多的树种。

乌桕 *Sapium sebiferum*(L.)Roxb.

乔木,用于背景林和园林绿化。种子的蜡层是制造蜡烛及肥皂的原料;种子榨油可制造油漆等;根皮及叶入药,有消肿解毒、利尿泻下、杀虫之效。

* 树仔菜 *Sauropus androgynus*(L.)Muell.-Arg.

嫩枝和嫩叶可作蔬菜食用。

艾堇 *Sauropus bacciformis*(L.)Airy Shaw

地杨桃 *Sebastiania chamaelea*(L.)Muell. Arg.

白饭树 *Securinega virosa* Baill.

灌木,观赏植物。

千年桐 *Vernicia montana* Lour.

136a Daphniphyllaceae 交让木科

牛耳枫 *Daphniphyllum calycinum* Benth.

乔木,观赏植物,速生树种。是吸收二氧化碳量较多的树种;抗污染及抗尘能力较强的树种。种子榨油可制造肥皂及润滑油等;根及叶入药,有清热解毒、活血散瘀的功效。

虎皮楠 *Daphniphyllum oldhami*(Hemsl.)Rosenth.

木材致密,适于制作家具;种子油可制造肥皂。

139 Escalloniaceeae 鼠刺科

鼠刺 *Itea chinensis* Hook. et Arn.

常绿小乔木,用于园林绿化;木材为散孔材,干燥少开裂,可制造小农具;根、花入药,花可治咳嗽及喉干;根治风湿、跌打,亦为滋补药。

142 Hydrangeaceae 绣球科

常山 *Dichroa febrifuga* Lour.

根含有常山素(Dichroin),为抗疟疾药。

143 Rosaceae 蔷薇科

蛇莓 *Duchesnea indica*(Andr.)Focke

多年生草本植物,用于低层绿化和草坪绿化。全株药用,能活血散节、收敛止血、清热解毒。

香花枇杷 *Eriobotrya fragrans* Champ. ex Benth.

枇杷叶具有治咳功能,而枇杷叶中最重要的成分是熊果酸。

* 枇杷 *Eriobotrya japonica*(Thumb.)Lindl.

水果、蜜饯和酿酒;叶药用,能利尿、清热、止渴、镇咳;枇杷仁亦有镇咳祛痰的功效。

闽粤石楠 *Photinia benthamiana* (Hance) Maxim.

木材质地坚硬可作农具、把手、船橹之用；亦能栽培作观赏。

桃叶石楠 *Photinia prunifolia* (Hook. et Arn.) Lindl.

木材坚硬致密，可作秤杆、雨伞柄、算盘珠等，又是良好的薪炭材。

饶平石楠 *Photinia raupingensis* Kuan

可作家具，本种有毒。

* 梅 Prunus *mume* Sieb. et Zucc.

果食用，生津止渴，入药有收敛止痢、解热镇咳、驱虫之效；根、花能活血解毒；木材作雕刻等用。

* 桃 Prunus *persica* (L.) Batsch

栽培果树，果食用。桃仁为活血行瘀药，花能利尿泻下，枝叶、树胶及根均可药用，核仁含油约30%。木材致密，可制作美工用具。

腺叶野樱 *Prunus phaeosticta* (Hance) Maxim.

* 李 Prunus *salicina* Lindl.

果可鲜食。根皮入药，主治消渴、小儿暴热、解丹毒。

臀果木 *Pygeum topengii* Merr.

种子可榨油，果可观赏。

豆梨 *Pyrus calleryana* Decne.

根、叶及果可作药用，能健胃消食、止痢、止咳。

* 沙梨 Pyrus *pyrifolia* (Burm. f.) Nakai

生津润燥，清热化痰，除烦解渴。用于热病、津伤、烦渴、热咳、痰热惊狂、噎嗝、便秘，解暑止渴，解酒毒。

石斑木 *Rhaphiolepis indica* (L.) Lindl.

石斑木花朵美丽，枝叶密生，能形成圆形紧密树冠，是良好的观赏植物。果实可食用。

柳叶石斑木 *Rhaphiolepis salicifolia* Lindl.

* 月季花 Rosa *chinensis* Jacq.

很好的观赏植物，花提取物可治疗糖尿病，花治月经不调。

小果蔷薇 *Rosa cymosa* Tratt.

以根和叶入药，根祛风除湿，收敛固脱。用于风湿关节痛、跌打损伤、腹泻、脱肛、子宫脱垂。叶解毒消肿，用于治痈疖疮疡、烧烫伤。

广东蔷薇 *Rosa kwangtungensis* Yu et Tsai

金樱子 *Rosa laevigata* Michx.

常绿攀缘灌木，观叶及观花植物。根皮提取栲胶；果实可熬糖及酿酒；根及果药用，有活血散瘀、消肿止痛、收敛利尿、补肾、止咳等功效。

光叶蔷薇 *Rosa wichuraiana* Crep.

粗叶悬钩子 *Rubus alceaefolius* Poir.

攀缘灌木，观赏植物。根和叶入药，有活血散瘀、清热、止血之功效。

江西悬钩子 *Rubus gressittii* Metc.

高粱泡 *Rubus lambertianus* Ser.

果可食用及酿酒；根叶供药用，有清热止血之功效。

白花悬钩子 *Rubus leucanthus* Hance

为攀缘灌木，观赏灌木。可作绿篱。果可食用；根治腹泻、赤痢。

茅莓 *Rubus parvifolius* L.

小灌木，观赏灌木。果生食、熬糖和酿酒；叶及根皮提栲胶；入药，有清热解毒、活血消肿、祛风收敛之效。

梨叶悬钩子 *Rubus pirifolius* Sm.

全株入药，有强筋骨，祛风湿之效。

锈毛莓 *Rubus reflexus* Ker

为攀缘灌木，观赏灌木。果酸甜，可食用；根入药，治风湿痛。

深裂锈毛莓 *Rubus reflexus* var. *lancelobus* Metc.

果可食，根入药，有祛风湿，强筋骨之功效。

空心泡 *Rubus rosaefolius* Sm.

灌木，观赏植物，可作绿篱。根及叶入药，能清热收敛、止咳止血、祛风湿。

146 Mimosaceae 含羞草科

* 大叶相思 *Acacia auriculiformis* A. Cunn. ex Benth.

乔木，先锋绿化，是抗污染及抗尘能力较强的树种；为速生树种，是吸收二氧化碳较多的树种。

藤金合欢 *Acacia concinna* DC.

树皮含单宁，入药有解热，散血之效。

* 台湾相思 *Acacia confusa* Merr.

乔木，先锋绿化，是抗污染及抗尘能力较强的树种，也是速生树种，是吸收二氧化碳较多的树种。花含芳香油，可作调香原料；树皮含单宁；木材坚硬，可作车轮、桨橹及农具用。

* 金合欢 *Acacia farnesiana* (L.) Willd.

本种多枝，可作绿篱，木材坚硬，可制作贵重物品，根及荚果含单宁，可作黑色染料，入药能收敛，清热。

* 马占相思 *Acacia mangium* Willd.

乔木，先锋绿化，是抗污染及抗尘能力较强的树种，是速生树种，还是吸收二氧化碳较多的树种。

藤金合欢 *Acacia sinuata* (Lour.) Merr.

海红豆 *Adenanthera pavonina* var. *microsperma* (Teijsm. et Binn.) Niels.

心材暗红色，质材耐腐，可作支柱、船舶、建筑用材；种子鲜红而光亮，甚为美丽，可作妆饰品。

楹树 *Albizia chinensis* (Osb.) Merr.

本种生长迅速，枝叶茂密，适为行道树，木材可作家具。

天香藤 *Albizia corniculata* (Lour.) Druce

为藤本植物，可作层间绿化。

* 南洋楹 *Albizia falcataria* (L.) Fosb.

本种生长迅速，是一种很好的速生树种，多植为庭园树和行道树。

猴耳环 *Archidendron clypearia* (Jack) Nielsen

乔木，可作背景林和行道树。树干挺直，树皮含单宁，叶药用，清热解毒、去湿敛疮。

亮叶猴耳环 *Archidendron lucidum* (Benth.) Nielsen

乔木，为观赏植物。木材供工艺、雕刻、装饰等用，枝叶入药，能消肿祛湿，果有毒。

* 朱缨花 *Calliandra haematocephala* Hassk.

　　花极美丽，可作庭院绿化树种。

榼子藤 *Entada phaseoloides*（L.）Merr.

　　药用，活血祛风，治疗风湿痛、腰肌劳损、跌打损伤等。

** 银合欢 *Leucaena leucocephala*（Lam.）de Wit

　　耐旱力强，可作荒山造林树种，也可作绿篱。木质坚硬，为良好的薪炭材，叶可作绿肥及家畜饲料。

** 含羞草 *Mimosa pudica* L.

　　为木质草本植物，可作低层绿化。全草药用，能安神镇静、止血收敛、散瘀止痛，可消肿、祛风湿。

*** 簕仔树 *Mimosa sepiaria* Benth.

147 Caesalpiniaceae 苏木科

* 白花羊蹄甲 *Bauhinia acuminata* L.

　　花大而美丽，白色，栽培作行道树。

* 红花羊蹄甲 *Bauhinia blakeana* Dunn

　　花大而美丽，紫红色，栽培作行道树。

龙须藤 *Bauhinia championii* Benth.

　　为藤本植物，花、叶均美丽，作层间绿化。木材有美丽斑纹，可作细工原料；根和茎皮含单宁；茎皮纤维坚韧、耐水；根和老藤药用，有活血散瘀、祛风活络、镇静止痛功效。

首冠藤 *Bauhinia corymbosa* Roxb. ex DC.

　　根和老茎供药用，有活血、活络、镇静和止痛之功效。

粉叶羊蹄甲 *Bauhinia glauca*（Wall. ex Benth.）Benth.

　　可作绿篱。

* 白花洋紫荆 *Bauhinia variegata* var. *candida*（Roxb.）Voigt

　　花可作蔬菜。

刺果苏木 *Caesalpinia bonduc*（L.）Roxb.

　　为耐旱树种之一，可栽培作围篱。叶、种子在民间用作止泻、祛风湿及治疗间歇热等症。种子可榨油。

华南云实 *Caesalpinia crista* L.

　　为藤本植物，可作层间绿化。药用，根可作利尿剂。

小叶云实 *Caesalpinia millettii* Hook. et Arn.

　　根药用。治胃病、消化不良。

春云实 *Caesalpinia vernalis* Champ.

* 腊肠树 *Cassia fistula* L.

　　果可观赏，适合作行道树。

** 望江南 *Cassia occidentalis* L.

　　半灌木植物，可作低层绿化。种子和全草药用，能健胃通便、解毒止痛；茎叶外敷治蛇伤。

* 黄槐 *Cassia surattensis* Burm. f.

　　可作庭院观赏植物和行道树。

**决明 *Cassia tora* L.

　　一年生草本植物，可作低层绿化，也可作绿肥及改良土壤。种子药用，有清肝明目、润肠祛风 、强壮利尿之功效。

*凤凰木 *Delonix regia* Raf.

　　速生树种，花大而美丽，庭院观赏植物和行道树。

148 Papilionaceae 蝶形花科

广州相思子 *Abrus cantoniensis* Hance

　　根茎叶入药，有清热利尿、舒肝散瘀的功效，用于湿热、膀胱之小便刺痛、胃痛等，但种子有剧毒，不可服用。

毛相思子 *Abrus mollis* Hance

相思子 *Abrus precatorius* L.

　　缠绕藤本植物，可作层间绿化。种子作工艺品和装饰品；种子有毒，不能内服，外用治皮肤病；根可清暑解表，作凉茶配料。

合萌 *Aeschynomene indica* L.

　　为优良的绿肥植物。全草入药，能利尿解毒。茎髓质地轻软，可制作遮阳帽、浮子、救生圈等。种子有毒，不可食用。

链荚豆 *Alysicarpus vaginalis* DC.

　　用于接骨、治疗刀伤。

*落花生 *Arachis hypogaea* L.

　　重要油料作物，种子含油45％，除供食用外，亦可制造肥皂、生发油等；油粕为肥料和饲料；茎叶为优良绿肥。

藤槐 *Bowringia callicarpa* Champ.

　　可药用清热、凉血。

**木豆 *Cajanus cajan*（L.）Millsp.

　　为耐旱树种，可改良土壤；种子可供食用；叶可作牲畜饲料。

蔓草虫豆 *Cajanus scarabaeoides*（L.）Thouars

　　叶入药，有健胃、利尿作用。

铺地蝙蝠草 *Christia obcordata*（Poir.）Bakh.f.

　　可药用清热、利尿，治疗结膜炎、膀胱炎、尿道炎等。

圆叶舞草 *Codariocalyx gyroides*（Roxb. ex Link）Hassk.

响铃豆 *Crotalaria albida* Heyne ex Roth

　　灌木状草本。全草供药用，能消肿解毒。

凸尖野百合 *Crotalaria assamica* Benth.

猪屎豆 *Crotalaria pallida* Ait.

　　半灌木状草本。种子有补肝肾、固精的效用；根及全草能开郁散结、解毒除湿；茎叶可作绿肥。

两粤黄檀 *Dalbergia benthamii* Prain

　　藤本植物，可作层间绿化。茎为活血通经药；茎皮纤维可作造纸及混纺原料。

藤黄檀 *Dalbergia hancei* Benth.

　　藤本植物，可作层间绿化。茎皮含单宁；根、茎及树脂入药，有强筋活络、破积止痛之功效；纤维供编织用。

香港黄檀 *Dalbergia millettii* Benth.

含羞草叶黄檀 *Dalbergia mimosoides* Franch.

    叶药用。消炎、解毒。治疗疮、痈疽、竹叶青蛇咬伤、蜂窝组织炎等。

白花鱼藤 *Derris alborubra* Hemsl.

中南鱼藤 *Derris fordii* Olive.

    药用可洗疮毒。

鱼藤 *Derris trifoliata* Lour.

    药用治疗皮肤湿疹。

假地豆 *Desmodium heterocarpon*(L.)DC.

    全株药用。甘、涩，平。清热利尿、消痛解毒。治虚寒性咳嗽、小儿惊风、淋巴结核、结石、小便淋漓、筋骨疼痛、跌打损伤、毒蛇咬伤。也用于防治流行性乙型脑炎、肝炎、腮腺炎。

异叶山绿豆 *Desmodium heterophyllum*(Willd.)DC.

    多年生草本植物，可作低层绿化。

大叶拿身草 *Desmodium laxiflorum* DC.

小叶三点金 *Desmodium microphyllum*(Thunb.)DC.

    根、全草药用。健脾利湿、止咳平喘、解毒消肿。治小儿疳积、黄疸、痢疾、哮喘、支气管炎。外用治毒蛇咬伤、痈疮溃烂、漆疮、痔疮等。

显脉山绿豆 *Desmodium reticulatum* Champ.

    药用，去腐、生肌，治疗痢疾、刀伤。

波叶山蚂蝗 *Desmodium sinuatum* Bl.

    根、果、全草药用。润肺止咳、驱虫、止血消炎。

金钱草 *Desmodium styracifolium*(Osbeck)Merr.

    清热祛湿、利尿通淋。

三点金草 *Desmodium triflorum*(L.)DC.

    草本植物，可作低层绿化和草坪绿化。全草药用，有解表、消食作用。

茸毛山蚂蝗 *Desmodium velutinum*(Willd.)DC.

长柄野扁豆 *Dunbaria podocarpa* Kurz.

    药用，解毒、消肿痛，治疗咽喉痛。

圆叶山绿豆 *Dunbaria punctata*(Wight et Arn.)Benth.

    药用，清肝热、治疗眼目痛、清大肠湿热。

* 龙芽花 *Erythrina corallodendron* L.

    为美丽的观赏植物，常植于庭园或屋旁。木材质地柔软，可作木栓。树皮可供药用，可作麻醉剂和增加剂。

* 刺桐 *Erythrina variegata* L.

    为美丽的观赏植物。树皮入药称海桐皮，能祛风去湿、通经活络。

大叶千斤拔 *Flemingia macrophylla* Prain

    药用根，壮筋骨、强腰骨。

千斤拔 *Flemingia prostrata* Roxb.

小叶干花豆 *Fordia microphylla* Dunn ex Z. Wei

153

* 大豆 *Glycine max*（L.）Merr.

    重要粮食作物，茎叶可作饲料。大豆种子经萌发干燥后可入药，称大豆黄卷，能清热解湿，用于发热汗少、骨节软疼、小便不利等。

疏花长柄山蚂蝗 *Hylodesmum laxum*（DC.）H. Ohashi et R. R. Mill

刚毛木蓝 *Indigofera hirsuta* L.

    药用解毒消肿，治疗疖疮。

** 假蓝靛 *Indigofera suffruticosa* Mill.

    叶可提取蓝靛。全草入药，制喉炎。

胡枝子 *Lespedeza bicolor* Turcz.

    枝叶可压绿肥，花美丽可供观赏，枝条可编筐，亦可用于水土保持，是改良低产山地及水土保持的优良灌木。

中华胡枝子 *Lespedeza chinensis* G. Don

    根药用，清热止痛、祛风，治疗关节炎、疟疾。

美丽胡枝子 *Lespedeza formosa*（Vog.）Koehne

    灌木，观赏灌木，水土保持植物。根入药，有凉血消肿、除湿解毒之功效。

华南马鞍树 *Maackia australis*（Dunn）Takeda

    濒危种。

绿花崖豆藤 *Millettia championii* Benth.

    药用，凉血散瘀、祛风消肿，治疗跌打损伤、风湿关节痛。

山鸡血藤 *Millettia dielsiana* Harms

    攀缘灌木，可作层间绿化。根药用，有行气和血、祛风除湿、舒筋活络的效用。

亮叶鸡血藤 *Millettia nitida* Benth.

    茎皮纤维可制绳索或供造纸。

丰城崖豆藤 *Millettia nitida* var. *hirsutissima* Z. Wei

厚果崖豆藤 *Millettia pachycarpa* Benth.

    味苦辛、热，有毒，具有杀虫、攻毒、止痛的功效。

印度鸡血藤 *Millettia pulchra* Kurz.

昆明鸡血藤 *Millettia reticulata* Benth.

牛大力藤 *Millettia speciosa* Champ.

    攀缘灌木，可作层间绿化。为寺庙绿化常见植物。可植于庭园的篱墙上供观赏；根含淀粉，可酿酒；入药，有通经活络、补虚润肺的效用。

白花油麻藤 *Mucuna birdwoodiana* Tutch.

    生长快速、粗壮，花序长，花朵美丽，为我国南方庭园蔽荫的优良藤本植物，常用于攀缘高大棚架、花门和墙垣等，效果甚佳。藤茎可入药。

香港油麻藤 *Mucuna championii* Benth.

    濒危种。

凹叶红豆 *Ormosia emarginata*（Hook. et Arn.）Benth.

光叶红豆 *Ormosia glaberrima* Wu

软荚红豆 *Ormosia semicastrata* Hance

**沙葛 *Pachyrhizus erosus* Urb.

    可食用，有止渴、生津、解毒功效。

排钱草 *Phyllodium pulchellum*（L.）Desv.

    半灌木，观赏植物。根、叶药用，能解表清热、活血散瘀。

*豌豆 *Pisum sativum* L.

    为重要粮食作物。

野葛 *Pueraria lobata*（Willd.）Ohwi

    藤本植物，可作低层绿化。茎皮纤维供织布和造纸原料；块根可制葛粉，根和花供药用，能解热透
    疹、生津止咳、解毒、止泻；种子可榨油。

葛麻姆 *Pueraria lobata* var. *montana*（Lour.）van der Maesen

粉葛 *Pueraria lobata* var. *thomsoni*（Benth.）van der Maesen

    块根含淀粉，供食用，所提取的淀粉称葛粉。

三裂叶野葛 *Pueraria phaseoloides* Benth.

    藤本植物，可作低层绿化，也可作覆盖物、饲料或绿肥作物，为常见的水土保持植物。茎皮纤维制
    绳索和织麻袋；全株药用，有解热、驱虫作用。

鹿藿 *Rhynchosia volubilis* Lour.

    草质缠绕藤本，可作层间绿化。其豆可食，药用，能镇咳祛痰、祛风和血、解毒杀虫。

田菁 *Sesbania cannabina*（Retz.）Pers.

    小灌木植物，可作低层绿化。纤维可代麻，茎叶作绿肥及牛马饲料。

密花坡油甘 *Smithia conferta* Smith

葫芦茶 *Tadehagi triquetrum*（L.）Ohashi

    半灌木植物，全株药用，能清热解毒、健胃消食、利尿、杀虫。

猫尾草 *Uraria crinita* Desv.

    多年生草本植物，可作低层绿化和观花植物。全草入药，治吐血、咳嗽、咯血、尿血、刀伤出血、
    子宫出血、脱肛、疳积。

*蚕豆 *Vicia faba* L.

    作蔬菜食用。

滨豇豆 *Vigna marina*（Burm.）Merr.

*绿豆 *Vigna radiatus*（L.）Wilczek

    种子可食用，也可作淀粉，制作豆沙、粉丝等；可入药，有清凉解毒，利尿明效。

*豇豆 *Vigna unguiculata*（L.）Walp.

    嫩荚作蔬菜食用。

丁葵草 *Zornia gibbosa* Span.

151 Hamamelidaceae 金缕梅科

蕈树 *Altingia chinensis* Oliv. ex Hance

    木材可培养香菇；根药用，治疗风湿、跌打损伤、瘫痪等症。

杨梅叶蚊母树 *Distylium myricoides* Hemsl.

    根可治手脚浮肿。

枫香 *Liquidambar formosana* Hance

乔木，可作行道树，树干挺直；背景林；庭园绿化，树冠开展，浓绿，既是吸收二氧化碳较多的树种，也是速生树种，还是抗污染及抗尘能力较强的树种；抗风能力强。为寺庙绿化常见树种。树脂能解毒止痛，生血生肌；根、叶、果入药，有祛风除湿、通经活络的功效。

檵木 *Loropetalum chinense*（R. Br.）Oliv.

根、叶、花、果均可入药，能解热止血，通经活络；可作雕刻材料。

* 红花檵木 *Loropetalum chinense* f. *rubrum* H. T. Chang

花色好看，可作庭园绿化。

* 红花荷 *Rhodoleia championii* Hook. f.

尖水丝梨 *Sycopsis dunnii* Hemsl.

钝叶水丝梨 *Sycopsis tutcheri* Hemsl.

154 Buxaceae 黄杨科

黄杨 *Buxus sinica*（Rehd.et Wils.）Cheng ex M. Cheng

可作园林绿化树种。

156 Salicaceae 杨柳科

* 垂柳 *Salix babylonica* L.

可作园林绿化树种。

159 Myricaceae 杨梅科

杨梅 *Myrica rubra*（Lour.）Sieb. et Zucc.

果可食，为著名水果；果、种仁及根皮药用，生津止渴、消肿、止痛、散瘀；木材质坚，供细工用；叶可提取芳香油。

163 Fagaceae 壳斗科

* 米锥 *Castanopsis carlesii*（Hemsl.）Hay.

甜锥 *Castanopsis eyrei*（Champ. ex Benth.）Tutch.

根药用。治失眠、肺结核。

罗浮栲 *Castanopsis fabri* Hance

栲 *Castanopsis fargesii* Franch.

黧蒴 *Castanopsis fissa* Rehd. et Wils.

常绿乔木，可作背景林；速生树种；种子含淀粉，树皮和壳斗含鞣质；木材灰黄色，质轻软，结构细致，易于加工，适于制作家具。

红锥 *Castanopsis hystrix* A. Dc.

材质坚重，有弹性，结构略粗，纹理直，耐腐，易加工，为车、船、梁、柱建筑以及家具的优质材料，属红锥类，为重要的用材树种之一。

吊皮锥 *Castanopsis kawakamii* Hayata

渐危种。

鹿角栲 *Castanopsis lamontii* Hance

竹叶青冈 *Cyclobalanopsis bamusaefolia*（Hance）Y. C. Hsu et H. W. Jen

岭南青冈 *Cyclobalanopsis championii*（Benth.）Oerst.

福建青冈 *Cyclobalanopsis chungii*（Metc.）Y. C. Hsu et H. W. Jen

    木材红褐色，材质坚实、硬重，耐腐，供造船、建筑、桥梁、枕木、车辆等用材。

饭甑青冈 *Cyclobalanopsis fleuryi*（Hick. et A. Camus）Chun ex Q. F. Zheng

雷公青冈 *Cyclobalanopsis hui*（Chun）Chun ex Y. C. Hsu et H. W. Jen

小叶青冈 *Cyclobalanopsis myrsinaefolia*（Bl.）Oerst.

    木材坚硬，不易开裂，富有弹性，能受压，为枕木、车轴的良好材料。

杏叶柯 *Lithocarpus amygdalifolius*（Shan）Hayata

烟斗柯 *Lithocarpus corneus*（Lour.）Rehd.

    木材质稍坚硬，但不耐腐，多用作农具材料。

短穗泥柯 *Lithocarpus fenestratus* var. *brachycarpus* A. Camus

柯 *Lithocarpus glaber*（Thunb.）Nakai

    药用收敛止泻，治疗腹泻。

硬壳柯 *Lithocarpus hancei*（Benth.）Rehd.

木姜叶柯 *Lithocarpus litseifolius*（Hance）Chun

栎叶柯 *Lithocarpus quercifolius* Huang et Y. T. Chang

    濒危种。

紫玉盘柯 *Lithocarpus uvariifolius*（Hance）Rehd.

    嫩叶制作后带甜味，民间用以代茶叶，作清凉解热剂。

164　Casuarinaceae 木麻黄科

* 细枝木麻黄 *Casuarina cunninghamiana* Miq.

* 木麻黄 *Casuarina equisetifolia* Forst.

165　Ulmaceae 榆科

紫弹朴 *Celtis biondii* Pamp.

樟叶朴 *Celtis cinnamomea* Lindl. ex Planch.

朴树 *Celtis sinensis* Pers

    为速生树种，是抗污染及抗尘能力较强的树种，也是寺庙绿化常见树种。皮部纤维为麻绳、造纸、
    人造棉的原料；果榨油作润滑剂；根皮入药，治腰痛、漆疮。

光叶白颜树 *Gironniera cuspidata*（Bl.）Kurz

白颜树 *Gironniera subaequalis* Planch.

    可药用，治疗寒湿。

光叶山黄麻 *Trema cannabina* Lour.

    小乔木，为观赏植物。种子可榨油，供工业用。

山黄麻 *Trema orientalis*（L.）Bl.

    小乔木，为观赏植物。茎皮纤维可作人造棉、麻绳和造纸原料；树皮含鞣质，可提取栲胶；种子油
    供制作肥皂和作润滑油；根叶药用，能涩肠止泻、止血止痛。

* 榔榆 *Ulmus parvifolia* Jacq.

167 Moraceae 桑科

* 木菠萝 *Artocarpus heterophyllus* Lam.

　　名贵水果，花被可生食，种子富含淀粉，炒熟食用。木材供制作家具。树叶可药用，有消肿解毒的功效。

白桂木 *Artocarpus hypargyreus* Hance

　　果可食。木材坚硬，纹理通直，供制作家具、建筑等用；根入药，活血通络。渐危种。

小叶胭脂 *Artocarpus styracifolius* Pierre

　　木材较软，易加工，适为作家具板料和火柴杆的用材。果味酸甜，可制果酱。

胭脂 *Artocarpus tonkinensis* A. Chev. ex Gagnep.

　　木材质硬，不受虫害，是一种良好的硬木。

藤构 *Broussonetia kaempferi* var. *australis* Suzuki

　　药用，消肿止痛，治疗头痛、伤寒、肝炎、咽喉肿痛、风热感冒、跌打损伤。

构 *Broussonetia papyrifera* Vent.

　　乔木，可作园林绿化，是吸收二氧化碳量较多的树种；速生树种；为寺庙绿化常见植物。茎皮是优质造纸原料；种子油供制皂、油漆用；果（楮实子）及根皮入药，补肾利尿、强筋骨；叶及乳汁治疮癣。

葨芝 *Cudrania cochinchinensis*（Lour.）Kudo et Masam.

　　灌木、观赏灌木。根皮药用，有清热活血、舒筋活络、补虚之功效，可治肺结核、风湿性腰腿痛、跌打肿痛等；茎皮纤维可作造纸原料；果可食。

垂叶榕 *Ficus benjamina* L.

　　可作风景行道树。

天仙果 *Ficus erecta* Thunb.

　　药用，祛风除湿，治疗气虚、风湿关节炎、跌打损伤。

水同木 *Ficus fistulosa* Reinw. ex Bl.

　　小乔木，可作园林绿化，行道树，树干挺直。为吸收二氧化碳量较多的树种；速生树种；抗污染及抗尘能力较强的树种；根、皮、叶入药，治五痨七伤、跌打、小便不利、湿热腹泻。

台湾榕 *Ficus formosana* Maxim.

　　小乔木，可作园林绿化；吸收二氧化碳量较多的树种；速生树种；抗污染及抗尘能力较强的树种。

窄叶台湾榕 *Ficus formosana* var. *shimadai*（Hayata）W. C. Chen

　　药用，可治小儿疳积、阳痿、胃痛。

粗叶榕 *Ficus hirta* Vahl

　　灌木，可作园林绿化，是吸收二氧化碳量较多的树种；速生树种；抗污染及抗尘能力较强的树种。茎皮纤维制麻绳与麻袋；根供药用，祛风湿，行气血。

对叶榕 *Ficus hispida* L. f.

　　小乔木，可作园林绿化，是吸收二氧化碳量较多的树种；速生树种；抗污染及抗尘能力较强的树种，也寺庙绿化常见树种，护堤植物。茎皮纤维供编织；根、叶、皮药用，治感冒、支气管炎。果生食会中毒。

青藤公 *Ficus langkokensis* Drake

榕树 *Ficus microcarpa* L. f.

　　常绿大乔木，可作为园林绿化、行道树，是吸收二氧化碳量较多的树种；速生树种；抗污染及抗尘能力较强的树种；寺庙绿化常见树种。树皮纤维可制作渔网和人造棉；气根、树皮和叶芽作清热解表药；树皮可提取栲胶。

琴叶榕 *Ficus pandurata* Hance

薜荔 *Ficus pumila* L.

　　根、茎、藤、叶、果药用，有祛风除湿、活血通络、消肿解毒、补肾、通乳、壮阳补精之效。

梨果榕 *Ficus pyriformis* Hook. et Arn.

　　为寺庙绿化常见树种。

羊乳榕 *Ficus sagittata* Vahl

竹叶榕 *Ficus stenophylla* Hemsl.

　　灌木，观赏灌木。花序托可食；根药用，可治疗跌打损伤、风湿痛、咳嗽、胸痛等症。

笔管榕 *Ficus subpisocarpa* Gagnep.

　　乔木，可作园林绿化，行道树，是吸收二氧化碳量较多的树种；速生树种；抗污染及抗尘能力较强的树种；寺庙绿化常见树种。叶有解毒杀虫之效；木材纹理细密美观，可供雕刻。

青果榕 *Ficus variegata* Bl.

　　作行道树。茎皮纤维可织麻布；花序托可食。

变叶榕 *Ficus variolosa* Lindl. ex Benth.

　　小乔木，速生树种是吸收二氧化碳量较多的树种；茎皮纤维是麻袋、造纸、人造棉的原料。

白肉榕 *Ficus vasculosa* Wall. ex Miq.

黄葛树 *Ficus virens* Ait.

　　可作行道树及风景树，木材质轻软，可作器具，农具等用材。

桑 *Morus alba* L.

　　叶饲蚕；木材供雕刻；根皮、枝、叶、果入药，清肺热、祛风湿、补肝肺。

169　Urticaceae 荨麻科

舌柱麻 *Archiboehmeria atrata*（Gagnep.）C. J. Chen

苎麻 *Boehmeria nivea*（L.）Gaudich.

　　灌木，观赏灌木。茎皮纤维为制夏布、优质纸的原料；根、叶供药用，有清热解毒、止血、消肿、利尿、安胎之效；叶可养蚕或作饲料；种子油供食用。

多序楼梯草 *Elatostema macintyrei* Dunn

糯米团 *Gonostegia hirta*（Bl.）Miq.

　　多年生草本植物，可作低层绿化，草坪绿化。茎皮纤维可制作人造棉。全草供药用，清热解毒，外敷治疮肿。

紫麻 *Oreocnide frutescens*（Thunb.）Miq.

华南赤车 *Pellionia grijsii* Hance

蔓赤车 *Pellionia scabra* Benth.

　　药用，清热解毒、凉血散瘀，治疗急性结膜炎、毒疮、外伤出血。

＊＊小叶冷水花（透明草）*Pilea microphylla*（L.）Liebm.

　　草本植物，可作低层绿化；草坪绿化。全草药用，有拔脓消肿之功效。

雾水葛 *Pouzolzia zeylanica*（L.）Benn.

　　草本植物，可作低层绿化；草坪绿化。

藤麻 *Procris crenata* Robinson

  药用，消肿、清热，治疗肺病、利水、泻火等。

171 Aquifoliaceae 冬青科

梅叶冬青 *Ilex asprella* Champ.

  落叶灌木，可作园林绿化，背景林，速生树种。根入药，有清热解毒、消肿散瘀之功效。

密花冬青 *Ilex confertiflora* Merr.

钝齿冬青 *Ilex crenata* Thunb.

榕叶冬青 *Ilex ficoidea* Hemsl.

纤花冬青 *Ilex graciliflora* Champ.

  濒危种。

青茶香 *Ilex hanceana* Maxim.

广东冬青 *Ilex kwangtungensis* Merr.

谷木冬青 *Ilex memecylifolia* Champ. ex Benth.

小果冬青 *Ilex micrococca* Maxim.

毛冬青 *Ilex pubescens* Hook. et Arn.

  常绿灌木，可作园林绿化，背景林。根和叶药用，主治喉毒；枝叶煎成胶液，倾入制纸竹浆能加强
  黏性。

铁冬青 *Ilex rotunda* Thunb.

  常绿乔木，可作行道树，树干挺直；庭园绿化，树冠开展，浓绿，是吸收二氧化碳量较多的树种；
  速生树种；抗污染及抗尘能力较强的树种；寺庙绿化常见树种。叶和树皮药用，能清热利湿、消肿
  止痛；树皮可提取栲胶及染料；木材坚硬，可供制作把柄等用。

三花冬青 *Ilex triflora* Bl.

  根药用。解痔疮、疡肿毒。

亮叶冬青 *Ilex viridis* Champ. ex Benth.

173 Celastraceae 卫矛科

过山枫 *Celastrus aculeatus* Merr.

  药用，消炎、接骨。治疗跌打损伤、骨折。

青江藤 *Celastrus hindsii* Benth.

  常绿木本藤。

独子藤 *Celastrus monospermus* Roxb.

流苏卫矛 *Euonymus gibber* Hance

疏花卫矛 *Euonymus laxiflorus* Champ. ex Benth.

  根、树皮入药，治疗风湿骨痛、腰膝劳损；含橡胶。

中华卫矛 *Euonymus nitidus* Benth.

  药用治疗跌打损伤。

网脉假卫矛 *Microtropis reticulata* Dunn

178 Hippocrateaceae 翅子藤科

雅致翅子藤 *Loeseneriella concinna* Smith

179 Icacinaceae 茶茱萸科

定心藤 *Mappianthus iodoides* Hand.-Mazz.

182 Olacaceae 铁青树科

华南青皮木 *Schoepfia chinensis* Gardn. et Champ.

可入药，清热利湿、消肿止痛。用于治疗湿热黄疸、风湿痹痛诸症、跌打损伤、骨折诸症。

183 Opiliaceae 山柑科

山柑藤 *Cansjera rheedii* Gmel.

185 Loranthaceae 桑寄生科

离瓣寄生 *Helixanthera parasitica* Lour.

药用祛痰、祛风、消肿、补血气。治疗痢疾、肺结核、眼角炎。

栗寄生 *Korthalsella japonica* (Thunb.) Engler

鞘花寄生 *Macrosolen cochinchinensis* (Lour.) Van Tregh.

药用清热止渴、补肝肾、祛风湿。治疗痢疾、咯血、生病。

红花寄生 *Scurrula parasitica* L.

枝叶可作中药，有强壮、安胎、消肿及催乳的作用；用于腰膝部神经痛、高血压、血管硬化性四肢麻木均有效，对妇女怀孕期的腰痛功效尤著。

广寄生 *Taxillus chinensis* (DC.) Dans.

药用，补肝肾，强筋骨，祛风湿，安胎。用于风湿痹痛、腰膝酸软、筋骨无力、胎动不安、早期流产、高血压症。

枫香槲寄生 *Viscum liquidambaricolum* Hay.

药用，归肝、肾经。祛风去湿，舒筋活络。用于风湿性关节炎、腰肌劳损、瘫痪、咳嗽、血崩、衄血、小儿惊风。

瘤果槲寄生 *Viscum ovalifolium* DC.

186 Santalaceae 檀香科

寄生藤 *Dendrotrophe frutescens* (Benth.) Dans.

寄生性灌木，可作层间绿化。全株药用，有消肿止痛、活血散瘀之功效。

189 Balanophoraceae 蛇菰科

红冬蛇菰 *Balanophora harlandii* Hook. f.

寄生肉质草本。全株入药，有止血、补血的功效，治贫血。

香港蛇菰 *Balanophora hongkongensis* F. W. Xing

190 Rhamnaceae 鼠李科

多花勾儿茶 *Berchemia floribunda* (Wall.) Brongn.

落叶攀缘灌木，可作层间绿化。根、叶药用，有化淤止血、镇咳止痰的功效，治疗疮疖、风湿腰痛等症。

铁包金 *Berchemia lineata* (L.) DC.

药用，散瘀止血、化痰止咳，治疗肺结核、咳嗽、头痛、腹痛、消化不良、跌打损伤、蛇伤等。

光枝勾儿茶 *Berchemia polyphylla* var. *leioclada* Hand.-Mazz.

　　攀缘灌木，可作层间绿化。

马甲子 *Paliurus ramosissimus*（Lour.）Poir.

山绿柴 *Rhamnus brachypoda* C. Y. Wu ex Y. L. Chen

黄药 *Rhamnus crenata* Sieb. et Zucc.

　　灌木，可作园林绿化。根皮或全株入药，有毒，能杀虫去湿，治疥疮。果实及叶可作染料。

长柄鼠李 *Rhamnus longipes* Merr. et Chun

亮叶雀梅藤 *Sageretia lucida* Merr.

雀梅藤 *Sageretia thea*（Osb.）Johnst.

　　攀缘灌木，可作层间绿化、先锋绿化、绿篱植物。果味酸甜，可食，嫩叶可代茶；树基可作盆景。

191 Elaeagnaceae 胡颓子科

密花胡颓子 *Elaeagnus conferta* Roxb.

　　根可祛风通路，行气止痛。用于风湿性关节炎，腰腿痛、铁打损伤，也可用于肠炎治疗。

蔓胡颓子 *Elaeagnus glabra* Thunb.

　　平喘止咳。治支气管哮喘、慢性支气管炎、感冒咳嗽。

角花胡颓子 *Elaeagnus gonyanthes* Benth.

　　根、叶、果均可入药，有健胃理气、生津止渴、散瘀消肿之功效。叶治支气管哮喘、慢性支气管炎、感冒咳嗽；果治肠炎腹泻；根治跌打淤积、肚子痛、吐血等症。

鸡柏紫藤 *Elaeagnus loureirii* Champ.

193 Vitaceae 葡萄科

粤蛇葡萄 *Ampelopsis cantoniensis*（Hook. et Arn.）Pl.

　　木质藤本，可作层间绿化。全株入药，性寒，有润肠通便的功效，主治便秘。

角花乌蔹莓 *Cayratia corniculata*（Benth.）Gagnep.

　　攀缘灌木，可作层间绿化。块根入药，能清热解毒、除风化痰。

乌蔹莓 *Cayratia japonica*（Thunb.）Gagnep.

　　全草药用，凉血、解毒、消肿、祛风壮骨。

白粉藤 *Cissus repens* Lamk.

　　药用，治疗跌打肿痛、无名肿痛、蛇咬、肾炎等。

* 异叶爬山虎 *Parthenocissus dalzielii* Gagnep.

　　以根、茎入药，祛风活络，活血止痛。用于风湿筋骨痛、赤白带下、产后腹痛；外用治骨折，跌打肿痛、疮疖。

* 爬山虎 *Parthenocissus tricuspidata*（Sieb. et Zucc.）Planch.

　　落叶大灌木，可作层间绿化。根、茎入药，能破淤血、消肿毒；果可酿酒。

崖爬藤 *Tetrastigma obtectum* Pl.

　　常绿木质藤本，可作层间绿化。全草入药，有祛风除湿的功效。

扁担藤 *Tetrastigma planicaule*（Hook.）Gagnep.

　　大木质藤本，可作层间绿化。藤茎药用，有祛风湿之功效。

葛藟 *Vitis flexuosa* Thunb.

　　药用，滋补血气、长肌肉、补脑、润肺止咳。治疗关节炎、跌打损伤、病后体虚。

绵毛葡萄 *Vitis retordii* Rom. du Caill. ex Pl.

* 葡萄 *Vitis vinifera* L.

    著名水果，也可药用。

194 Rutaceae 芸香科

山油柑 *Acronychia pedunculata*（L.）Miq.

    乔木，可作园林绿化，是观赏植物；抗污染及抗尘能力较强的树种，寺庙绿化常见树种。果可食，叶及枝富含芳香油类，可作化妆品香料原料。树皮可提取栲胶；根、叶、果及木材入药，能行气活血、健脾止咳。

* 柚 *Citrus grandis*（L.）Osb.

    常绿乔木，观赏植物，绿化果树，是抗污染及抗尘能力较强的树种；寺庙绿化常见植物；为亚热带主要果树之一。种仁含油达60%；根、叶及果皮可入药，能消食化痰、理气散结。

* 柠檬 *Citrus limon*（L.）Brum.f.

    可作药用，也可作化妆品和皂用香料。

* 柑橘 *Citrus reticulata* Bl.

    为我国著名果品之一；果皮为理气化痰、和胃药；核仁和叶具有活血散结、消肿的功能；种子油可制造肥皂、润滑油。

* 甜橙 *Citrus sinensis*（L.）Osb.

    作水果。

* 黄皮 *Clausena lansium*（Lour.）Sk.

    南方著名水果。种子油可制润滑油；根、叶、果、核入药，能解表行气、健胃、止痛。

山橘 *Fortunella hindsii*（Champ.）Swingle

    有刺灌木，观赏灌木，是抗污染及抗尘能力较强的树种。果皮含芳香油，可食用及作调香原料。

* 金橘 *Fortunella margarita*（Lour.）Swingle

    盆栽果品；果可作药用。

山小橘 *Glycosmis parviflora*（Sims）Little

    根叶可作草药，味苦、微辛、香气、性平，有行气、化痰、止咳的功效。

三桠苦 *Melicope pteleifolia*（Champ. ex Benth.）T. Hartley

    小乔木，可作观赏植物。根叶供药用，能清热解毒、燥湿止痒，可预防流脑、流感和中暑。

九里香 *Murraya paniculata*（L.）Jacks.

    花可提取芳香油。全株可药用，能活血散瘀、行气活络。

酒饼簕 *Severinia buxifolia*（Poir.）Ten.

    根叶可作草药，味苦、微辛、香气，有行气、止咳的功效，与其他药配伍可治支气管炎、风寒咳嗽、感冒发热、风湿性关节炎等。

茵芋 *Skimmia arborescens* Anders. ex Gamble

    民间作兽药用，治癫病。有毒。

楝叶吴茱萸 *Tetradium glabrifolium*（Champ. ex Benth.）Hartley

    根、果、树皮药用，能祛风健胃、消毒止痛。

飞龙掌血 *Toddalia asiatica*（L.）Lam.

    全株可药用，根味苦、性温，能活血散瘀、消肿止痛，可治铁打损伤、风湿性关节炎等。

163

簕欓花椒 *Zanthoxylum avicennae*（Lam.）DC.

　　全株可药用，根皮黄色，麻辣而带苦味，能祛风、行气、祛湿、镇痛、利水，可治风湿骨痛、铁打损伤等。

大叶臭花椒 Zanthoxylum *myriacanthum* Wall. ex Hook. f.

　　叶和果皮、根和树皮作草药，能祛风镇痛。

两面针 *Zanthoxylum nitidum*（Roxb.）DC.

　　木质藤本，观叶植物，可作层间绿化，可提芳香油，种子油供制造肥皂用。根、茎、叶入药，能散瘀活络、祛风解毒。

花椒簕 *Zanthoxylum scandens* Bl.

　　木质藤本，可作层间绿化。根、叶治跌打损伤，有消肿止痛、活血散瘀的功效。

195　Simaroubaceae 苦木科

岭南臭椿 *Ailanthus triphysa* Alst.

　　为抗污染植物，适宜作行道树。

鸦胆子 *Brucea javanica*（L.）Merr.

　　灌木，观赏灌木。种子可入药，有杀虫、治疟病、止痢的功效；用种仁或鸦胆子油外敷，可治鸡眼等。

196　Burseraceae 橄榄科

橄榄 *Canarium album*（Lour.）Raeusch.

　　乔木，为优良的行道树及防风树种；木材质佳，可用于造船、枕木及制作家具；果供生食，可生津止渴；果核磨汁内服可治鱼骨鲠喉；根入药，有舒筋活络之功效；种仁可食用，也可榨油。

乌榄 *Canarium tramdenum* Dai et Yakovl.

　　果实可止血、化痰、利水、消痈肿，治咳嗽、咳痰、咯血、水肿、小便不利、乳痈初起。

197　Meliaceae 楝科

* 米仔兰 *Aglaia odorata* Lour.

　　栽培供观赏。花可提取芳香油；木材黄色，纹理细密而均匀，适合作农具、雕刻等用材。渐危种。

大叶山楝 *Aphanamixis grandifolia* Bl.

　　种仁含油60%，出油率为20%～30%，油可制造肥皂及润滑油。

香港樫木 *Dysoxylum hongkongense*（Tutch.）Merr.

　　木材稍软，不耐腐蚀，可作家具、板料等。渐危种。

苦楝 *Melia azedarach* L.

　　落叶乔木，可作园林绿化，是吸收二氧化碳量较多的树种；速生树种；抗污染及抗尘能力较强的树种。种子油可制油漆、润滑油等；花可蒸芳香油；树皮、叶、果入药，能驱虫、止痛；木材供建筑、枪柄等用材。

* 大叶桃花心木 Swietenia *macrophylla* King

　　木材色泽美丽，硬度适宜，易于打磨，适宜作妆饰、家具、车船等。

* 桃花心木 *Swietenia mahagoni*（L.）Jacq.

　　为著名材用树种之一，木材色泽美丽，硬度适宜，易于打磨，宜作妆饰，家具，车船等。

香椿 *Toona sinensis*（A. Juss.）Roem.

为速生树种，材质上等，为很好的造林树种，种子含油。木材黄褐色而有红色环带，纹理美丽，有光泽，耐腐蚀，适宜作造船、上等家具等。

198 Sapindaceae 无患子科

滨木患 *Arytera littoralis* Bl.

木材坚韧，可制农具。

倒地铃 *Cardiospermum halicacabum* L.

全草入药，消肿止痛、凉血解毒，治铁打外伤等。

龙眼 *Dimocarpus longan* Lour.

常绿乔木，生性强健，耐旱耐瘠，适合作园景树、诱鸟树。优良水果，假种皮富含维生素和磷质，入药有益脾、健脑之功效；果核及根、叶、花均可药用；木材坚实，供细工、舟车用材。渐危种。

* 复羽叶栾树 *Koelreuteria bipinnata* Franch.

花果均可作中草药，味苦性寒，无毒，能消肿，清热。

* 荔枝 *Litchi chinensis* Sonn.

常绿乔木、园景树、诱鸟树，是吸收二氧化碳量较多的树种；速生树种；抗污染及抗尘能力较强的树种；寺庙绿化常见树种。假种皮食用，根及果核供药用，治疝气、胃痛；木材优良，为名贵用材。

无患子 *Sapindus mukorossi* Gaertn.

根可入药，味苦性凉，有小毒，能化痰止咳；果皮含皂素，可代肥皂用。

200 Aceraceae 槭树科

十蕊槭 *Acer decandrum* Merr.

木材坚硬致密，可作建筑板料，木材美观，有花纹，适用于室内各种板料。渐危种。

亮叶槭 *Acer lucidum* Metc.

可作庭园观赏植物。渐危种。

岭南槭 *Acer tutcheri* Duth.

201 Sabiaceae 清风藤科

香皮树 *Meliosma fordii* Hemsl.

药用，治疗便秘。

笔罗子 *Meliosma rigida* Sieb. et Zucc.

根皮药用。治水肿腹胀、无名肿毒、蛇咬伤。

樟叶泡花树 *Meliosma squamulata* Hance

山叶泡花树 *Meliosma thorellii* Lecomte

种子含油18.19%，属干性油，可制油漆。

白背清风藤 *Sabia discolor* Dunn

毛萼清风藤 *Sabia limoniacea* Wall. ex J. D. Hook. & Thomson

木材淡红色，可作担杆、把柄及薪炭用。

尖叶清风藤 *Sabia swinhoei* Hemsl. ex Forb. et Hemsl.

药用，祛风止痛，治疗风湿、跌打损伤。

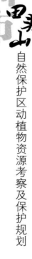

204 Staphyleaceae 省沽油科

野鸦椿 *Euscaphis japonica*（Thunb.）Dipp.

　　木材为器具用材，种子含油可制肥皂；根及果入药，用于祛风除湿，也可作庭园栽培植物。

锐尖山香圆 *Turpinia arguta*（Lindl.）Seem.

　　小乔木，可作背景林，园林绿化，观叶植物，是吸收二氧化碳量较多的植物。种子油可制造肥皂；
　　树皮可提取栲胶；木材为器具用材；根及干果入药，有祛风除湿之效。

山香圆 *Turpinia montana*（Bl.）Kurz

　　落叶灌木；观赏灌木；速生树种；叶入药，治疗痈疮肿毒。

光山香圆 *Turpinia montana* var. *glaberrima*（Merr.）T. Z. Hsu

　　观赏灌木；速生树种；叶入药，治疗痈疮肿毒。

205 Anacardiaceae 漆树科

南酸枣 *Choerospondias axillaris*（Roxb.）Burtt et Hill

　　成熟果实可作兽药。树皮刮去外面粗糙部分，有凉血解毒，止痒止痛之功效。木材质轻软，可作板
　　箱等。可作行道树。

* 人面子 *Dracontomelon duperreanum* Pierre

　　果可生食，亦可腌渍，木材纹理细密而耐朽，为建筑、家具用材。种子含油脂，可制造肥皂。

* 杧果 *Mangifera indica* L.

　　常绿大乔木，可作背景林，园林绿化，行道树，树干挺直，吸收二氧化碳量较多的树种；速生树种；
　　速生树种；抗污染及抗尘能力较强的树种；著名热带果树，果实味美；果皮药用，为利尿剂；叶和
　　树皮可为黄色染料；树皮含胶质树脂；木材宜制舟、车。

盐肤木 *Rhus chinensis* Mill.

　　灌木，观赏灌木，是抗污染及抗尘能力较强的树种。枝叶上寄生的五倍子（虫瘿）用于轻工业及医
　　药；根有消炎、利尿作用；种子油可制作肥皂。

岭南酸枣 *Spondias lakonensis* Pierre

　　果成熟后醇香，可食；种子含油34%，可制作肥皂。木材轻软，可制作文具和家具。

野漆 *Toxicodencron succedanea* L.

　　落叶乔木，可作背景林；速生树种；但会引起过敏反应，宜城外作背景林，是抗污染及抗尘能力较
　　强的树种；叶和茎皮可提制栲胶；树干可割取漆；果皮含蜡质，可制蜡烛；种子油可制作肥皂；根、
　　叶和果供药用，能解毒、止血、散瘀消肿，主治跌打损伤。

206 Connaraceae 牛栓藤科

小叶红叶藤 *Rourea microphylla*（Hook. et Arn.）Pl.

　　藤状灌木；幼叶红艳夺目，为观叶植物，层间绿化。可供外科敷药用。茎皮富含纤维可制绳索；根、
　　叶药用，活血通经、止血止痛。

大叶红叶藤 *Rourea minor*（Gaertn.）Alston

207 Juglandaceae 胡桃科

少叶黄杞 *Engelhardia fenzelii* Merr.

黄杞 *Engelhardia roxburghiana* Lindl.

　　木材紫红色，纹理直，结构细密，可作车厢、家具等用材。

209 Cornaceae 山茱萸科

桃叶珊瑚 *Aucuba chinensis* Benth.

果实鲜艳夺目，适宜庭院、池畔、墙隅和高架桥下点缀。盆栽适宜室内厅堂陈设。

香港四照花 *Dendrobenthamia hongkongensis*（Hemsl.）Hutch.

可用于庭院、草坪、路边、林缘、池畔及绿化用树种。

210 Alangiaceae 八角枫科

八角枫 *Alangium chinense*（Lour.）Harms

落叶小乔木，可作背景林，行道树，树干挺直，园林绿化，是吸收二氧化碳量较多的树种；速生树种；抗污染及抗尘能力较强的树种；寺庙绿化常见植物。树皮纤维作人造棉；根、茎、叶药用，能祛风除湿、散瘀止血，主治风湿瘫痪，有小毒。

毛八角枫 *Alangium kurzii* Craib

落叶小乔木，可作背景林。种子油供工业用。

212 Araliaceae 五加科

白勒花 *Acanthopanax trifoliatus*（L.）Merr.

藤状灌木，可作园林绿化，速生树种。全株入药，有活血、行气、散瘀、止痛、消炎之功效；能治风湿、跌打、感冒、肠炎、尿路结石及疮疖等病。

虎刺楤木 *Aralia armata*（Wall.）Seem.

根皮有祛风、祛湿、消肿、散瘀之效，可治关节炎、肝炎、肾炎、痢疾等。

楤木 *Aralia chinensis* L.

药用，根皮有镇痛，消炎、祛风、行气、去湿、活血之功效，治胃炎、肾炎、风湿痛等。

黄毛楤木 *Aralia decaisneana* Hance

灌木，可作园林绿化，速生树种。根入药，有祛风除湿之功效。

树参 *Dendropanax dentiger*（Harms ex Diels）Merr.

民间常将本种与变叶树均称为"半枫荷"，据《岭南采药录》记载："木质红色者谓之血荷，功用较白色为佳，善祛风湿，凡脚软痹痛，以之浸酒服甚效。"根茎浸酒服有祛风湿、通经络、散瘀血、壮筋骨之功效，治疗风湿痹痛、偏头痛及痈疖等症。

变叶树参 *Dendropanax proteus* Benth.

灌木；观赏灌木；观叶植物；速生树种；根及树皮入药，有舒筋活血、祛风除湿之功效。

幌伞枫 *Heteropanax fragrans*（Roxb.）Seem.

乔木；观叶植物；速生树种，可作庭园绿化，为寺庙绿化常见树种。根及树皮入药，能凉血解毒、消肿止痛，为治疮毒的良药。

＊鹅掌藤 *Schefflera arboricola* Hay.

全株入药，有止痛、活血、消痛等作用。治风湿骨痛、铁打损伤、瘫痪、胃痛等。

鸭脚木 *Schefflera octophylla*（Lour.）Harms

乔木，可作园林绿化，观叶植物，速生树种，寺庙绿化常见树种。木材轻软，纹理细密，可作家具等用材；花为冬季蜜源；树皮嫩枝含挥发油；根皮、茎皮及叶可入药，有舒筋活络、消肿止痛及发汗解表的功效。

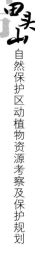

213 Umbelliferae 伞形花科

* 芹菜 *Apium graveolens* L.

普遍做蔬菜。全草及果入药，有清热止咳、健胃、利尿和降压等功效。

积雪草 *Centella asiatica*（L.）Urban

多年生草本植物，可作低层绿化，草坪绿化。全草药用，有祛风寒、清热、利尿、消肿等功效。

* 芫荽 *Coriandrum sativum* L.

果含芳香油，可作香料；嫩叶作蔬菜和调味香料；果叶入药，有健胃、消食、祛风和解毒等功效。

* 胡萝卜 *Daucus carota* var. *sativa* Hoffm.

果实含芳香油及油脂。全草入药，有驱虫、祛痰、消肿解毒之功效。

天胡荽 *Hydrocotyle sibthorpioides* Lam.

多年生草本植物，可作低层绿化，草坪绿化。全草入药，有清热解毒、消肿止痛、利尿散结、止咳祛痰等功效。

水芹 *Oenanthe javanica*（Bl.）DC.

全草和根入药，有清热凉血、利尿消肿、止痛、止血和降压之功效。

215 Ericaceae 杜鹃花科

红皮紫陵 *Craibiodendron scleranthum* var. *kwangtungense*（Hu）Judd

可作观赏植物，庭园绿化。

吊钟花 *Enkianthus quinqueflorus* Lour.

本种除观赏外，干花为民间的止咳药。

齿叶吊钟花 *Enkianthus serrulatus*（Wils.）Schneid.

观赏植物，可作庭园绿化。

显萼杜鹃 *Rhododendron erythrocalyx* Balf. f. et Forrest

华丽杜鹃 *Rhododendron farrerae* Tate

枝叶可供药用，对慢性支气管炎有一定疗效。

罗浮杜鹃 *Rhododendron henryi* Hance

香港杜鹃 *Rhododendron hongkongense* Hutch.

鹿角杜鹃 *Rhododendron latoucheae*

毛棉杜鹃 *Rhododendron moulmainense* Hook. f.

* 锦绣杜鹃 *Rhododendron pulchrum* Sweet

映山红 *Rhododendron simsii* Planch.

落叶灌木，可作庭园绿化，观赏植物，为中国十大名花之一，优良的盆景材料，是抗污染及抗尘能力较强的植物。

216 Vacciniaceae 越橘科

乌饭树 *Vaccinium bracteatum* Thunb.

果实有甜味，可生食。树皮含单宁，可提取栲胶；果实和树皮入药，有强筋骨、益气力、固精的功效。

168

221 Ebenaceae 柿科

乌材 *Diospyros eriantha* Champ. ex Benth.

　　木材暗红褐色，材质坚硬而重，耐腐，适作建筑、车辆、农具等用。

* 柿 *Diospyros kaki* L. f.

　　成熟的柿可鲜食或制柿饼；柿蒂、柿漆、柿霜可入药；木材纹理细致，心材褐带黑色，可作工具柄、雕刻及细工等用材。

罗浮柿 *Diospyros morrisiana* Hance

　　小乔木，可作背景林，庭园绿化，树冠开展，浓绿，寺庙绿化常见植物。茎皮、叶、果药用，有解毒消炎、收敛的功效。

毛柿 *Diospyros strigosa* Hemsl.

　　可作园林绿化。

岭南柿 *Diospyros tutcheri* Dunm

小果柿 *Diospyros vaccinioides* Lindl.

　　灌木，可作背景林，观赏灌木，绿篱植物。

222 Sapotaceae 山榄科

金叶树 *Chrysophyllum lanceolatum* var. *stellatocarpon* van Royen ex Vink

　　根叶有活血去瘀、消肿止痛功效；果可食。

* 人心果 *Manilkara zapota* Van Roy.

　　果肉质，味甜可口，为美洲热带著名果品之一，树干乳液为糖胶树胶。

铁榄 *Sinosideroxylon pedunculatum*（Hemsl.）H. Chuang

　　常绿大乔木，可作背景林；行道树，树干挺直；是抗污染及抗尘能力较强的树种。果肉质，味甜气香，可食；树皮药用，治蛇咬伤。

223 Myrsinaceae 紫金牛科

朱砂根 *Ardisia crenata* Sims

　　灌木，观赏灌木。根及全株可作药用，有活血去淤、清热降火、消肿解毒、祛痰止咳等功效，用于治疗风湿、骨折、消化不良、胃痛、牙痛、咽炎等症。果可食，也可榨油。

郎伞木 *Ardisia hanceana* Mez

　　根供药用，治疗跌打损伤。

虎舌红 *Ardisia mamillata* Hance

　　全株供药用，具有清热利湿、活血止血、去腐生肌等功效，治疗跌打损伤、肝炎、胆囊炎等。

斑叶朱砂根 *Ardisia punctata* Lindl.

　　根可活血通经，祛风止痛，外洗去无名肿毒。

罗伞树 *Ardisia quinquegona* Bl.

　　灌木，观赏灌木。根入药，有活血通络、祛风消肿之功效，治骨折创伤。嫩叶可作茶叶的代用品。

雪下红 *Ardisia villosa* Roxb.

酸藤子 *Embelia laeta* Mez

　　攀缘灌木，可作层间绿化。果、叶可食，有强壮补血之功效。根、叶散瘀止痛，收敛止痛。

白花酸藤果 *Embelia ribes* Burm.f.

攀缘灌木，可作层间绿化。根药用，嫩叶可生食，味酸，果味甜。

厚叶白花酸藤果 *Embelia ribes* var. *pachyphylla* Chun ex Wu et Chen

网脉酸藤子 *Embelia rudis* Hand.-Mazz.

根茎可供药用，有清凉解毒、滋阴补肾的功效。

杜茎山 *Maesa japonica*（Thb.）Mor. ex Zoll

灌木，观赏灌木。茎、叶、根药用，有祛风消肿功效。

鲫鱼胆 *Maesa perlarius*（Lour.）Merr.

灌木，观赏灌木。药用消肿，去腐生肌、接骨，常用于跌打损伤、肺病等。

打铁树 *Myrsine linearis*（Lour.）Poiret

用叶煮水洗，可止痒，治疗蛇咬伤。

密花树 *Myrsine sequinii* H. Lév.

小乔木，可作园林绿化，观赏植物。根煎水可治疗膀胱结石，叶治外伤。木材坚硬，材质良好。

224 Styracaceae 安息香科

赤杨叶 *Alniphyllum fortunei*（Hemsl.）Mak.

乔木，可作行道树，树干挺直，背景林，是抗污染及抗尘能力较强的树种，速生树种，寺庙绿化常见植物。

广东木瓜红 *Rehderodendron kwangtungense* Chun

渐危种。

白花龙 *Styrax faberi* Perk.

种子供制作肥皂和润滑油。

芬芳安息香 *Styrax odoratissimus* Champ.

齿叶安息香 *Styrax serrulatus* Hook. Roxb.

栓叶安息香 *Styrax suberifolius* Hook. et Arn.

乔木，可作背景林。根、叶入药，可祛风除湿、理气止痛、治风湿性关节痛等。

225 Symplocaceae 山矾科

腺叶山矾 *Symplocos adenophylla* Wall.

腺柄山矾 *Symplocos adenopus* Hance

薄叶山矾 *Symplocos anomala* Brand

木材坚韧，可作农具、家具等用材。

华山矾 *Symplocos chinensis*（Lour.）Druce

落叶灌木，可作背景林，行道树。根、叶药用，治跌打、烧烫伤、清热解表，化痰，治疗感冒发热等症。种子油制肥皂，亦可供食用。

黄牛奶树 *Symplocos cochinchinensis* var. *laurina* Nooteb.

乔木，可作背景林，行道树，树干挺直。树皮药用，散寒清热。

密花山矾 *Symplocos congesta* Benth.

药用，治疗跌打损伤。

厚皮灰木 *Symplocos crassifolia* Benth.

羊舌树 *Symplocos glauca*（Thb.）Koidz.

　　木材作建筑、家具及板料，亦可做纸。

光叶山矾 *Symplocos lancifolia* Siel. et Zucc.

　　木材供建筑及家具用；种子可炸油；叶可作茶，有甜味，可治跌打损伤。

白檀 *Symplocos paniculata*（Thb.）Miq.

　　为庭园绿化植物。

珠仔树 *Symplocos racemosa* Roxb.

老鼠矢 *Symplocos stellaris* Brand

山矾 *Symplocos sumuntia* Buch.-Ham. ex D. Don

　　种子油可作机械润滑油。木材坚韧，可作为家具、农具或其他用材。

微毛山矾 *Symplocos wikstroemiifolia* Hay.

　　种子可制肥皂及润滑油。

228 Loganiaceae 马钱科

多花蓬莱葛 *Gardneria multiflora* Makino

驳骨丹 *Buddleja asiatica* Lour.

　　灌木，观赏灌木。根叶药用，有祛风化湿、行气活络之功效。

* 灰莉 *Fagraea ceilanica* Thunb.（F. sasakii Hayata）

大茶药（断肠草）*Gelsemium elegans*（Gardn. et Champ.）Benth.

　　常绿木质藤本。全草有剧毒，误吃能致命，俗称"断肠草"，但外用能治皮肤湿疹、疥癣、跌打损伤、风湿、疮疡、肿毒、溃烂等。

牛眼马钱 *Strychnos angustiflora* Benth.

　　根、皮、叶可作兽药，治疗跌打肿痛。种子、树皮和嫩叶有毒，含毒成分为番木鳖碱和马钱子碱。

三脉马钱 *Strychnos cathayensis* Merr. et Chun

　　种子和根有解热、止血作用，可治疗头痛、心气痛、刀伤、疟疾等。

229 Oleaceae 木犀科

苦枥木 *Fraxinus insularis* Hemsl.

清香藤 *Jasminum lanceolarium* Roxb.

　　茎入药，有祛风去湿、活血止痛之功效，可制风湿骨性关节痛和铁打损伤。

* 茉莉花 *Jasminum sambac*（L.）Ait.

华素馨 *Jasminum sinense* Hemsl.

　　药用，清热解毒、消炎，治疗疮疮。

华女贞 *Ligustrum lianum* Hsu

　　可作园林绿化树种。

山指甲 *Ligustrum sinense* Lour.

异株木犀榄 *Olea tsoongii*（Merr.）P. S. Green

* 桂花 *Osmanthus fragrans* Lour.

　　庭园观赏植物，花极芳香，是一种名贵的食用香料，也可入药。

牛矢果 *Osmanthus matsumuranus* Hayata

　　药用，杀菌消炎，治烂疮。

230 Apocynaceae 夹竹桃科

* 软枝黄蝉 *Allemanda cathartica* L.

　　观赏植物。茎皮、乳状汁液和种子均有毒。

* 黄蝉 *Allemanda neriifolia* Hook.

* 糖胶树 *Alstonia scholaris*（L.）R. Br.

　　观赏植物。

链珠藤 *Alyxia sinensis* Champ. ex Benth.

　　藤状灌木，可作层间绿化。根药用，主治风湿性关节痛等。

鳝藤 *Anodendron affine*（Hook. et Arn.）Druce

* 长春花 *Catharanthus roseus*（L.）G. Don

　　草本植物花卉。全草药用，可治高血压、急性白血病、淋巴肿瘤等。

海杧果 *Cerbera manghas* L.

　　果有剧毒。树皮、叶、乳汁可提制药物，作催吐、下泻之用，是一种较好的防潮树种。

尖山橙 *Melodinus fusiformis* Champ. ex Benth.

　　全株药用，主治风湿性心脏病。

山橙 *Melodinus suaveolens* Champ. ex Benth.

　　木质藤本，可作层间绿化，观果植物。果实药用，治疝气、腹痛、小儿疳积等。

* 夹竹桃 *Nerium indicum* Mill.

　　茎皮纤维为优良混纺原料，又可作强心剂。根及树皮含有醇类结晶和少量精油；茎叶可制杀虫剂。

　　栽培为观赏植物。

* 鸡蛋花 *Plumeria rubra* L.

　　观赏植物。花亦可煮鸡蛋。树皮入药。

帘子藤 *Pottsia laxiflora*（Bl.）Ktze.

　　根、茎、乳汁可治疗腰骨酸痛、贫血。

羊角拗 *Strophanthus divaricatus*（Lour.）Hook. et Arn.

　　灌木。全株有毒，误吃致死。药用，作强心剂，治血管硬化、蛇咬伤等。农业上用作杀虫剂。

* 狗牙花 *Tabernaemontana divaricata*（L.）R. Br. ex Roem. et Schutt.

　　园林绿化植物。根叶可入药。

* 黄花夹竹桃 *Theveria peruriana*（Pers.）K. Schum.

　　园林绿化植物。种子油可制肥皂和杀虫用。种仁含黄花夹竹桃素，有强心、利尿、祛痰、发汗等功效。

络石 *Trachelospermum jasminoides*（Lindl.）Lem.

　　常绿木质藤本，可作层间绿化。幼叶颜色变化多端，为观叶植物。根、茎、叶、果实供药用，治风湿感冒、关节炎等；茎皮纤维可制人造棉；花提取"络石浸膏"。

杜仲藤 *Urceola micranthum*（Wallich ex Don）Middl.

　　植株含乳胶。全株入药，制风湿骨痛、铁打损伤及小儿麻痹。

酸叶胶藤 *Urceola rosea*（Hook. et Arn.）Middl.

　　植株含乳胶质地较好。全株可入药，制风湿骨痛、铁打损伤、慢性肾炎等。

* 盆架树 *Winchia calophylla* A. DC.

　　木材适宜作文具、胶合板等。叶和树皮可入药，治急慢性气管炎等。

蓝树 *Wrightia laevis* Hook. f.

　　叶可作蓝色染料，根叶为铁打、刀伤药。

倒吊笔 *Wrightia pubescens* R. Br.

　　木材可作家具、乐器、雕刻、文具等。根茎可入药。

230a Periplocaceae 杠柳科

白叶藤 *Cryptolepis sinensis*（Lour.）Merr.

　　全株可药用，治毒蛇咬伤、铁打损伤等。茎皮纤维坚韧，可作绳索。种毛可作填充物。叶茎乳汁有毒。

海岛藤 *Gymnanthera nitida* R. Br.

231 Asclepiadaceae 萝藦科

* 马利筋 *Asclepias curassavica* L.

　　全株有毒，含强心疳，可药用，有除虚热、利小便、调经活血、止痛，退热、消炎止痛等功效。

徐长卿 *Cynanchum paniculatum*（Bunge）Kit.

　　全株可药用，能祛风止痛、解毒消肿，治蛇毒咬伤、心胃气痛、肠胃炎等。

眼树莲 *Dischidia chinensis* Champ. ex Benth.

　　全株药用，治肺燥咯血、毒蛇咬伤等。

匙羹藤 *Gymnema sylvestre*（Retz.）Schult.

　　木质藤本，可作层间绿化。全株药用，治风湿痹痛、蛇伤等，孕妇慎用。

球兰 *Hoya carnosa*（L. f.）R. Br.

　　叶入药，有清热化痰、祛风除湿、消痈解毒之功效，治肺炎、支气管炎、骨髓炎、睾丸炎、乳腺炎、
　　关节炎、痈肿疔疮、闭经、小儿高热等。本种也有栽培，可供观赏。

石萝藦 *Pentasacme championii* Benth.

　　全株可药用，治肝炎、凤火眼病等。

* 夜来香 *Telosma cordata*（Burm. f.）Merr.

　　观赏植物，花可食，也可蒸香油。花叶可药用，治慢性结膜炎等。

弓果藤 *Toxocarpus wightianus* Hook. et Arn.

　　柔弱攀缘灌木，可作低层及层间绿化。全株药用，祛淤止痛。

娃儿藤 *Tylophora ovata*（Lindl.）Hook. ex Steud.

　　缠绕灌木，可作层间绿化。全株药用，清热明目、活血通经，治风湿、跌打损伤、哮喘、毒蛇咬伤等。

232 Rubiaceae 茜草科

水团花 *Adina pilulifera*（Lam.）Franch. ex Drake

　　灌木，观赏灌木，背景林；可用于庭园中，单植或列植于溪涧水畔。根系发达，为优良固堤植物；
　　木材供雕刻用；全株可治家畜的痧热症，又可入药，清热解毒、散瘀消肿。

香楠 *Aidia canthioides*（Champ. ex Benth.）Masam. [*Randia canthioides* Champ. ex Benth.]

山黄皮 *Aidia cochinchinensis*（Lour.）Merr. [*Randia cochinchinensis* Lour.]

　　灌木，观赏灌木，是抗污染及抗尘能力较强的树种。

多毛茜草树 *Aidia pycnantha*（Drake）Tirveng. [*Randia pycnantha* Drake]

毛茶 *Antirhea chinensis*（Champ.）Benth. et Hook. f.

　　灌木，观赏灌木。渐危种。

**阔叶丰花草 *Borreria latifolia*（Aubl.）K. Schum.

丰花草 *Borreria stricta*（Linn.f.）G. Mey.

鱼骨木 *Canthium dicoccum*（Gaertn.）Merr.

　　乔木，可作背景林。木材坚重而硬，适于工业用材及雕刻。

山石榴 *Catunaregam spinosa*（Thunb.）Tirveng.

风箱树 *Cephalanthus tetrandrus*（Roxb.）Ridsd. et Bakh. f.

　　药用，清热降火、利尿去湿。治疗热泻、咽喉肿痛、痰多咳嗽。

流苏子 *Coptosapelta diffusa*（Champ.ex Benth.）Van Steenis

　　草质藤本，可作层间绿化。根辛辣，可治皮炎。

狗骨柴 *Diplospora dubia*（Lindl.）Masam.

　　为观赏灌木，可作庭园植物。

毛狗骨柴 *Diplospora fruticosa* Hemsl.

浓子茉莉 *Fagerlindia scandens*（Thunb.）Tirveng.

栀子 *Gardenia jasminoides* Ellis

　　常绿灌木，可作庭园绿化，也可作盆景。观赏灌木，枝叶繁茂，叶色终年深绿亮泽，花色洁白，香气浓郁。花含芳香油，可作调香剂；果可作染料，亦为消炎解热药；根有清热泻火、利尿消肿、解毒的功效。

* 白蟾 *Gardenia jasminoides* var. *fortuniana*（Lindl.）Hara

爱地草 *Geophila herbacea*（Jacq.）K. Schum.

　　有消肿、排脓功效。

金草 *Hedyotis acutangula* Chamap. ex Benth.

　　药用，清热解毒、凉血利尿。治疗肝胆实大、喉痛、咳嗽、小便不利。

耳草 *Hedyotis auricularia* L.

　　多年生草本，可作低层绿化。据《中华人民共和国药典》记载，全草含生物碱、黄酮苷和氨基酸。入药有清热解毒、散瘀消肿之效，为清火解热药，对感冒发热、咽喉痛、咳嗽、肠炎、痢疾、疮疖和蛇咬伤均有较好的疗效。

剑叶耳草 *Hedyotis caudatifolia* Merr. et Metcalf

　　灌木状草本，可作低层绿化。叶煎水治眼热病。

拟金草 *Hedyotis consanguinea* Hance

伞房花耳草 *Hedyotis corymbosa*（L.）Lam.

　　药用，清热解毒、利尿消肿、活血止痛，治疗阑尾炎、肝炎、泌尿系统感染等。

白花蛇舌草 *Hedyotis diffusa* Willd.

　　全草入药，内服治疗肿瘤、蛇咬伤、小儿疳积；外用主治泡疮、跌打损伤等症。

牛白藤 *Hedyotis hedyotidea*（DC.）Merr.

    藤状灌木，可作低层绿化。药用，据《广东药用植物手册》记载，本种治疗风湿、风热感冒、咳嗽和皮肤湿疹等疾病有一定疗效。

纤花耳草 *Hedyotis tenelliflora* Bl.

    草本，可作低层绿化；药用，对癌症有一定疗效，也是治疗跌打损伤的药。

方茎耳草 *Hedyotis tetrangularis*（Korth.）Walp.

    药用，治疗热症。

粗叶耳草 *Hedyotis verticillata*（L.）Lam.

    一年生草本植物，可作低层绿化和草坪绿化。药用，消热消肿。

龙船花 *Ixora chinensis* Lam.

    药用，治疗月经不调、高血压、闭经，也可用于治疗跌打损伤。

粗叶木 *Lasianthus chinensis*（Champ.）Benth.

    药用，治疗黄疸、湿热症。

广东粗叶木 *Lasianthus curtisii* King. et Gamble

鸡屎树 *Lasianthus hirsutus*（Roxb.）Merr.

斜基粗叶木 *Lasianthus wallichii*（Wight et Arn.）Wight

    药用，舒筋活血、治疗跌打损伤。

巴戟天 *Morinda officinalis* How

    有补肾壮阳、强筋骨、祛风湿的功效。治疗肾虚阳痿、小腹冷痛。渐危种。

鸡眼藤 *Morinda parvifolia* Bartl. ex DC.

羊角藤 *Morinda umbellata* subsp. *obovata* Y. Z. Ruan

    攀缘灌木，可作层间绿化。为清热泻火解毒剂。

楠藤 *Mussaenda erosa* Champ.

    药用，清热解毒、消炎，治疗烧伤、疮疥。

大叶白纸扇 *Mussaenda esquirolii* Levl.

    药用，清热解毒、消炎，治疗疮疥、咽喉炎等。

玉叶金花 *Mussaenda pubescens* Ait. f.

    攀缘灌木，可作层间绿化。观花植物，叶状萼片白色，衬托橙黄色的小花，甚为美丽；茎叶味甘、性凉，有清凉消暑、清热疏风的功效，供药用或晒干代茶叶饮用。

乌檀 *Nauclea officinalis*（Pierre ex Pitard）Merr. et Chun

    药用，解毒消肿、止痛，清热泻火。治疗发热、急性黄疸、胃痛等。渐危种。

广州蛇根草 *Ophiorrhiza cantoniensis* Hance

日本蛇根草 *Ophiorrhiza japonica* Bl.

    草本植物，可作低层绿化，湿地绿化。

鸡爪簕 *Oxyceros sinensis*（Merr.）Yamazaki

    灌木或小乔木，常栽植物，可作绿篱。

鸡屎藤 *Paederia scandens*（Lour.）Merr.

    藤本，可用作层间绿化。茎皮为造纸和人造棉原料；药用，消食、祛风湿、化痰止咳；茎和叶治支气管炎、肺结核咳嗽，根治肝炎、痢疾、风湿骨痛、毒蛇咬伤，又可治疗冻疮。

毛鸡屎藤 *Paederia scandens* var. *tomentosa*（Bl.）Hand.-Mazz.

香港大沙叶 *Pavetta hongkongensis* Brem.

  小乔木，花序大，花多，观赏价值高。根叶药用，清热解毒，活血去淤。

九节 *Psychotria rubra*（Lour.）Poir.

  灌木，观赏灌木。根叶药用，清热解毒，祛风除湿。

蔓九节 *Psychotria serpens* L.

  攀缘藤本，可作层间绿化。药用，舒筋活络，祛风止痛。

假九节 *Psychotria tutcherii* Dunn

乌口树 *Tarenna attenuata*（Voigt）Hutch.

  灌木或乔木。全株供药用，能祛风消肿、散瘀止痛；治跌打扭伤、风湿痛、蜂窝组织炎、脓肿、胃肠绞痛等。

白花苦灯笼 *Tarenna mollissima*（Hook. et Arn.）Rob.

  灌木或小乔木。根和叶入药，有清热解毒、消肿止痛功效；治肺结核咯血、感冒发热、咳嗽、热性胃痛、急性扁桃体炎等。

钩藤 *Uncaria rhynchophylla*（Miq.）Miq. ex Havil.

  藤本。中药，功能清血平肝，息风定惊，用于风热头痛、感冒夹凉、惊痛抽搐等，所含钩藤碱有降血压作用。

水锦树 *Wendlandia uvariifolia* Hance

  灌木或乔木。叶和根可药用，有活血散瘀功效。

233 Caprifoliaceae 忍冬科

华南忍冬 *Lonicera confusa*（Sweet）DC.

  藤本，可作层间绿化，观花植物，适合棚架观赏。花药用，能清热、消炎。

忍冬 *Lonicera japonica* Thunb.

  半常绿藤本。有清热解毒、消炎退肿，对细菌性痢疾和各种化脓性疾病都有效。

长花忍冬 *Lonicera longiflora*（Lindl.）DC.

  藤本。

皱叶忍冬 *Lonicera rhytidophylla* Hand.-Mazz.

  常绿藤本。花供药用。

接骨草 *Sambucus chinensis* Lindl.

  高大草本或半灌木。可治跌打损伤，有祛风湿、通经活血、解毒消炎功效。

南方荚蒾 *Viburnum fordiae* Hance

  灌木或小乔木。

珊瑚树 *Viburnum odoratissimum* Ker-Gawl.

  乔木，可作背景林，园林绿化，吸收二氧化碳量较多的树种；速生树种；抗污染及抗尘能力较强的树种；寺庙绿化常见植物。木材供细工用；枝及嫩叶入药，消肿止痛，治刀伤出血、毒蛇咬伤。

常绿荚蒾 *Viburnum sempervirens* K. Koch

  灌木，观赏灌木。叶入药，治跌打外伤。

238 Compositae 菊科

下田菊 *Adenostemma lavenia*（L.）Ktze.

  一年生草本，可作低层绿化。全草药用，治感冒、脚气病，外敷治痈肿疮疖，并治五步蛇咬伤。

**藿香蓟（胜红蓟） *Ageratum conyzoides* L.

　　一年生草本，可作低层绿化。全草药用，清热解毒，消炎止血。

**熊耳草 *Ageratum houstonianum* Mill.

　　草本，可作栽培园艺种。全草药用，有清热解毒之效。

杏叶兔耳风 *Ainsliaea fragrans* Champ.

　　草本；有清热、解毒、利尿、散结等功效，治疗肺病吐血、跌打损伤等。

山黄菊 *Anisopappus chinensis* Hook. et Arn.

　　有小毒，祛头风，降逆止吐，治头晕、目眩、喘咳、胸满肋痛、水肿等症。

野艾蒿 *Artemisia lavandulaefolia* DC.

　　草本，有散寒、祛湿、温经、止血作用。

三脉紫菀 *Aster ageratoides* Turcz.

　　草本，治疗风热感冒。

白舌紫菀 *Aster baccharoides*（Benth.）Steetz.

　　木质草本或亚灌木，可作低层绿化。

鬼针草 *Bidens bipinnata* L.

　　一年生草本，可作低层绿化。全草入药，能清热、止泻、解毒，特别对习惯性腹泻、高热等症有良效。

金盏银盘 *Bidens biternata*（Lour.）Merr.et Sherff.

　　一年生草本，可作低层绿化。

**三叶鬼针草 *Bidens pilosa* L.

　　一年生草本，可作低层绿化。药用，防治感冒、治疗咽喉肿痛、小儿发热、毒虫蛇咬伤、肠炎腹泻、阑尾炎，外用跌打扭伤。

艾纳香 *Blumea balsamifera*（L.）DC.

　　叶含龙脑，称艾片，用作调制香精，也可用作杀菌、防腐、兴奋剂，祛风消肿、调经活血，治疗经期腹痛、皮肤瘙痒。

聚花艾纳香 *Blumea fistulosa* Kurz

　　草本。

东风草 *Blumea megacephala*（Rand.）Chang et Tseng

　　攀缘状草质藤本。

柔毛艾纳香 *Blumea mollis*（Don）Merr.

* 茼蒿 *Chrysanthemum segetum* L.

　　观赏栽培。

**香丝草 *Conyza bonariensis*（L.）Cronq.

　　草本，可作低层绿化。

**加拿大蓬 *Conyza canadensis*（L.）Cronq.

　　一年生草本，可作低层绿化。药用，祛风湿，杀虫，消肿止痛，治疗风湿病、尿血、肝炎、肠炎等症。

白酒草 *Conyza japonica*（Thunb.）Less.

　　草本。根药用，治疗小儿肺炎、肋膜炎、喉炎、角膜炎等。

**苏门白酒草 *Conyza sumatrensis*（Retz.）Walker

*菊花 *Dendranthema morifolium*（Ram.）Tzvel.

　　观赏植物，某些品种供药用，如白菊为清凉性镇静药；又为眼科药，对结膜炎有效果。

鱼眼草 *Dichrocephala integrifolia*（Linn. f.）Kuntze

　　草本；消炎止泻、治疗小儿消化不良。

东风菜 *Doellingeria scaber* Thunb.

　　用于治疗蛇毒；主治风毒壅热、头痛目眩、肝热眼赤。

鳢肠 *Eclipta prostrata* L.

　　一年生草本，可作低层绿化。全草入药，有凉血、止血、消肿、强壮之功效，治疗慢性肝炎、肺结核等。

地胆草 *Elephantopus scaber* L.

　　草本，可作低层绿化。药用，清热解毒、利水消肿，治感冒、胃肠炎、咽喉炎等。

白花地胆草 *Elephantopus tomentosus* L.

一点红 *Emilia sonchifolia*（L.）DC.

　　草本，可作低层绿化。茎叶可治疮毒、损伤、痢病。

鹅不食草 *Epaltes australis* Less.

　　一年生草本，可作低层绿化。药用，治疗感冒、鼻炎、跌打骨折、肝炎等。

**加勒比飞蓬 *Erigeron karvinskianus* DC.

***假臭草 *Praxelis clematidea*（Grisebach）King et Robinson.

　　草本。产于南美，现香港、广东各地均普遍分布，而成为恶性杂草。深圳各地相当常见，尤其在果园为盛。

***飞机草 *Chromolaeua odorata*（L.）King et Robinson.

　　可覆盖和绿肥植物，花叶均有浓郁香气。全草入药，有毒，杀虫止血，治疗跌打及一些皮肤病、无名肿毒及杀灭螺旋体等。

大吴风草 *Farfugium japonicum*（Linn. f.）Kitam.

　　草本。主治咳嗽、咯血、便血、月经不调、跌打损伤、乳腺炎。

鼠麹草 *Gnaphalium affine* D. Don

　　二年生草本，可作低层绿化，草坪绿化。药用，镇咳祛痰。全株可提取芳香油。

匙叶鼠麹草 *Gnaphalium pensylvanicum* Willd.

荔枝草 *Grangea maderaspatana*（L.）Poir.

　　草本。用于跌打损伤、流感、咽喉肿痛、小儿惊风、吐血、乳痛、淋巴腺炎、哮喘等。

革命菜 *Gynura crepidioides* Benth.

　　草本，可作低层绿化，为肉质或多汁植物。茎、叶柔嫩，可作蔬食，也可作绿肥及入药，能行气消肿、健脾利湿，治乳腺癌、急性关节炎等。

白子菜 *Gynura divaricata*（L.）DC.

*三七草 *Gynura japonica*（Linn. f.）Juel

*向日葵 *Helianthus annuus* L.

　　草本。种子含油高，可食用，也是工业原料。

*菊芋 *Helianthus tuberosus* L.

　　草本。块茎含丰富的淀粉。

泥胡菜 *Hemistepta lyrata*（Bge.）Bunge

 二年生草本；肉质或多汁植物。

山苦荬 *Ixeris chinensis*（Thb.）Nakai

 全草入药，具有清热解毒、祛腐化脓、止血生肌功效；可治肿毒、子宫出血等。

匍匐苦荬菜 *Ixeris repens*（L.）A. Gray

马兰 *Kalimeris indica*（L.）Sch.-Bip.

 多年生草本，可作低层绿化。全草入药，能消食积、除湿热、利小便、退热止咳、解毒，治外感风热、肝炎、消化不良、中耳炎等。

* 莴苣 *Lactuca sativa* L.

 草本。可作食用。

* 生菜 *Lactuca sativa* var. *ramosa* Hort.

 作为蔬菜食用。

蔓茎栓果菊 *Launaea sarmentosa*（Willd.）Sch.-Bip.

*** 薇甘菊 *Mikania micrantha* H.B.K.

 草质藤本。原产中、南美洲，现广泛分布于世界的热带地区，成为一种恶性杂草。

山莴苣 *Pterocypsela indica*（L.）Shih

 全草、根药用。清热解毒、活血祛淤。治阑尾炎、扁桃体炎、子宫颈炎、产后淤血作痛、崩漏、痔疮下血、疮疖、肿毒等。

多裂翅果菊 *Pterocypsela laciniata*（Houtt.）Shih

千里光 *Senecio scandens* Buch.-Ham. ex D. Don

 多年生草本，可作层间绿化，观叶植物，观花植物。根药用，治疮肿。

豨莶 *Siegesbeckia orientalis* L.

 一年生草本，可作低层绿化，花卉。全草有祛风除湿，安神降压、解毒镇痛作用，治腰腿痛，风湿麻痹痛、外感伤风、热泻、蛇虫咬伤等。

一枝黄花 *Solidago decurrens* Lour.

 多年生草本，可作低层绿化，也可入药。

苣荬菜 *Sonchus arvensis* L.

** 苦苣菜 *Sonchus oleraceus* L.

金扭扣 *Spilanthes paniculata* Wall. ex DC.

 一年生草本，可作低层绿化。全草药用，具有小毒，有解毒、消炎、祛风、除湿、止痛的功效。

** 金腰箭 *Synedrella nodiflora*（L.）Gaertn.

 一年生草本，可作低层绿化；全草药用，清热解毒，凉血消肿。

* 万寿菊 *Tagetes erecta* L.

夜香牛 *Vernonia cinerea*（L.）Less.

 草本，可作低层绿化。全草入药，有疏风散热、拔毒消肿、安神镇静、消积化滞的功效，治感冒发热、神经衰弱、失眠、痢疾、跌打扭伤、蛇伤、乳腺炎、疮疖肿毒等症。

毒根斑鸠菊 *Vernonia cumingiana* Benth.

 攀缘灌木或藤本。治疗风湿痛、腰肌劳损、四肢麻痹、感冒发热、疟疾、牙痛、结膜炎等。

咸虾花 *Vernonia patula*（Dry.）Merr.

　　一年生草本，可作低层绿化。全草药用，发表散寒、清热止泻，治急性肠胃炎、风热感冒、头痛、疟疾等症。

茄叶斑鸠菊 *Vernonia solanifolia* Benth.

　　直立灌木或小乔木。治疗腹痛、肠炎等。

蟛蜞菊 *Wedelia chinensis*（Osb.）Merr.

　　全草入药，有清热解毒、凉血止血之功效，治疗肺结核咯血、风热感冒、急性扁桃体炎、咽喉炎等。

卤地菊 *Wedelia prostrata*（Hook. et Arn.）Hemsl.

***美洲蟛蜞菊 *Wedelia trilobata*（L.）Hitchl.

双头菊（孪花蟛蜞菊）*Wollastonia biflora*（L.）DC.

　　攀缘状草本。

苍耳 *Xanthium sibiricum* Patr. ex Widd.

　　一年生草本，可作低层绿化。茎叶捣烂，可涂疥癣、湿疹；果药用，可发汗、利尿。

黄鹌菜 *Youngia japonica*（L.）DC.

　　一年生草本，可作低层绿化、草坪绿化。

239 Gentianaceae 龙胆科

香港双蝴蝶 *Tripterospermum nienkui*（Marq.）C. J. Wu

　　缠绕草本。

241 Plumbaginaceae 白花丹科

中华补血草 *Limonium sinense*（Gir.）Ktze.

　　草本。药用，有收敛、止血、利水作用。

白花丹 *Plumbago zeylanica* L.

　　根叶药用，舒筋活血、明目、消肿祛风。

242 Plantaginaceae 车前科

大车前 Plantago *major* L.

　　多年生草本，可作低层绿化、草坪绿化。全草和种子药用，有清热利尿作用。

243 Campanulaceae 桔梗科

土党参 *Codonopsis javanica*（Bl.）Hook. f.

　　具有补脾、生津、催乳、祛痰、止咳、止血等功效。

244 Lobeliaceaae 半边莲科

半边莲 *Lobelia chinensis* Lour.

　　多年生草本，可作低层绿化、花卉、草坪绿化。药用，治毒蛇咬伤、炎肿麻木等症。

疏毛半边莲 *Lobelia zeylanica* L.

铜锤玉带草 *Pratia nummularia*（Lam.）Br. et Asch.

　　匍匐草本，可作低层绿化；观赏植物，植株、花、果均小巧玲珑；为草坪绿化；肉质或多汁植物。全草入药，治乳痈、小儿痰鸣等症。

246 Stylidiaceae 花柱草科

花柱草 *Stylidium uliginosum* Sw.

249 Boraginaceae 紫草科

柔弱斑种草 *Bothriospermum zeylanicum*（J. Jacq.）Druce

*基及树（福建茶）*Carmona microphylla*（Lam.）D. Don

    灌木。适于作盆景。

长花厚壳树 *Ehretia longiflora* Champ.

    乔木。嫩叶可作茶用。

厚壳树 *Ehretia thyrsiflora*（Sieb.et Zucc.）Nakai

    乔木，可作行道树，树干挺直和背景林，是抗污染及抗尘能力较强的树种。

250 Solanaceae 茄科

**辣椒 *Capsicum annuum* L.

    草本。为重要蔬菜和调味品。

*曼陀罗 *Datura stramonium* L.

红丝线 *Lycianthes biflora*（Lour）. Bitt.

    灌木。

枸杞 *Lycium chinense* Mill.

    灌木，观赏灌木。作蔬菜。果（杞子）能滋补、明目；根皮（地骨皮）能清热、凉血。

*番茄 *Lycopersicon esculentum* Mill.

    可作水果或蔬菜。

*烟草 *Nicotiana tabacum* L.

    药用，作麻醉、发汗、镇静和催吐剂。

灯笼草 *Physalis angulata* L.

    草本。全草药用，有清热、利尿功效。

少花龙葵 *Solanum americanum* Miller

    草本，可食用，有清凉散热兼治喉痛。

牛茄子（颠茄）*Solanum capsicoides* Allioni

    草本或灌木，可观赏。

假烟叶树 *Solanum erianthum* D. Don

    乔木；有消炎解毒、祛风散热功效。

白英 *Solanum lyratum* Thunb.

    草质藤本，可作层间绿化。药用，能清热解毒、祛风湿。

*茄 Solanum *melongena* L.

    可作蔬菜。根、茎、叶入药，可利尿，叶可作麻醉剂。

龙葵 *Solanum nigrum* L.

    草本。药用，可散瘀消肿，清热解毒。

水茄 *Solanum torvum* Swartz.

* 马铃薯 *Solanum tuberosum* L.

　　富含淀粉，可食用。

251 Convolvulaceae 旋花科

头花白鹤藤 *Argyreia itiformis*（Poir.）Ooststr.

白鹤藤 *Argyreia acuta* Lour.

　　攀缘灌木，可作层间绿化。全藤药用，有化痰止咳、润肺、止血、拔毒之功，治疗急慢性支气管炎、肺痨、肝硬化、肾炎水肿、疮疖、乳痈、皮肤湿疹、脚癣感染、水火烫伤、血崩、外伤止血以及治猪瘟等。

* 月光花 *Calonyction aculeatum*（L.）House

　　缠绕草本，栽培观赏，也可作蔬菜。

南方菟丝子 *Cuscuta australis* R. Br.

　　寄生草本。种子药用，有补肝肾、益精壮阳、止泻功能。

田野菟丝子 *Cuscuta campestris* Yunker

　　生物防治薇甘菊。

丁公藤 *Erycibe obtusifolia* Benth.

　　木质藤本，可作层间绿化，可作棚架垂直绿化，以供观赏。茎和小枝入药（酒浸制），可治风湿病。有毒，为强发汗药，消肿止痛，治风湿痹痛、半身不遂、青光眼等。

土丁桂 *Evolvulus alsinoides*（L.）L.

　　草本，药用有散瘀止痛、清湿热功效，治疗小儿结肠炎、消化不良、白带、支气管哮喘。

猪菜藤 *Hewittia malabarica*（L.）Suresh

　　缠绕草本。

* 蕹菜 *Ipomoea aquatica* Forsk.

　　草本，蔬菜，可药用，解饮食中毒。

* 番薯 *Ipomoea batatas*（L.）Lam.

　　草本，粮食作物，块根淀粉丰富。

*** 五爪金龙 *Ipomoea cairica*（L.）Sweet.

　　多年生缠绕草本，可作层间绿化、观花植物。块根供药用，外敷热毒疮，有清热解毒的功效。

盘苞牵牛 *Ipomoea pileata* Roxb.

毛牵牛（心萼薯）*Ipomoea sinensis*（Desr.）Choisy

** 三裂叶薯 *Ipomoea triloba* L.

　　草本，杂草。

小牵牛 *Jacquemontia paniculata*（Burm. f.）Hall. f.

鱼黄草 *Merremia hederacea*（Burm.）Hall. f.

　　草质藤本，外用治疗疥疮。

毛山猪菜 *Merremia hirta*（L.）Merr.

山猪菜 *Merremia umbellata* subsp. *orientalis*（Hall. f.）Oostr.

　　缠绕草本，根入药，治疮毒。

盒果藤 *Operculina turpethum*（L.）Manso

　　缠绕草本，根皮做泻药。

**牵牛 *Pharbitis nil*（L.）Choisy

缠绕草本。除观赏外，种子为中药，有泻水、利尿、逐痰、杀虫功效。

**圆叶牵牛 *Jacquemontia purpurea*（Linn.）Lam.

252 Scrophulariaceae 玄参科

毛麝香 *Adenosma glutinosum*（L.）Druce

草本，可作低层绿化，花卉。全草药用，有祛风止痛、消肿散瘀等功效，治疗感冒、咳嗽、头痛发热等症。

紫苏草 *Limnophila aromatica*（Lam.）Merr.

全草入药，有清凉止咳、解毒消肿的功效，治疗感冒咳嗽、百日咳、无名肿毒、蛇伤、癣等。

长蒴母草 *Lindernia anagallis*（Burm.f.）Pennell

草本。可药用。

泥花草 *Lindernia antipoda*（L.）Alst.

草本。全草药用。

母草 *Lindernia crustacea*（L.）Muell.

一年生草本，可作低层绿化和草坪绿化。全草药用，有清热、解毒、利湿和止痢等功效。

陌上菜 *Lindernia procumbens*（Krock.）Philcox

细茎母草 *Lindernia pusilla*（Willd.）Boldingh

旱田草 *Lindernia ruellioides*（Colsm.）Pennell

一年生草本，可作低层绿化和草坪绿化。全草药用，治红痢、蛇咬伤和疮疖等。

通泉草 *Mazus japonicus*（Thb.）Ktze.

一年生草本，可作低层绿化。药用，清热解毒，治疗无名肿毒等。

**野甘草 *Scoparia dulcis* L.

草本，可作低层绿化，草坪绿化。全草入药，治感冒、肠炎、小便不利、热痱、皮肤湿疹等症。

黄花蝴蝶草 *Torenia flava* Buch.-Ham. ex Benth.

**蓝猪耳 *Torenia fournieri* Linden ex Fourn.

草本，栽培。

光叶蝴蝶草 *Torenia glabra* Osbeck.

**婆婆纳 *Veronica didyma* Tenore

草本，可食用。

**阿拉伯婆婆纳 *Veronica persica* Poir.

253 Orobanchaceae 列当科

野菰 *Aeginetia indica* L.

寄生草本，根和花入药，清热解毒、消肿，治疗骨髓炎和喉痛。

254 Lentibulariaceae 狸藻科

挖耳草 *Utricularia bifida* L.

少花狸藻 *Utricularia exoleta* R. Br.

半固着水生草本。

256 Gesneriaceae 苦苣苔科

芒毛苣苔 *Aeschynanthus acuminatus* Wall. ex A. DC.

    药用，治疗风湿骨痛等。

佳氏苣苔（紫花短筒苣苔）*Boeica guileana* B. L. Burtt

唇柱苣苔 *Chirita sinensis* Lindl.

狭叶唇柱苣苔 *Chirita sinensis* Lindl. var. *angustifolia* Dunn

长蒴苣苔 *Chirita sinensis* Lindl.

吊石苣苔 *Lysionotus pauciflorus* Maxim.

石上莲（马铃苣苔）*Oreocharis benthamii* var. *reticulata* Dunn

    药用，治疗刀伤出血。

冠萼线柱苣苔 *Rhynchotechum formosanum* Hatusima

259 Acanthaceae 爵床科

板蓝（马蓝）*Baphicacanthus cusia*（Nees）Bremek.

    草本，有清热解毒、凉血消肿功效，可预防流脑、流感，治中暑、腮腺炎、蛇毒等。

黄猄草 *Championella tetrasperma*（Champ. ex Benth.）Bremek.

钟花草 *Codonacanthus pauciflorus*（Nees）Nees

狗肝菜 *Dicliptera chinensis*（L.）Juss.

    草本，可作低层绿化。药用，清热凉血，生津利尿。

小驳骨 *Gendarussa vulgaris* Nees

    药用全草，外用为跌打药，舒筋活络，治疗风湿性关节炎。

圆苞金足草（球花马蓝）*Goldfussia pentstemonoides* Nees

水蓑衣 *Hygrophila salicifolia*（Vahl）Nees

    草本，可作低层绿化。药用，清凉凉血，生津利尿，治感冒发热、痢疾等症。

鳞花草 *Lepidagathis incurva* Buch.-Ham. ex D. Don

    多年生草本，可作低层绿化。

曲枝假蓝 *Pteroptychia dalziellii*（W. W. Sm.）H. S. Lo

    草本或灌木。

爵床 *Rostellularia procumbens*（L.）Nees

    草本，入药，治疗腰背痛、创伤等。

孩儿草 *Rungia pectinata*（L.）Nees

    草本，有去积、除滞、清火功效。

叉柱花 *Staurogyne concinnula*（Hance）O. Kuntze

山牵牛（大花老鸦嘴）*Thunbergia grandiflora*（Rottl. ex Willd.）Roxb.

    攀缘灌木，用于栽培观赏。

263 Verbenaceae 马鞭草科

短柄紫珠 *Callicarpa brevipes*（Benth.）Hance

华紫珠 *Callicarpa cathayana* Chang

灌木，观赏灌木。根入药，治目红、发热、口渴、痢疾、止痒、跌打等；叶止血散瘀，祛风逐湿。

白棠子树 *Callicarpa dichotoma* (Lour.) Koch

小灌木，药用，治感冒、跌打损伤、气血瘀滞、妇女闭经、外伤肿痛。

杜虹花 *Callicarpa formosana* Rolfe

灌木，药用，有散瘀消肿、止血镇痛功效，治疗咯血、吐血、出血等。

枇杷叶紫珠 *Callicarpa kochiana* Makino

灌木，观赏灌木。珍贵园林植物；叶可作外伤止血药，又可提取芳香油。

广东紫珠 *Callicarpa kwangtungensis* Chun

大叶紫珠 *Callicarpa macrophylla* Vahl

裸花紫珠 *Callicarpa nudiflora* Hook. et Arn.

灌木或小乔木，叶药用，有止血止痛、散瘀消肿功效。治疗外伤出血、跌打肿痛、风湿肿痛、肺结核、胃肠出血等。

兰香草 *Caryopteris incana* (Thunb. ex Houtt.) Miq.

小灌木，全草药用，可疏风解表、祛痰止咳、散瘀止痛，也可治疗蛇毒、疮肿、湿疹。

灰毛大青 *Clerodendrum canescens* Wall. ex Schauer

大青 *Clerodendrum cyrtophyllum* Turcz.

根叶入药，有凉血、清热、解毒、利尿之功效，主治咽喉炎、偏头痛、虫咬等症。

白花灯笼（鬼灯笼）*Clerodendrum fortunatum* L.

灌木，观赏灌木。全株均可药用，味微苦，性凉。根入药有清热降火、消肿散瘀、消炎拔毒之效，内服主治感冒发烧、支气管炎、咽喉炎、口腔炎、胃痛、跌打扭伤、风湿骨痛、疮疖脓肿；外用多以鲜叶捣烂或干根研粉调敷患处。

假茉莉（苦郎树）*Clerodendrum inerme* (L.) Gaertn.

灌木，观赏灌木。根主治风湿性关节炎、神经痛、疟疾等症；叶治皮肤湿疹、疥疮、跌打瘀肿、外伤出血。

赪桐 *Clerodendrum japonicum* (Thb.) Sweet

灌木，观赏灌木。根与花祛风湿。

* 金叶假连翘 *Duranta erecta* cv. Golden Leaves

用于庭院观赏。

*** 马缨丹 *Lantana camara* L.

灌木，观赏灌木，速生树种，绿篱植物。根可治久热不退、风湿骨痛、腮腺炎、肺结核；茎叶煎水洗治疥癞、皮炎。

* 蔓马缨丹 *Lantana montevidensis* Briq.

豆腐柴 *Premna microphylla* Turcz.

灌木，观赏灌木。叶可制豆腐，根、茎、叶入药，清热解毒，消肿止血，主治毒蛇咬伤、无名肿痛、创伤出血。

* 柚木 *Tectona grandis* Linn.f.

乔木，著名木材，质坚硬，光泽美丽，纹理通直，耐朽力强，芳香，易施工，适于造船、建筑、雕刻及家具；木屑浸水可治疗皮肤病，花和种子利尿。

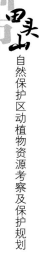
马鞭草 *Verbena officinalis* L.

> 多年生草本，花卉，用于草坪绿化。全草入药，有清热解毒、活血散淤、利尿消肿功效，并能催促分娩后胎盘的剥离，清除产后排泄物之不尽和月经困难；根可治赤、白下痢，疟疾。

黄荆 *Vitex negundo* L.

> 灌木，观赏灌木。茎叶治久痢；种子为清凉性镇静、镇痛药；根可以驱蛲虫；花和枝叶可提取芳香油。

牡荆 *Vitex negundo* var. *cannabifolia*（Sieb. et Zucc.）Hand.-Mazz.

山牡荆 *Vitex quinata*（Lour.）Will.

> 乔木，可作背景林、行道树。木材为建筑和桥梁之用。

264 Labiatae 唇形科

金疮小草（筋骨草）*Ajuga decumbens* Thunb.

广防风 *Anisomeles indica*（L.）Kuntze

> 草本，可作低层绿化。全草药用，味苦、辛，性微温，气香，功能行气解表、祛风、消滞和止痛，治风湿、感冒、急性肠炎和虫、蛇咬伤。

* 五彩苏 *Coleus scutellarioides*（L.）Benth.

> 草本，观赏用。

中华锥花 *Gomphostemma chinense* Oliv.

** 吊球草 *Hyptis rhomboidea* Mart. et Gal.

** 山香 *Hyptis suaveolens* Poir.

> 草本，入药，治疗乳腺炎、感冒发烧、头痛、胃肠胀气、风湿骨痛等。

益母草 *Leonurus artemisis*（Lour.）Hu

> 草本，可作低层绿化。全草为常用中药，有效成分为益母草素，本种味辛、苦、微寒，功能去淤生新、活血调经，内服能降压，可治疗动脉硬化性与神经性高血压，又为子宫产后收缩药，对长期子宫出血而引起衰弱者有效。种子名茺蔚子，功能活血、调经、明目、利水。

皱面草 *Leucas zeylanica*（L.）R. Br.

> 入药，治疗感冒、咳嗽、牙痛、肠胃不适等。

* 薄荷 *Mentha haplocalyx* Briq.

> 草本，入药，治疗感冒发热、喉痛、头痛、皮肤搔痒等。

凉粉草 *Mesona chinensis* Benth.

石荠苧 *Mosla scabra*（Thunb.）Wu et Li

> 入药，治疗感冒、中暑发烧、皮肤瘙痒。

* 紫苏 *Perilla frutescens*（L.）Britt.

> 本植物可供药用和香料用。入药部分以茎、叶及子实为主，叶为发汗、镇咳、芳香性健胃剂、利尿剂，并有镇痛、镇静、解毒作用，可治感冒，对因鱼蟹中毒引起的腹痛、呕吐者有特效。茎有平气安胎之功效；子能镇咳、祛痰、平喘；叶又供食用；种子榨出的油名为紫苏油，供食用，又有防腐作用，供工业用。

野生紫苏 *Perilla frutescens* var. *purpurascens*（Hayata）H. W. Li

> 可药用或食用。

香茶菜 *Rabdosia amethystoides*（Benth.）Hara

> 草本，根入药，治疗瘰病、筋骨酸痛、疮毒等。

雪见草 *Salvia plebeia* R. Br.

入药，用于跌打损伤、咽喉肿痛、吐血、哮喘、尿道炎、高血压等

*一串红 *Salvia splendens* Ker-Gawl.

灌木状草本，可作观赏。

韩信草 *Scutellaria indica* L.

多年生草本，可作低层绿化，草坪绿化。全草入药，据《岭南采药录》记载：味辛，性平，能祛风、壮筋骨、散淤消肿，治跌打损伤、蛇伤。

偏花黄芩 *Scutellaria tayloriana* Dunn

草本，根入药，治疗热咳、吐血等。

血见愁 *Teucrium viscidum* Bl.

多年生草本，可作低层绿化。全草入药，治跌打损伤和风湿性关节炎，止血。

280　Commelinaceae 鸭跖草科

穿鞘花 *Amischotolype hispida*（Less. et A. Rich.）Hong

草本，可作马草料。

饭包草 *Commelina bengalensis* L.

草本，有清热解毒，消肿利尿功效。

竹节草 *Commelina diffusa* Burm.f.

草本，可作湿地绿化，观叶植物，草坪绿化。肉质或多汁植物。茎、根入药，具有消热、散毒、利尿的功效。

大苞鸭跖草 *Commelina paludosa* Bl.

聚花草 *Floscopa scandens* Lour.

有清热解毒、利尿消肿功效，治疗疮毒、淋巴肿大、急性肾炎等。

大苞水竹叶 *Murdannia bracteata*（Clarke）J. K. Morton ex Hong

草本，可作湿地绿化，观叶植物，草坪绿化。肉质或多汁植物。

裸花水竹叶 *Murdannia nudiflora*（L.）Bren.

草本，外敷治红肿。

*紫鸭跖草 *Setcreasea purpurea* B. K. Boom

*紫背万年青（蚌花）*Tradescantia spathacea* Sw.

*吊竹梅 *Tradescantia zebrina* Hort. ex Bosse

285　Eriocaulaceae 谷精草科

谷精草 *Eriocaulon buergerianum* Koern.

草本，可入药。

白药谷精草 *Eriocaulon cinereum* R. Br.

华南谷精草 *Eriocaulon sexangulare* L.

287　Musaceae 芭蕉科

*香蕉 *Musa acuminata* cv. Dwarf Cavendish

可食用。

野蕉 *Musa balbisiana* Colla

　　多年生草本，可作背景林，园林绿化，是吸收二氧化碳较多的树种，速生树种。叶鞘纤维可作麻类

　　代用品，假茎科作猪饲料。

* 芭蕉 *Musa basjoo* Sieb. et Zucc.

　　多年生草本，可作背景林，园林绿化，是吸收二氧化碳较多的树种；速生树种。

290　Zingiberaceae 姜科

草豆蔻 *Alpinia hainanensis* K. Schum.

　　多年生草本，可作观叶植物，观花植物。种子供药用，有燥湿祛寒、健脾暖胃的功效。

华山姜 *Alpinia oblongifolia* Hayata

　　多年生草本，可作观叶植物，观花植物。根状茎能温中暖胃，散寒止痛。

高良姜 *Alpinia officinarum* Hance

　　根茎供药用，能温中散寒、止痛消食。

艳山姜 *Alpinia zerumbet*（Pers.）Burtt. et R. M. Simth

* 益智 *Alpinia oxyphylla* Miq.

　　果实供药用。益脾胃，可治脾胃（或肾）虚寒腹痛、呕吐等。

密苞山姜 *Alpinia stachyoides* Hance

艳山姜 *Alpinia zerumbet*（Pers.）Burtt et Smith

　　花极美丽，供观赏.根茎和果实健脾暖胃、去湿散寒，可治疗消化不良、呕吐腹泻；种子亦供药用，

内服治水肿，外洗治疮疖。

　　襄荷 *Zingiber mioga*（Thb.）Rosc.

　　温中理气，祛风止痛，消肿、活血、散瘀，治疗腹痛、跌打损伤等。

* 姜 *Zingiber officinale* Rosc.

　　既可药用，也可用于工业。

阳荷 *Zingiber striolatum* Diels

　　可提取芳香油。

291　Cannaceae 美人蕉科

* 美人蕉 *Canna indica* L.

　　多年生草本，可作庭园绿化，观叶、观花植物。根茎有清热利湿、舒筋活络的功效；茎叶可制人造

　　棉；叶提取芳香油，残渣可作造纸原料。

292　Marantaceae 竹芋科

柊叶 *Phrynium rheedei* Suresh et Nicols.

　　药用，治肝肿大、痢疾。

293　Liliaceae 百合科

* 芦荟 *Aloe vera*（L.）N. L. Burman

　　药用，通便杀虫，凉血散瘀，拔毒止痛。榨汁为护肤品原料。

天门冬 *Asparagus cochinchinensis*（Lour.）Merr.

　　攀缘植物，可作低层绿化，花卉。块根供药用，有滋阴润燥、消火止咳的功效。

蜘蛛抱蛋 *Aspidistra elatior* Bl.

　　多年生常绿草本，可作低层绿化，花卉，观叶植物。

* 吊兰 *Chlorophytum comosum*（Thunb.）Baker

　　供观赏。

山菅兰 *Dianella ensifolia*（L.）DC.

　　草本；低层绿化；观叶及观果植物；药用解毒利湿。

万寿竹 *Disporum cantoniense*（Lour.）Merr.

麦门冬 *Liriope spicata*（Thb.）Lour.

　　多年生常绿草本；喜荫，可作园林地被植物。

沿阶草 *Ophiopogon japonicus*（L.f.）Ker-Gawl.

　　可入药。

广东沿阶草 *Ophiopogon reversus* Huang

大盖球子草 *Peliosanthes macrostegia* Hance

　　根状茎、根药用。祛痰止咳，舒肝止痛。治咳嗽痰稠、胸痛、跌打胸肋痛、小儿疳积。

日本藜芦 *Veratrum japonicum*（Baker）Loes. f.

295　Trilliaceae 延龄草科

七叶一枝花（华重楼）*Paris polyphylla* var. *chinensis*（Franch.）Hara

296　Pontederiaceae 雨久花科

*** 凤眼蓝 *Eichornia crassipes* Solms

　　全草药用。清热解毒、利尿消肿。治中暑烦渴、肾炎水肿、小便不利。

297　Smilacaceae 菝葜科

合丝肖菝葜 *Heterosmilax gaudichaudiana*（Kunth）Maxim.

菝葜 *Smilax china* L.

　　攀缘灌木，可作层间绿化，旱生植物，先锋绿化。根茎可入药，治疗糖尿病、筋骨痛、腹泻等症；
　　还可制糕点及提炼栲胶。

粉叶菝葜 *Smilax corbularia* Kunth

土茯苓 *Smilax glabra* Roxb.

　　攀缘灌木，可作先锋绿化，旱生植物。根状茎入药，利湿热解毒，健脾胃，且富含淀粉，可制糕点
　　或酿酒用。

粉背菝葜 *Smilax hypoglauca* Benth.

暗色菝葜 *Smilax lanceifolia* var. *opaca* A. DC.

　　攀缘灌木，可作先锋绿化，旱生植物。根状茎入药。

302　Araceae 天南星科

金钱蒲 *Acorus gramineus* Soland.

石菖蒲 *Acorus tatarinowii* Schott

　　根茎供药用，内服为芳香健胃剂，有镇痛、祛风、杀虫之功效；可治疗痰厥昏迷及风寒湿痹。根磨粉后涂擦外用，治疗牙龈出血，熬汤沐浴可治皮肤病和腰冷，熏洗痔疮也有效果。

海芋 *Alocasia macrorrhiza*（L.）Schott

　　草本，可作观叶植物，低层绿化，肉质或多汁植物。茎富含淀粉，但有剧毒。药用有清热解毒、消肿止痛之功效；根茎可治腹痛、霍乱、疝气、流行性感冒、高烧、中暑、肺结核、疔疮肿、虫蛇咬伤等。

南蛇棒 *Amorphophallus dunnii* Tutch.

心檐南星 *Arisaema cordatum* N. E. Br.

* 花叶芋 *Caladium bicolor*（Aiton）Vent.

　　供观赏，入药治疗骨折。

野芋 *Colocasia antiquorum* Schott

　　草本；药用，治疗肿毒、虫蛇咬伤、急性颈淋巴腺炎。

芋 *Colocasia esculenta* Schott

　　蔬菜，入药，治疗口疮、淋巴结核、外伤出血等。

* 花叶万年青 *Dieffenbachia sequine*（Jacq.）Schott

　　栽培供观赏。

* 麒麟尾 *Epipremnum pinnatum*（L.）Engl.

　　药用，能消肿止痛、治疗跌打损伤、风湿性关节炎、疮毒。

* 龟背竹 *Monstera deliciosa* Liebm.

　　攀缘灌木，供观赏，果可食用。

石柑子 *Pothos chinensis*（Raf.）Merr.

　　藤本，可作层间绿化，观叶植物，肉质或多汁植物。全株药用，味淡，性平，有小毒；祛风解暑，消食止咳、止痛；治寒湿麻痹、咳嗽、气痛、小儿疳积，并可治疗劳损性腰腿痛。

蜈蚣藤 *Pothos repens*（Lour.）Druce

　　祛湿凉血、止痛接骨。治疗跌打、骨折、风湿骨痛。

狮子尾 *Rhaphidophora hongkongensis* Schott

　　全株药用，能消炎消肿、散痞块、凉血，接骨生肌。

* 绿萝 *Scindapsus aureus* Engl.

　　藤本，可作插花。

* 合果芋 *Syngonium podophyllum* Schott

犁头尖 *Typhonium blumei* Nicols. et Sivadasan

　　块茎入药，解毒消肿、止血，治疗毒蛇咬伤、血管瘤、淋巴结核、跌打损伤等。

303 Lemnaceae 浮萍科

紫萍 *Spirodela polyrrhiza*（L.）Schleid.

　　治疗感冒发热无汗、水肿、小便不利、皮肤湿热。

306 Amaryllidaceae 石蒜科

* 葱 *Allium fistulosum* L.

　　作蔬菜食用。鳞茎、葱白、种子入药，有发表、通风、解毒的功效，治疗感冒头痛、背寒咳嗽等症；种子可治风寒感冒；葱油有强力杀菌作用。

* 蒜 *Allium sativum* L.

供食用和药用。鳞茎入药，有消积、健胃、抗菌、消炎、杀虫的功效，治疗消化不良、感冒、鼻炎、急性阑尾炎等症。

* 文殊兰 *Crinum asiaticum* var. *sinicum*（Roxb. ex Herb.）Baker

草本，有活血化瘀、消肿止痛功效，治疗跌打损伤、风热头痛、热毒等。

307 Iridaceae 鸢尾科

* 鸢尾 *Iris tectorum* Maxim.

药用，治疗关节炎、跌打损伤、肝炎等。

311 Dioscoreaceae 薯蓣科

* 参薯 *Dioscorea alata* L.

缠绕草质藤本，有滋补强壮的作用。

大青薯 *Dioscorea benthamii* Prain et Burkill

缠绕草质藤本。

黄独 *Dioscorea bulbifera* L.

块茎褐腋生的零余子有毒，味苦且辣，食前须作去毒处理。块茎供药用，称黄药子，有止血、去毒的功用，可治疝气、腰痛。

薯莨 *Dioscorea cirrhosa* Lour.

藤本，可提制栲胶，酿酒；入药能活血、补血，治疗跌打损伤、血瘀气滞、半身麻木等。

山薯 *Dioscorea fordii* Prain et Burk.

白薯莨 *Dioscorea hispida* Dennst.

去淤血、消肿止痛、跌打肿伤等。

褐苞薯蓣 *Dioscorea persimilis* Prain et Burk.

块茎可供食用。

* 薯蓣 *Dioscorea polystachya* Turcz.

缠绕草质藤本，有强壮身体、祛痰功效，可食用。

313 Agavaceae 龙舌兰科

* 龙舌兰 *Agave americana* L.

* 朱蕉 *Cordyline fruticosa*（L.）Cheval.

灌木状，供观赏。

314 Palmae 棕榈科

* 假槟榔 *Archontophoenix alexandrae*（F. J. Muell.）H. Wendl. et Drude

乔木状，可作园林绿化种。

* 三药槟榔 *Areca triandra* Roxb.

* 桄榔 *Arenga pinnata*（Wurmb.）Merr.

华南省藤 *Calamus rhabdocladus* Burr.

藤本，要作园林绿化，茎可编织各种藤器，幼苗治跌打损伤。

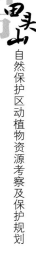

白藤 *Calamus tetradactylus* Hance

攀缘藤本，可编制藤器。

* 鱼尾葵 *Caryota ochlandra* Hance

乔木状，可作庭园绿化植物。

* 散尾葵 *Chrysalidocarpus lutescens* H. Wendl.

丛生灌木，可作庭园绿化树种。

* 蒲葵 *Livistona chinensis* R. Br.

叶作葵扇、斗笠等；果实药用，对白血病等有一定疗效；根可治哮喘。

刺葵 *Phoenix hanceana* Naud.

丛生灌木，可作园林绿化，观叶植物。果味甜可食。嫩芽可生食或煮食；叶可为帚，叶柄可作手杖。

* 软叶刺葵 *Phoenix roebellenii* O'Brien

棕竹 *Rhapis excelsa*（Thb.）Henry ex Rehd.

丛生灌木，可作庭园绿化种，根、叶可入药。

* 大王椰子 *Roystonea regia*（Kunth）O. F. Cook

可作行道树、庭院绿化。

315 Pandanaceae 露兜树科

露兜草 *Pandanus austrosinensis* T. L. Wu

小乔木，可作园林绿化，叶纤维制造各种工艺品，鲜花含芳香油。根、叶、花、果药用，治疗肾炎水肿，清热去湿。

簕古子（露兜簕）*Pandanus kaida* Kurz

嫩芽可食。根和果实入药，治感冒发热、肾炎水肿、结膜炎、疝气等症。

露兜树 *Pandanus tectorius* Solms

小乔木，可作园林绿化。果药用，治小肠疝气。

分叉露兜 *Pandanus urophyllus* Hance

常绿乔木，根入药。

318 Hypoxidaceae 仙茅科

大叶仙茅 *Curculigo capitulata*（Lour.）Ktze.

多年生草本，可作低层绿化，观赏植物，可盆栽，也可地栽布置花坛。根入药，有利尿排石、消炎镇静的功效。

仙茅 *Curculigo orchioides* Gaertn.

根茎供药用，有补肾壮阳、散寒除痹的功效。

322 Philydraceae 田葱科

田葱 *Philydrum lanuginosum* Bamks ex Gaertn.

草本，有清热利湿功效。

326 Orchidaceae 兰科

花叶开唇兰 *Anoectochilus roxburghii*（Wall.）Lindl.

陆生兰，可作观赏植物，叶具金黄色脉纹，花色洁白，花姿美丽。全草药用，有清热润肺、消炎解毒之功效，可治肺结核、风湿性关节炎等症。

竹叶兰 *Arundina graminifolia*（D. Don）Hochr.

陆生兰，观赏植物，用于装饰花坛、室内点缀，也可作插花材料。全草入药，可清热解毒、祛风湿、消炎利尿。

芳香石豆兰 *Bulbophyllum ambrosium*（Hance）Schltr.

附生兰，观赏植物。宜附生于庭园的树上或假山上，以装饰庭园隐蔽处。全草入药，可治肝炎。渐危种。

密花石豆兰 *Bulbophyllum odoratissimum*（Sm.）Lindl.

长距虾脊兰 *Calanthe sylvatica*（Thou.）Lindl.

药用，有拔毒生肌、消肿止痛功效。可治疗无名肿痛。

流苏贝母兰 *Coelogyne fimbriata* Lindl.

＊建兰 *Cymbidium ensifolium*（L.）Swartz.

渐危种。

墨兰 *Cymbidium sinense*（Andr.）Willd.

渐危种。

美花石斛 *Dendrobium loddigesii* Rolfe

药用，滋阴益胃、生津。治疗热病、口干烦渴。濒危种。

半柱毛兰 *Eria corneri* Rchb.f.

药用，具有清热解毒、润肺、消肿功效。可治疗痨咳、疔疮。

美冠兰 *Eulophia graminea* Lindl.

高斑叶兰 *Goodyera procera*（Ker-Gawl.）Hook.

鹅毛玉凤花 *Habenaria dentata*（Sw.）Schltr.

块茎药用，有利尿消肿、补肾功效，治疗腰痛、疝气等。

坡参 *Habenaria linguella* Lindl.

镰翅羊耳蒜 *Liparis bootanensis* Griff.

清热解毒、补气血。治疗肺痨、淋巴结核、疥疮、腹胀。

见血青 *Liparis nervosa*（Thunb. ex Murray）Lindl.

有生新、散瘀、清肺、止吐血功效，可治疗咯血、拔脓生肌、刀伤等。渐危种。

鹤顶兰 *Phaius tankervilliae*（Banks ex L'Herit.）Bl.

清热解毒、治疗跌打损伤、乳腺炎等。渐危种。

石仙桃 *Pholidota chinensis* Lindl.

假鳞茎入药，能润肺止咳、凉血解毒，可治内伤吐血、哮喘、咳嗽、心气痛、风湿、风火牙痛。

小舌唇兰 *Platanthera minor* Reichb. f.

全草药用。养阴润肺、益气生津。治咳嗽带血、喉咙肿痛、病后体弱、神经衰弱、遗精、头晕。

绶草 *Spiranthes sinensis*（Pers.）Ames

根茎药用，有滋阴补气、清热生津的功效，可治疗肺结核咯血、咽喉炎、神经衰弱等。

仙茅竹茎兰 *Tropidia curculigoides* Lindl.

327 Juncaceae 灯心草科

灯心草 *Juncus effusus* L.

　　可入药，有利尿、清凉、镇静作用。

笄石昌 *Juncus prismatocarpus* R. Br.

　　药用，有降火、清热、利小便功效。治疗小便不利、尿血、咽喉炎、急性胃炎。

331 Cyperaceae 莎草科

中华薹草 *Carex chinensis* Retz.

十字薹草 *Carex cruciata* Wahlenb.

　　种子含油10%，油可食用；种子磨粉可食用。

隐穗薹草 *Carex cryptostachys* Brongn

弯柄薹草 Carex *manca* Boott

长柱头薹草 *Carex teinogyna* Boott

细穗薹草 *Carex tenuispicula* Tang ex Liang

扁穗莎草 *Cyperus compressus* L.

异形莎草 *Cyperus difformis* L.

　　全草药用，行气、活血、痛淋。治热痢、小便不通。

绿穗莎草 *Cyperus diffusus* Vahl

畦畔莎草 *Cyperus haspan* L.

　　草本，可作湿地绿化。

碎米莎草 *Cyperus iria* L.

　　药用，治疗慢性子宫炎、闭经、产后腹痛、消化不良。

茫芏 *Cyperus malaccensis* Lam.

　　可编席用。

白鳞莎草 *Cyperus nipponicus* Franch et Sav.

毛轴莎草 *Cyperus pilosus* Vahl

　　药用，治疗跌打、浮肿。

阔穗莎草 *Cyperus procerus* Rottb.

香附子 *Cyperus rotundus* L.

　　多年生草本，可作低层绿化，草坪绿化。块茎药用，名香附子，有理气止痛、调经解郁功效。

* 荸荠（马蹄）*Eleocharis dulcis*（Burm.f.）Hensch.

　　球茎富含淀粉，供食用，能开胃、消食、健肠胃。

夏飘拂草 *Fimbristylis aestivalis*（Retz.）Vahl

柔毛飘拂草 *Fimbristylis dichotoma* f. *tomentosa*（Vahl）Ohwi

纤茎飘拂草 *Fimbristylis leptoclada* Benth.

日照飘拂草 Fimbristylis *miliacea* Vahl

　　一年生草本，可作低层绿化，湿地绿化。

垂穗飘拂草 *Fimbristylis nutans* Vahl

五棱飘拂草 *Fimbristylis quinquangularis* Kunth

少穗飘拂草 *Fimbristylis schoenoides*（Retz.）Vahl

四棱飘拂草 *Fimbristylis tetragona* R. Br.

毛芙兰草 *Fuirena ciliaris*（L.）Roxb.

芙兰草 *Fuirena umbellata* Rottb.

黑莎草 *Gahnia tristis* Nees

　　多年生丛生草本，可作低层绿化。果可榨油。

割鸡芒 *Hypolytrum nemourm*（Vahl）Spreng.

水蜈蚣 *Kyllinga brevifolia* Rottb.

　　有疏风止咳、清热消肿功效。治疗感冒风热、急性支气管炎、百日咳、疟疾、蛇毒等。

黑籽水蜈蚣 *Kyllinga melanosperma* Nees

鳞子莎 *Lepidosperma chinense* Nees ex Mey.

华湖瓜草 *Lipocarpha chinensis*（Osb.）Kern

砖子苗 *Mariscus umbellatus* Vahl

球穗扁莎 *Pycreus flavidus*（Retz.）Koyama

多穗扁莎 *Pycreus polystachyus*（Rottb.）P. Beauv.

矮扁莎 *Pycreus pumilus*（L.）Domin

红鳞扁莎 *Pycreus sanguinolentus*（Vahl）Nees

华刺子莞 *Rhynchospora chinensis* Nees et Mey.

刺子莞 *Rhynchospora rubra*（Lour.）Mak.

　　药用，祛风热。

萤蔺 *Scirpus juncoides* Roxb.

缘毛珍珠茅 *Scleria ciliaris* Nees

宽叶珍珠茅 *Scleria elata* var. *latior* C. B. Clarke

毛果珍珠茅 *Scleria levis* Retz.

　　药用，有消肿解毒功效，治疗毒蛇咬伤、小儿消化不良。

石果珍珠茅 *Scleria lithosperma*（L.）Sw.

网果珍珠茅 *Scleria tessellata* Willd.

高杆珍珠茅 *Scleria terrestris*（L.）Fass.

　　药用，治疗小儿麻痹、风湿筋骨痛、跌打损伤等。

332a Bambusoideae 竹亚科

粉单竹 *Bambusa chungii* McCl.

　　秆材为优良的编织用材，可破篾编篮、席等，又可用其幼秆作造纸原料。

坭竹 *Bambusa gibba* McCl.

　　可作围篱，也可榨油。

青皮竹 *Bambusa textilis* McCl.

　　为优良编织材料，又可开篾作搭棚架及桥梁缚扎用。药用秆内分泌液干燥后的块状物，可清热祛痰、凉心定惊。

* 佛肚竹 *Bambusa ventricosa* McCl.

* 黄金间碧竹 *Bambusa vulgaris* cv. *vattata* McCl.

箬叶竹 *Indocalamus longiauritus* Hand.-Mazz.

篌竹 *Phyllostachys nidularia* Munro

　　药用，解毒利尿、清热除烦。治疗高热、小儿夜啼、狂犬咬伤。

托竹 *Pseudosasa cantori*（Munro）Keng f.

　　灌木，可作背景林。

簧竹 *Pseudosasa hindsii*（Munro）Chu et Chao

苗竹仔 *Schizostachyum dumetorum*（Hance）Munro

　　作观赏，也可入药。

332b Agrostidoideae 禾亚科

日本看麦娘 *Alopecurus japonicus* Steud.

水蔗草 *Apluda mutica* L.

　　多年生草本，既可作低层绿化，也可作饲料。根可治毒蛇咬伤。

华三芒草 *Aristida chinensis* Munro

野古草 *Arundinella anomala* Steud.

　　饲料，固堤植物。

刺芒野古草 *Arundinella setosa* Trin.

　　全株可作造纸原料。

芦竹 *Arundo donax* L.

　　可观赏，也可作纸浆。

四生臂形草 *Brachiaria subquadripara*（Trin.）Hitchc.

毛臂形草 *Brachiaria villosa*（L.）Camus

酸模芒 *Centotheca lappacea*（L.）Desv.

孟仁草 *Chloris barbata*（L.）Sw.

竹节草 *Chrysopogon aciculatus*（Retz.）Trin.

　　多年生草本，可作低层绿化，草坪绿化。为良好的保土植物和草皮草种。根与酒煎服，可治毒蛇咬伤。全草药用，有清热利湿、消肿止痛的功效，可治感冒发热、小便不利等症。

小丽草 *Coelachne simpliciuscula*（Wright et Arn.）Munro ex Benth.

薏苡 *Coix lacryma-jobi* L.

　　草本，可作湿地绿化。颖果含淀粉及油脂，供食用和酿酒，药用有利尿、强壮的作用。茎叶可造纸。坚硬的总苞可制美工用品。

青香茅 *Cymbopogon caesius*（Nees ex Hook. et Arn.）Stapf

　　含芳香油，可作香水原料。

扭鞘香茅 *Cymbopogon hamatulus*（Nees ex Hook. et Arn.）A. Camus

狗牙根 *Cynodon dactylon*（L.）Pers.

　　多年生草本，可作低层绿化，草坪绿化。蔓延力强，为良好的保土植物和铺建草场的良种，也是优良草料；根状茎药用，可清血。

弓果黍 *Cyrtococcum patens*（L.）Camus

  一年生草本，可作低层绿化，也作饲料。

散穗弓果黍 *Cyrtococcum accrascens*（Trin.）Stapf

龙爪茅 *Dactyloctenium aegyptium*（L.）Beauv.

毛马唐 *Digitaria chrysoblephara* Fig. et De Not.

升马唐 *Digitaria ciliaris*（Retz.）Koel.

  一年生草本，可作低层绿化，也是优良饲料。

纤维马唐 *Digitaria fibrosa*（Hack.）Stapf

二型马唐 *Digitaria heterantha*（Hook. f.）Merr.

短颖马唐 *Digitaria microbachne*（Presl）Henr.

  为优良牧草。

长花马唐 *Digitaria longiflora*（Retz.）Pers.

马唐 *Digitaria sanguinalis*（L.）Scop.

红尾翎 *Digitaria radicosa*（Presl）Miq.

雁股茅 *Dimeria ornithopoda* Trin.

双稃草 *Diplachne fusca*（L.）Beauv.

  可作家畜饲料。

光头稗 *Echinochloa colonum*（L.）Link

  可作饲料。

无芒稗 *Echinochloa crusgali* var. *mitis*（Pursh）Peterm.

孔雀稗 *Echinochloa cruspavonis*（H.B.K.）Schult.

牛筋草 *Eleusine indica*（L.）Gaertn.

  保土植物，可作饲料。入药可防治乙型脑炎。

鼠妇草 *Eragrostis atrovirens*（Desf.）Trin. ex Steud.

长穗画眉草 *Eragrostis brownii*（Kunth）Nees

短穗画眉草 *Eragrostis cylindrica*（Roxb.）Nees

  为牧草。

宿根画眉草 *Eragrostis perennans* Link

知风草 *Eragrostis ferruginea*（Thnub.）Beauv.

  固土力强，为优良饲料；入药可舒筋散瘀。

乱草 *Eragrostis japonica*（Thb.）Trin.

长穗鼠妇草 *Eragrostis longispicula* Sun et Wang

画眉草 *Eragrostis pilosa*（L.）Beauv.

  一年生草本，可作低层绿化，草坪绿化。为优良饲料。药用，可治疗跌打损伤。

多毛知风草 *Eragrostis pilosissima* Link

鲫鱼草 *Eragrostis tenella*（L.）Beauv. ex Roem. et Schult.

  牧草，入药可清热凉血。

牛虱草 *Eragrostis unioloides* Nees ex Steud.

蜈蚣草 *Eremochloa ciliaris*（L.）Merr.

197

假俭草 *Eremochloa ophiuroides*（Munro）Hack.

为优良的草皮和保土固堤植物，也可作牧草。

鹧鸪草 *Eriachne pallescens* R. Br.

干花序可扎扫帚，为中等饲料作物。

棕茅 *Eulalia phaeothrix*（Hack.）Kuntze

四脉金茅 *Eulalia quadrinervis*（Hack.）Kuntze

金茅 *Eulalia speciosa*（Debeaux）Kuntze

茎叶柔韧，可作造纸原料。

耳稃草 *Garnotia patula*（Munro）Benth.

黄茅 *Heteropogon contortus*（L.）Beauv. ex Roem. et Schult.

可造纸。

弊草 *Hymenachne assamica*（Hook.f.）Hutchc.

距花黍 *Ichnanthus vicinus*（F. M. Bail.）Merr.

丝茅 *Imperata koenigii*（Retz.）Beauv.

入药为利尿、清凉剂，也可造纸。

柳叶箬 *Isachne globosa*（Thunb.）Kuntze

抽穗前的秆叶可作家畜草料。

匍匐柳叶箬 *Isachne repens* Keng

粗毛鸭嘴草 *Ischaemum bartatum* Retz.

根发达，可作扫帚。

纤毛鸭嘴草 *Ischaemum indicum*（Houtt.）Merr.

可作饲料。

李氏禾 *Leersia hexandra* Sw.

虮子草 *Leptochloa panicea*（Retz.）Ohwi

淡竹叶 *Lophatherum gracile* Brongn.

叶供药用，为清凉解热利尿药，对牙龈肿痛、口腔炎也有效；根亦药用，中药名为"碎骨子"，清凉
解热、利尿、催产；亦作牧草。

蔓生莠竹 *Microstegium vagans*（Nees ex Steud.）A. Camus

全草入药，有止血之功效。

五节芒 *Miscanthus floridulus*（Lab.）Warb. ex Schum. et Laut.

幼叶可作饲料，秆作造纸，根茎有利尿功效。

芒 *Miscanthus sinensis* Anderss.

可作牧草，秆穗作扫帚，秆皮造纸；防沙作绿篱；幼茎入药，散血除毒。

毛俭草 *Mnesithea mollicoma*（Hance）A. Camus

类芦 *Neyraudia reynaudiana*（Kunth）Keng ex Hitchc.

可作绿篱及固堤植物；茎、叶纤维可作造纸原料，亦可作人造丝。

竹叶草 *Oplismenus compositus*（L.）Beauv.

中间型竹叶草 *Oplismenus compositus* var. *intermedius*（Honda）Ohwi

求米草 *Oplismenus undulatifolius*（Ard.）Roem. et Schult.

奥图草 *Ottochloa malabarica*（L.）Dandy

* 稻 *Oryza sativa* L.

　　亚热带广泛种植的谷物。

** 大黍 *Panicum maximum* Jacq.

　　可作饲料。

藤竹草 *Panicum incomtum* Trin.

短叶黍 *Panicum brevifolium* L.

铺地黍 *Panicum repens* L.

　　全草作饲料。

两耳草 *Paspalum conjugatum* Berg.

　　嫩秆和叶为良好饲料。

圆果雀稗 *Paspalum orbiculare* Forst.

　　秆和叶可作牲畜的饲料。

双穗雀稗 *Paspalum paspaloides*（Michx.）Scribn.

　　为优良的保土植物。

** 象草 *Pennisetum purpureum* Schum.

　　可作鱼饲料。我国引种作牧草。

早熟禾 *Poa annua* L.

红毛草 *Rhynchelytrum repens*（Willd.）Hubb.

鹅观草 *Roegneria kamoji* Ohwi

　　可作饲料。

筒轴草 *Rottboellia exaltata* Linn. f.

甜根子草 *Saccharum spontaneum* L.

囊颖草 *Sacciolepis indica*（L.）A. Chase

裂稃草 *Schizachyrium brevifolium*（Sw.）Nees ex Buse

褐穗狗尾草 Setaria pallidifusca（Schum.）Stapf et C.E. Hubb

莠狗尾草 *Setaria geniculata*（Lam.）Beauv.

　　可作饲料；入药可清热利湿。

金色狗尾草 *Setaria glauca*（L.）Beauv.

皱叶狗尾草 *Setaria plicata*（Lam.）Cooke

狗尾草 *Setaria viridis* Beauv.

　　可入药，治疗面癣。

稗荩 *Sphaerocaryum malaccense*（Trin.）Pilger

鼠尾粟 *Sporobolus fertilis*（Steud.）W. D. Clayt.

　　秆和叶幼嫩时可用作饲料或放牧。

菅 *Themeda villosa*（Poir.）A. Camus

棕叶芦 *Thysanolaena maxima*（Roxb.）Ktze.

　　叶可包粽子、造纸；秆坚实，常用作篱笆；秆和叶为造纸原料；干花序可用以做扫帚、刷子。

* 玉米 *Zea mays* L.

　　为重要谷物。

附录2　深圳市田头山自然保护区植被类型表

序号	植被型组	植被亚型	群系	群丛	备注
1	针叶林	①南亚热带针阔叶混交林	马尾松群系	马尾松＋短序润楠—豺皮樟＋鼠刺—桃金娘群落	
2	阔叶林	②南亚热带沟谷常绿阔叶林	黑桫椤群系	黑桫椤群落	
3		③南亚热带低地常绿阔叶林	荷木群系	荷木＋黄樟—毛棉杜鹃群落分析	
4			柯群系	柯—豺皮樟群落	
5		④南亚热带低山常绿阔叶林	大头茶群系	大头茶＋豺皮樟—鼠刺群落	
6			短序润楠群系	短序润楠＋亮叶冬青群落	
7			浙江润楠群系	浙江润楠—子凌蒲桃＋鸭脚木—豺皮樟群落	
8			毛棉杜鹃群系	毛棉杜鹃—苏铁蕨— 扇叶铁线蕨群落	
9				毛棉杜鹃＋鼠刺—变叶榕 — 金毛狗群落	
10				毛棉杜鹃—鳖蒴—苏铁蕨群落	
11			荷木群系	荷木＋山油柑＋土沉香—九节群落	
12			密花树群系	密花树—棱果花—华山姜群落	
13			刨花润楠群系	刨花润楠—桫椤＋草豆蔻群落	
14		⑤南亚热带山地常绿阔叶林	厚壳桂群系	厚壳桂＋黄樟—鸭脚木群落	
15			黄樟群系	黄樟＋厚壳桂—鸭脚木＋猴耳环群落	
16			樟树群系	樟树—大头茶群落	
17			大头茶群系	大头茶＋豺皮樟—桃金娘群落	
18				大头茶—鼠刺群落	
19	灌丛	⑥南亚热带次生常绿灌木林	大头茶群系	大头茶群落	
20	人工植被	⑦人工林地	荔枝群系	荔枝林群落	
21			桉树群系	桉树林群落	

参考文献

Hurlbert，S. H. The nonconcept of species diversity：A critique and alternative parameters [J]. Ecology，1971，52（4）: 577～586.

Hu Yujia. A matrix mode of population growth of a tropical rain forest dominant species，*Vatica hainanensis* in Hainan Island [J]. BRAUN-BLANQUETIA，1992，8: 133～136.

Mabberley，D.J. The Plant-Book[M]. Cambridge University Press 1997.

Proctor J. Ecological studies on（I）Environment，forest structure and floristic [J]. Ecology，1988，76（2）: 320～340.

Pielou，E.C. An Introduction to Mathematical Ecology. 见：卢泽愚译. 数学生态学引论. 北京：科学出版社，1978，248～249.

Robert P. McIntosh. Raunkiaer's "Law of Frequency" [J]. Ecology，1962，43（3）: 533～535.

Simpon，E. H. Measurement of diversity. Nature [J]，1949，163: 688.

SSC/IUCN，2001. IUCN red list categories and criteria（version 3.1）. Gland，Switzerland and Cambridge: IUCN Publication Services Unit.

Wiens J A，Craawford C S，Gosz J R. Boundary dynamics: a conceptual framework for studying landscape ecosystems. Oikos，1985，45: 421～427.

曾曙才，崔大方，谢佐桂，王晓明，等. 深圳莲花山公园的土壤资源及其合理开发利用[J]. 中山大学学报（自然科学版），2002，41（增刊（2）): 14～18.

曾曙才，崔大方，徐向明，等.深圳梅林公园土壤资源及其合理开发利用[J]. 华南农业大学学报，2004，25（增刊I）: 8～13.

曾曙才，赖燕玲，王晓明，等. 深圳围岭公园土壤资源及其合理开发利用[J]. 中山大学学报（自然科学版），2003，42（增刊（2）): 6～10.

曾曙才，俞元春. 苗圃土壤肥力评价及肥力系数与苗木生长的相关性[J]. 浙江林学院学报，2007，24（2）: 179～185.

陈彤. 广东行知书 [M]. 深圳:广东旅游出版社，2005: 75，80～82.

崔大方，廖文波，昝启杰，等. 广东内伶仃岛国家级自然保护区的植物资源[J]. 华南农业大学学报，2000，21（3）: 48～52.

凡强，廖文波，苏文拔等. 五指山自然保护区的保护植物和珍稀濒危植物[J]. 植物研究，2003，31（2）: 21，29.

傅立国. 1991. 中国植物红皮书（第一册)[M]. 北京:科学出版社.

广东省环境保护局，中国科学院华南植物研究所编. 广东珍稀濒危植物图谱[M]. 北京：中国环境科学出版社，1988: 1～46.

广东省植物研究所. 广东植被 [M]. 北京：科学出版社，1976.

国家林业局、农业部令（第4号). 国家重点保护野生植物名录（第一批). 1999.

何仲坚，冯志坚，李镇魁. 广东珠海万山群岛的植物资源[J]. 亚热带植物科学，2004，33（2）: 55～59.

胡玉佳，李玉杏. 海南岛热带雨林[M]. 广州：高等教育出版社，1992.

黄康有，廖文波，金建华，等. 海南岛吊罗山植物群落特征和物种多样性分析 [J]. 生态环境，2007，16（3）: 900～905.

201

黄忠良，孔国辉. 鼎湖山植物群落多样性的研究 [J]. 生态学报，2000，20（2）：193～198.

康杰，刘蔚秋，于法钦，等. 深圳笔架山公园的植被类型及主要植物群落分析[J].中山大学学报（自然科学版），2005，44（增刊）：10～31.

赖燕玲，王晓明，廖文波，等. 深圳马峦山郊野公园生态环境综合评价[J]. 中国林业，2005，10: 70～72.

蓝崇钰，王勇军. 广东内伶仃岛自然资源与生态研究[M]. 北京：中国林业出版社，2001.

李建春. 广东省连南县板洞省级自然保护区常绿阔叶林主要群落特征[J]. 广东林业科技，2005，21（1）：39～43.

李意德. 海南岛尖峰岭热带山地雨林的群落结构特征 [J]. 热带亚热带植物学报，1997，5（1）：18～26.

李镇魁，陈涛，冯志坚，等. 广东深圳野生观赏植物资源调查[J]. 亚热带植物科学，2001，30（4）：40～44.

梁美霞 刘怀如.福建戴云山自然保护区森林景观资源的美学价值评价[J]. 福建林业科技，2007，34，（4）：151～154，175.

廖庆文，朱报著. 广东国家重点保护野生植物及其分布[J]. 中国林业规划，2003，22（2）：39～42.

廖文波，金建华，王伯荪，等. 海南和台湾蕨类植物多样性及其大陆性特征[J]. 西北植物学报2003，23（7）：1237～1245.

刘军，詹惠玲，罗连，等. 深圳南山公园生态环境资源与山林生态可持续发展对策 [J]. 中山大学学报论丛，2007，27（1）：129～134.

廖文波，王勇军，康杰，等. 深圳笔架山公园生态环境资源的综合评价[J]. 中山大学学报（自然科学版），2005，44（增刊）：82～91.

廖文波，叶常镜，王晓明，等. 深圳马峦山郊野公园生物多样性及其生态可持续发展[M]. 北京：科学出版社，2007，13～24，33～92.

林石狮，沈如江，郭微，等. 江西三清山台湾松＋白豆杉 – 猴头杜鹃植物群落研究 [J]. 生态环境，2007，16（3）：912～919.

刘郁，李琪安，刘蔚秋，等. 深圳围岭公园植被类型及主要植物群落分析 [J]. 中山大学学报，2003，42（2）：14～22.

龙文兴，杨小波，吴庆书，等. 五指山热带雨林黑桫椤种群及其所在群落特征[J]. 生物多样性，2008，16（1）：83～90.

卢瑛，甘海华，史正军，等. 深圳城市绿地土壤质量评价及管理对策[J]. 水土保持学报，2005，19（1）：153～156.

鲁如坤. 土壤农业化学分析方法[M]. 北京：中国农业科技出版社，2000.

罗汝英. 土壤学[M]. 北京：中国林业出版社，1990.

马克平，黄建辉，于顺利，等. 北京东灵山地区植物群落多样性的研究[J]. 生态学报，1995，15（3）：268～277.

马克平，刘玉明. 生物群落多样性的测度方法[J]. 生物多样性，1994，2（4）：231～239.

彭少麟，陈万成主编. 广东珍稀濒危植物[M]. 北京：科学出版社，2003：1～112.

彭少麟，王伯荪. 鼎湖山森林群落分析 [J]. 生态科学，1983，（1）：11～17.

彭少麟，周厚诚，等. 广东森林群落的组成结构数量特征 [J]. 植物生态学与地植物学学报，1989，13（1）：10～17.

秦新生，张永夏，严岳鸿，等. 深圳市大鹏半岛蕨类植物区系及其生态特点[J]. 植物研究，2004，24（2）：146～151.

全国土壤普查办公室. 中国土壤[M]. 北京：中国农业出版社，1998.

孙向阳.土壤学[M].北京：中国林业出版社，2005.

孙延军，文东平，丁明艳，等.深圳笔架山公园的植物资源及其可持续利用[J].中山大学学报（自然科学版），2005，44（增刊）：32～40.

汪殿蓓，暨淑仪，等.深圳市南山区山地植被和主要植物群落类型[J].东北林业大学学报，2002，30（6）：97～101.

汪殿蓓，王彩云，暨淑仪，等.野生仙湖苏铁群落特征研究[J].北京林业大学学报，2004，26（6）：12～18.

汪松，解焱.中国物种红色名录（第一卷 红色名录）[M].北京：高等教育出版社，2004：1～468.

王伯荪，马曼杰.鼎湖山自然保护区森林群落的演变[J].热带亚热带森林生态系统研究，1982，（1）：142～156.

王伯荪，余世孝，彭少麟.植物群落学实验手册[M].广州：广东高等教育出版社，1996：144～148.

王发国，叶华谷，叶育石，等.广东省珍稀濒危植物地理分布研究[J].热带亚热带植物学报，2004：12（1）：21～28.

吴征镒，路安民，汤彦承，等.中国被子植物科属综论[M].北京：科学出版社，2003.

吴征镒.中国种子植物属的分布区类型[J].云南植物研究，1990，13（增刊）：1～139.

吴征镒.中国种子植物属的分布区类型[J].云南植物研究，1993，15（增刊）：141～178.

吴征镒等.中国植被[M].北京：科学出版社，1980.

吴志敏，冯志坚，李镇魁.广东省野生木本植物资源[J].华南农业大学学报，1996，17（2）：103～107.

肖笃宁，李秀珍，高峻，等.景观生态学[M].北京：科学出版社，2003.

邢福武，余明恩.深圳野生植物[M].北京：中国林业出版社，2000.

邢福武，周远松，龚友夫，张求罗.深圳市七娘山郊野公园植物资源与保护[M].北京：中国林业出版社，2004.8.

杨晋彬，罗玉明，陈飞，等.铁山寺国家森林公园维管植物资源调查[J].淮阴师范学院学报（自然科学版），2004，3（4）：328～333.

于法钦，廖文波，周海旋等.深圳笔架山公园维管植物编目[J].中山大学学报（自然科学版），2005，6（增刊）：32～40.

臧润国，杨彦承等.海南岛霸王岭热带山地雨林群落结构及树种多样性特征的研究[J].植物生态学报，2001，25（3）：270～275.

张宏达，黄云晖，缪汝槐，等.种子植物系统学[M].北京：科学出版社，2004.

张金泉.广东省自然保护区[M].广州：广东旅游出版社，1997：1～384.

张荣京，张永夏，严岳鸿等.深圳大鹏半岛常绿季雨林和常绿阔叶林群落物种多样性分析[J].山地学报，2005，23（4）：495～501.

张永夏，邢福武.深圳的珍稀濒危植物[J].热带亚热带植物学报，2001，9（4）：315～321.

中国科学院华南植物研究所、渔农自然护理署香港植物标本室编著.香港稀有及珍贵植物[M].香港：渔农自然护理署，2003：1～234.

中国科学院华南植物研究所编.广东植物志（1～8卷）[M].广州：广东科技出版社，1987～2007.

中国科学院植物研究所.中国高等植物图鉴（1～5卷）[M].北京：科学出版社，1972～1976.

中国科学院中国植物志编辑委员会.中国植物志第四十卷[M].北京：科学出版社，1994.

中华人民共和国濒危物种进出口管理办公室主编.濒危野生动植物种国际贸易公约及有效决议汇编[M].北京：中国林业出版社.1997.

仲铭锦，徐晓晖，孙延军，等.深圳马峦山郊野公园的植被景观分区及其评价[J].华南师范大学学报，2007，（2）：104～113.

后　记

　　《深圳市田头山自然保护区动植物资源考察及保护规划》是在深圳市城市管理局（林业局）的主持下，由中山大学生命科学学院、深圳市大鹏半岛自然保护区、深圳市野生动物救护中心、华南农业大学等多个单位合作完成的，也是"深圳市田头山自然保护区生态环境资源考察"项目的总结报告，专著的付梓是各位作者及编著组成员辛勤劳动的结果。专著编写内容，由廖文波、凡强、刘海军、昝启杰等商议确定，并经深圳市城管局田头山自然保护区考察组织委员会领导小组同意。全书各章节的撰稿人、责任作者如下表所列。

　　全书统稿人为凡强、刘海军、廖文波；最后稿由廖文波审定。其中，附图1，地理位置图，由王晓阳，凡强编制；附图2地质地貌，由金建华编辑；附图3–植被图，附图4–功能区划图，附图5–珍稀濒危植物分布图，由凡强、陈素芳、刘海军、廖文波编辑；附图7、8、9植被景观等，由张记军、赵万义、许可旺、凡强、廖文波编辑；附图6、附图10，动物图版，由王勇军、胡平、林石狮编辑。图版电子版由陈素芳、林石狮、王晓阳制作。在项目考察及专著撰写过程中，得到了深圳市城市管理局、田头山保护区各保护站、深圳仙湖植物园等单位的同行、专家的大力支持，诸位专家以及本课题组的成员均提出了许多宝贵意见。本项研究也得到了2014—2016年度中山大学生物学实习研究项目以及2014—2016年度广东省本科教学改革项目的资助。在本书的出版编辑过程中，中山大学研究生如孙键、景慧娟、施诗、袁天天、迟盛南、赵万义、关开朗、吴荣恩、杨文晟，本科生何清华、尚思菁、黄翠莹、张信坚等参加了野外考察和书稿的校对工作。中山大学叶华谷研究员审校了全书的植物彩色照片。林业出版社王斌高级编审对本书的编辑出版也给予了大力的支持。在此，特别对各位给予大力支持的人员一并表示诚挚的谢意。

第一章　自然地理及综合概论 …………凡强[1]，刘海军[2]，刘蔚秋[1]，孙红斌[2]，李薇[1]，廖文波[1]*
第二章　土壤………………………曾曙才[3]*，刘莉娜[2]，赵晴[2]，马焕基[3]，胡平[4]，崔大方[3]
第三章　植被与植物区系 …………凡强[1]，刘海军[2]，何清华[1]，昝启杰[5]，刘蔚秋[1]，廖文波[1]*
第四章　动物区系与动物资源 …………庄平弟[4]，郭强[4]，胡平[4]，常弘[1]*，王勇军[5]
第五章　旅游资源 …………孙红斌[2]*，王芳[2]，刘顺智[2]，罗连[2]，刘蔚秋[1]
第六章　社会经济状况 …………孙红斌[2]*，李瑜[2]，关开朗[1]，赵晴[2]，王佐霖[2]
第七章　管理和保护规划…………刘海军[2]*，刘莉娜[2]，代晓康[2]，王佐霖[2]，仲铭锦[6]，廖文波[1]
第八章　自然保护区评价 …………刘蔚秋[1]*，刘海军[2]，孙红斌[2]，昝启杰[2]，崔大方[3]，廖文波[1]
附录1　野生植物名录 ………凡强[1]*，林石狮[1]，孙红斌[2]，郭微[7]，孙延军[2]，张寿洲[8]，廖文波[1]
附录2　野生动物名录 …………常弘[1]*，胡平[4]，庄平弟[4]，王勇军[5]
附录3　植被类型名录 …………………………………林石狮[1]，李薇[1]，李贞[9]*

各章节编写者所在单位：
1. 中山大学，生命科学学院，广州 510275
2. 深圳市林业局，野生动物救护中心，深圳 518025
3. 华南农业大学，林学与风景园林学院，广州 510642
4. 深圳市城管局，野生动植物保护处，深圳 518048
5. 广东内伶仃福田国家级自然保护区，深圳 518040
6. 华南师范大学，生命科学学院，广州 510631
7. 仲恺农业工程学院，园艺园林学院，广州 510225
8. 中国科学院，深圳市仙湖植物园，深圳 518004
9. 中山大学，地理科学与规划学院，广州 510275

注：*表示该章最后修改者，责任作者；姓名右上角数字表示该作者所在单位或机构。

附图1 深圳市田头山自然保护区地理位置图

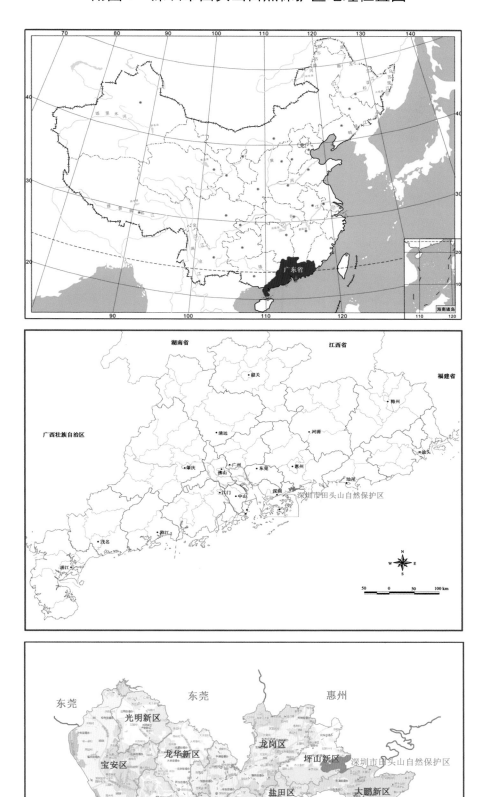

附图 2　深圳市田头山自然保护区地质地貌特征

附图 2-1　低山地貌

附图 2-2　低山地貌

附图 2-3　紫红色凝灰质砂岩

附图 2-4　灰白色凝灰质砂岩

附图 2-5　灰白色凝灰质砂岩，具水平层理

附图 2-6　灰黄色凝灰质砂岩

附图 2-7　流纹质凝灰岩

附图 2-8　凝灰质中粒砂岩

附图 3　深圳市田头山自然保护区植被图

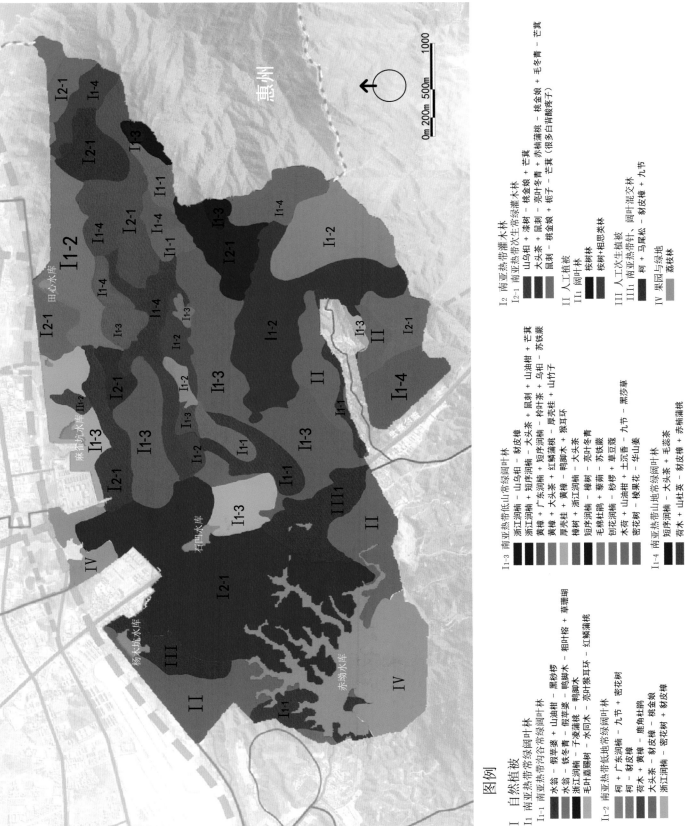

惠州

0m 200m 500m 1000

图例

I 自然植被

I1 南亚热带常绿阔叶林

I1-1 南亚热带沟谷常绿阔叶林
水翁 + 假苹婆 + 山油柑 - 黑桫椤
水翁 - 铁冬青 - 假苹婆 - 鸭脚木 - 粗叶榕
浙江润楠 - 子凌蒲桃 - 鸭脚木 - 草珊瑚
毛叶嘉赐树 - 水同木 - 宽叶桫耳环 - 红鳞蒲桃

I1-2 南亚热带低地常绿阔叶林
柯 + 广东润楠 - 九节 + 密花树
柯 + 黄樟 - 鹿角杜鹃
荷木 + 黄樟 - 豺皮樟 + 桃金娘
大头茶 - 豺皮樟 + 密花树 + 豺皮樟
浙江润楠 - 密花树 + 桃金娘

I1-3 南亚热带低山常绿阔叶林
浙江润楠 - 山乌桕 - 豺皮樟
浙江润楠 + 短序润楠 - 大头茶 + 鼠刺 + 山油柑 + 芒萁
黄樟 + 广东润楠 - 短序润楠 + 枳叶桂 + 乌桕 + 苏铁蕨
厚壳桂 + 大头茶 + 红鳞蒲桃 + 厚壳桂 + 山竹子
樟树 + 黄樟 - 鸭脚木 - 大头茶
短序润楠 - 樟树 - 浙江润楠 - 宽叶冬青
毛棉杜鹃 + 黎蒴 + 苏铁蕨
刨花润楠 + 桫椤 + 草豆蔻
水荷 + 山油柑 + 土沉香 - 九节 - 黑莎草
桫椤树 - 梭果花 + 华山姜

I1-4 南亚热带山地常绿阔叶林
短序润楠 - 大头茶 + 毛茶
荷木 + 山杜英 + 豺皮樟 + 赤楠蒲桃

I2 南亚热带带次生常绿灌木林

I2-1 南亚热带次生常绿灌木林
山乌桕 + 漆树 - 桃金娘 + 芒萁
大头茶 + 鼠刺 - 桃金娘 + 鼠刺
鼠刺 - 桃金娘 + 亮叶冬青 + 赤楠蒲桃 - 桃金娘 + 栀子 - 芒萁 (很多白酸浆子)

II 人工植被

II1 阔叶林
桉树林
桉树+相思类林

III 人工次生植被

III1 南亚热带针、阔叶混交林
柯 + 马尾松 - 豺皮樟 + 九节

IV 果园与绿地
荔枝林

207

附图 4 深圳市田头山自然保护区功能区划图

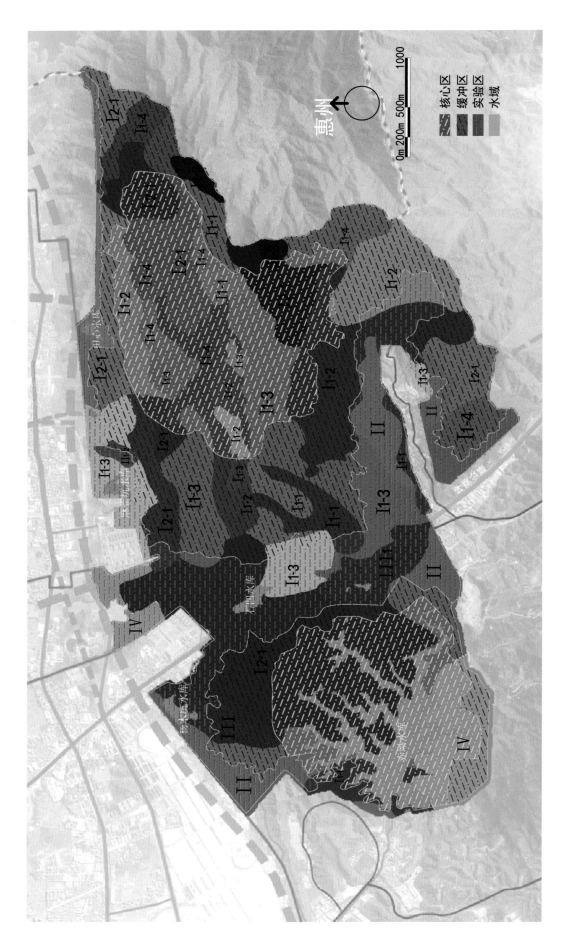

208

附图 5　深圳市田头山自然保护区珍稀濒危植物分布图

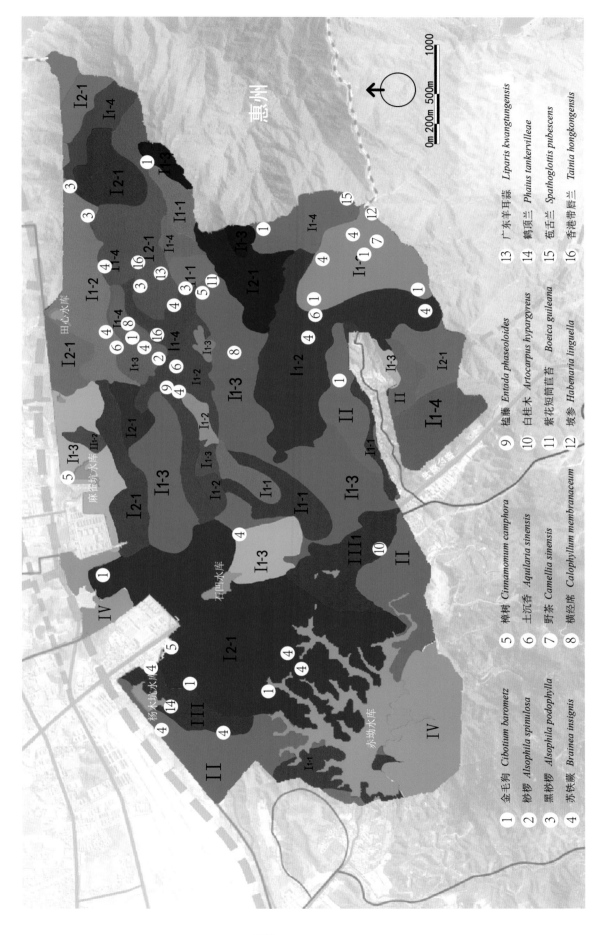

① 金毛狗　Cibotium barometz
② 桫椤　Alsophila spinulosa
③ 黑桫椤　Alsophila podophylla
④ 苏铁蕨　Brainea insignis
⑤ 樟树　Cinnamomum camphora
⑥ 土沉香　Aquilaria sinensis
⑦ 野茶　Camellia sinensis
⑧ 横经席　Calophyllum membranaceum
⑨ 榼藤　Entada phaseoloides
⑩ 白桂木　Artocarpus hypargyreus
⑪ 紫花短筒苣苔　Boeica guileana
⑫ 坡参　Habenaria linguella
⑬ 广东羊耳蒜　Liparis kwangtungensis
⑭ 鹤顶兰　Phaius tankervilleae
⑮ 苞舌兰　Spathoglottis pubescens
⑯ 香港带唇兰　Tainia hongkongensis

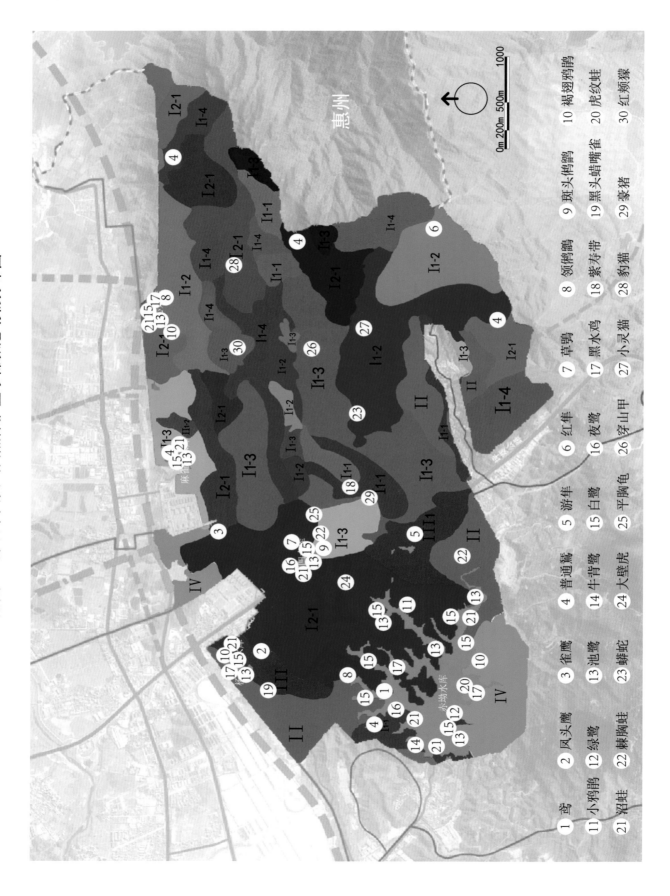

附图 6 深圳市田头山自然保护区珍稀濒危动物分布图

1 鸢　　　　2 凤头鹰　　3 雀鹰　　　4 普通鵟　　5 游隼　　　6 红隼　　　7 草鸮　　　8 领角鸮　　9 斑头鸺鹠　10 褐翅鸦鹃

11 小鸦鹃　　12 绿鹭　　 13 池鹭　　 14 牛背鹭　15 白鹭　　16 夜鹭　　17 黑水鸡　18 紫寿带　19 黑头蜡嘴雀 20 虎纹蛙

21 沼蛙　　　22 棘胸蛙　23 蟒蛇　　 24 大壁虎　25 平胸龟　26 穿山甲　27 小灵猫　28 豹猫　　29 豪猪　　30 红颊獴

附图 7　深圳市田头山自然保护区植被景观

附图 7-1　岗松 *Baeckea frutescens* ＋芒萁
Dicranopteris pedata 群落

附图 7-2　大头茶 *Gordonia axillaris* 群落（山顶灌丛）

附图 7-3　低海拔沟谷常绿阔叶林

附图 7-4　落瓣油茶 *Camellia kissi* ＋短序润楠 *Machilus breviflora* 群落

附图 7-5　浙江润楠 *Machilus chekiangensis* ＋石栎 *Lithocarpus glaber* 群落（左侧有一片人工桉树林）

附图 7-6　荷木 *Schima superba* 群落

附图 7-7　荷木 *Schima superba* + 山乌桕 *Sapium discolor* + 红鳞蒲桃 *Syzygium hancei* – 大头茶 *Gordonia axillaris* 群落

附图 7-8　大头茶 *Gordonia axillaris* 群落

附图 7-9　季风常绿阔叶林（群落外貌）

附图 7-10　岩生植物群落

附图8　深圳市田头山自然保护区珍稀濒危保护植物

附图 8-1　苏铁蕨 *Brainea insignis*

附图 8-2　苏铁蕨 *Brainea insignis*（叶背）

附图 8-3　苏铁蕨 *Brainea insignis* 群落

附图 8-5　苏铁蕨 *Brainea insignis* 群落

附图 8-4　苏铁蕨 *Brainea insignis* 群落

213

附图 8-6　黑桫椤 *Alsophila podophylla*（生境）

附图 8-7　黑桫椤 *Alsophila podophylla*（幼苗）

附图 8-8　金毛狗 *Cibotium barometz*（生境）

附图 8-9　金毛狗 *Cibotium barometz*（孢子囊群）

附图 8-10　金毛狗 *Cibotium barometz*（茎基部）

附图 8-11　高斑叶兰 *Goodyera procera*

附图 8-12　鹤顶兰 *Phaius tankervilleae*

附图 8-13 石仙桃 *Pholidota chinensis*

附图 8-14 见血青 *Liparis nervosa*

附图 8-15 竹叶兰 *Arundina graminifolia*

附图 8-16 竹叶兰（花放大）*Arundina graminifolia*

附图 9-1　红冬蛇菰 *Balanophora harlandii*

附图 9-2　变叶树参 *Dendropanax proteus*

附图 9-3　罗浮柿 *Diospyros morrisiana*

附图 9-4　鼠刺 *Itea chinensis*

附图 9-5　岭南山竹子 *Garcinia oblongifolia*

附图 9-6 大头茶 *Gordonia axillaris*

附图 9-8 牛耳枫 *Daphniphyllum calycinum*

附图 9-9 绒毛润楠 *Machilus velutina*

附图 9-7 芳槁润楠 *Machilus suaveolens*

附图 9-10 黄樟 *Cinnamomum parthenoxylon*

附图 9-11　白花酸藤子 *Embelia ribes*　　　　附图 9-12　小蜡 *Ligustrum sinense*

附图 9-13　白花油麻藤 *Mucuna birdwoodiana*　　附图 9-14　白花油麻藤—果
（13a. 植株；13b. 花）

附图 9-15　藤槐 *Bowringia callicarpa*

附图 9-16　独子藤 *Celastrus monospermus*

附图 9-17　青冈 *Cyclobalanopsis glauca*

附图 9-18　柯 *Lithocarpus glaber*

附图 9-19　毛棉杜鹃 *Rhododendron moulmainense*

附图 9-20 棱果花 *Barthea barthei*

附图 9-21 算盘子 *Glochidion puberum*

附图 9-22 毛果算盘子 *Glochidion eriocarpum*

附图 9-23 草珊瑚 *Sarcandra glabra*

附图 9-24 聚花草 *Feoscopa scandens*

223

附图 9-25　毛冬青 *Ilex pubescens*

附图 9-26　毛排钱草 *Phyllodium elegans*

附 图 9-27　细轴荛花 *Wikstroemia nutans*

附图 9-28　疏花卫矛 *Euonymus laxiflorus*（花枝）

附图 9-29　疏花卫矛 *Euonymus laxiflorus*（花）

附图 9-30　断肠草（钩吻）*Gelsemium elegans*

附图 9-31　映山红 *Rhododendron simsii*

附图 9-32　山苍子 *Litsea cubeba*

附图 9-33　乌饭树 *Vaccinium bracteatum*

附图 9-34　紫花短筒苣苔 *Boeica guileana*

附图 9-35　窄叶唇柱苣苔 *Chirita sinensis* var. *angustifolia*

附图 10　深圳市田头山自然保护区动物资源

附图 10-1　黑眶蟾蜍 Bufo melanostictus

附图 10-2　泽蛙 Rana limnocharis

附图 10-3　香港瘰螈 Paramesotriton hongkongensis

附图 10-4　沼蛙 Rana guentheri

附图 10-5　小棘蛙 Paa exilispinosa

附图 10-6　渔游蛇
Helicops carinicauda

附图 10-7　壁虎
Gekko japonicus

附图 10-8　光蜥
Ateuchosaurus chinensis

附图 10-9　红耳龟
Trachemys scripta elegans

附图 10-10　白头鹎 *Pycnontus sinensis*

附图 10-11　普通鵟 *Buteo buteo*

附图 10-12　暗绿绣眼鸟 *Zosterops japonicus*

附图 10-13　黑耳鸢 *Milvus lineatus*

附图 10-14　红耳鹎 *Pycnonotus jocosus*

附图 10-15　丝光椋鸟 *Stumus sericeus*

附图 10-16　针尾鼠 *Rattus fulvescens*

附图 10-17　普通伏翼蝠 *Pipistrellus abramus*